KB177118

국가중요시설의 방호 설계

: 인명과 건축물 보안을 위한 대테러 지침서

물리보안 총서 2

국가중요시설의 방호 설계

: 인명과 건축물 보안을 위한 대테러 지침서

2020년 10월 20일 초판 인쇄
2020년 10월 30일 초판 발행

지은이 미 연방재난관리청(FEMA)
옮긴이 정길현 · 김수훈 · 구자춘
교정교열 정난진
펴낸이 이찬규
펴낸곳 북코리아
등록번호 제03-01240호
주소 [13209] 경기도 성남시 중원구 사기막골로 45번길 14
우림2차 A동 1007호
전화 02-704-7840
팩스 02-704-7848
이메일 sunhaksa@korea.com
홈페이지 www.북코리아.kr

ISBN 978-89-6324-718-2(93560)
값 23,000원

물리보안 총서 2

국가중요시설의 방호 설계

: 인명과 건축물 보안을 위한 대테러 지침서

Site and Urban Design for Security

미 연방재난관리청(FEMA) 지음

정길현 · 김수훈 · 구자춘 옮김

북코리아

역자 서문

이 책은 인류역사상 미증유의 9·11 테러사건이 발생한 이후에 미국 국토안보부 산하의 연방재난관리청(FEMA, Federal Emergency Management Agency)이 발간한 리스크 관리 시리즈 중의 한 권(FEMA 430)을 번역한 것이다.

인명과 중요한 자산을 보호하기 위한 노력은 개인으로부터 국가에 이르기까지 계속되어왔지만 그 원리와 전략 및 방법론을 이 책처럼 시원하게 설명해준 지침서나 연구서가 없으며, 우리나라의 경우 물리적 방호에 관한 책이나 지침서(guidebook)를 전국 어느 서점에서도 찾아볼 수 없기 때문에 이 책의 가치를 더 강조할 필요가 없다.

이 책은 중세의 성곽 구조와 기능을 분석하여 인간이 경험적으로 깨닫게 된 심층 방호(defence in depth)의 지혜를 설명하고, 9·11을 포함한 테러사건으로부터 방호체계가 구비해야 할 조건과 더불어 3지대 방호(three layers of defence), 폭발력과 이격거리(stand-off) 같은 기본적인 원리와 적용방안을 구체적으로 설명한다.

한편 보안담당자는 방호체계의 완전성과 사용자의 니즈(편의성, 미관 등) 사이에서 늘 고민하게 되는데, 이 책은 이를 해결해줄 수 있는 전략과 CPTED(Crime Prevention Through Environmental Design, 환경 디자인을 통한 범죄 예방) 개념의 적용을 제안하면서, 합리적인 방호 설계를 위해서는 고려해야 할 위협(DBT, Design Basis Threat)과 보호해야 할 자산을 먼저 정의하고, 취약성을 평가하여 효율성(effectiveness), 수용성 및 비용(cost)의 복합적 관점에서 경감 방안을 비교하여 선정하고 설계하도록 권고한다.

이 책은 (사)보안설계평가협회를 설립하게 된 배경이기도 하며, 3지대 방호, 이격거리 등 핵심논지는 '물리보안관리사' 자격증 과정의 교육과 방호체계 발전 컨설팅의 주요 맥락이다.

이 책은 한화테크윈 구자춘 박사님, (주)에스웨이 김수훈 대표님과 함께한 열정과 수고의 산물이며, 특별히 이 책의 가치를 인식하고 편집에서 디자인까지 기획출판의 수고를 감내하신 북코리아의 이찬규 사장님의 헌신으로 이 땅에 빛을 보게 되었는바, 감사의 말씀과 더불어 경의를 표한다.

부디 이 책이 대한민국의 안전을 한 단계 드높이고, 관련된 물리보안 산업의 진흥에도 크게 기여하는 원동력이 되기를 기원한다.

(사)보안설계평가협회 대표 정길현

머리말

미 연방재난관리청(Federal Emergency Management Agency, FEMA)에서 발간한《국가중요시설의 방호 설계》는 잠재적인 테러 위협에 대비하여 주요 시설의 외곽 경계선에서 건물에 이르기까지 건축물과 입주자를 보호하기 위한 설계 개념을 제공하는 지침서다. 건축, 조경, 엔지니어 및 다양한 분야의 컨설턴트 등 건축물 설계 그룹, 건물 소유주 및 관리자, 주요 시설의 설립과 관련된 연방정부와 지자체 공무원이 이를 참고할 것이다.

2001년 9·11 테러사건 직후, 특히 뉴욕과 워싱턴 두 도시를 대상으로 주요 시설에 대한 보안 조치가 광범위하게 취해졌다. 그러나 이러한 보안 조치 중 많은 부분이 당장의 필요에 따라, 그리고 지역사회의 특성에 미치는 영향을 거의 고려하지 않은 채 임시 기준으로 적용되었다. 부동산 소유자, 정부와 공공기관들은 출입을 통제하기 위한 보안 장애물을 세우고 인도, 건물 및 운송 시설에 다양한 보안 장치를 설치했다. 이러한 임기응변적 조치는 2001년 9·11 사건 직후에는 정당화되었지만 교통 패턴, 보행자 이동성 및 도심 거리의 활력에 지장을 주게 되었다.

따라서 이 책의 주요 목적은 부지 설계를 통해 건물 및 관련 인프라에 대한 물리적 손상을 줄이는 것이지만, FEMA 430의 궁극적인 목적은 보안 설계가 현장 편의시설과 도시 및 준도시 지역의 미적 수준을 유지하거나 강화하는 것이다.

FEMA 430은 인구가 많은 민간 건물의 보안 문제를 해결하는 시리즈 중 하나로서 건축물 테러위협 대비 지침서(FEMA 426)와 짝을 이룬다. FEMA 426의 2장은 부지의 레이아웃과 설계에 대한 지침을 제공하고, 사이트[1]에서 건물의 방향과 배치를 포함하여 자산의 경계선 내의 리스크 완화를 위한 건축 및 엔지니어링 설계에 대해 논의한다. 이 책은 2장의 확장이며, 사이트 보안 디자인팀과 관련하여 유용한 정보에 대해 좀 더 자세히 설명한다.

[1] 영영사전에서 'site'는 1. the piece of land on which something is located or is to be located. 2. physical position in relation to the surroundings로 설명되고 있는바, 우리말사전의 '구역' 1. 갈라놓은 경계 안의 지역, 2. 세력이나 영향력이 미치는 영역이 가장 근접한 표현이며, 산업단지, 아파트단지 등에서 쓰이는 '단지'로 직역 가능함. 그러나 이 책에서는 적절한 의미전달의 어려움을 인정하여 '사이트'로 통일함.

또한 이 책은 국토안보부 훈련 과정을 위한 건물 설계(FEMA E155)의 단원 IX "주요 시설 및 레이아웃 설계 지침"을 확대하고, 위험 평가의 개념을 요약한다. 즉, 건물에 대한 잠재적 테러 공격(FEMA 452)을 완화하는 방법을 소개하는 안내서라고 할 수 있다. 테러리스트 공격을 완화하기 위한 상업용 건물 설계 입문서(FEMA 427)에 포함된 폭발 설계에 관한 기술 정보 중 일부가 요약되어 있다. 이 책은 FEMA 위험관리 시리즈(RMS)의 일부다. RMS에 대한 자세한 내용은 1장을 참조하라.

이 책의 개념은 주로 주요 시설을 구축하는 데 사용하지만, 논의된 설계 방법 중 일부는 다른 유형의 사이트 개발에도 적용될 수 있다. 이 책에 포함된 정보 및 권장 사항은 다음과 같다.

- 의무가 아니며,
- 주로 고위험 사이트에 적용 가능하고,
- 화재 등 다른 위험과 충돌할 경우 적용되지 않을 수 있음

이 책은 뉴욕시경찰국(NYPD) 및 국가수도계획위원회(NCPC)와 공동으로 개발되었다. 이 기관들은 FEMA에 정보, 그래픽, 사진 및 조언을 제공했다.

목표와 범위

이 책의 목적은 주요 시설 디자인팀 구성원이 다음 내용을 이해하는 데 필요한 정보를 제공하는 것이다.

- 사이트 설계 및 건물 보호를 위한 FEMA 위험 평가 프로세스
- 폭발력과 적절한 이격거리
- 차량 탑재 폭발물 공격에 대비한 사이트 계획 및 설계로 제공할 수 있는 보호 전략에 대한 일반적인 이해
- 경계선 보호 기능을 제공하기 위한 현재의 설계 접근법
- 도시, 준도시 및 교외 지역 보안 설계에 대한 현재의 접근법
- 사이트의 편의시설을 강화하여 사용하거나 동시에 유지하면서 보안을 제공하는 사이트 디자인의 예

이 책은 폭발물 탑재 차량을 이용한 공격자로부터 건물을 보호하기 위한 사이트 디자인에 중점을 둔다. 이는 가장 심각한 공격 형태다. 대형 트럭은 테러 분자들이 수백 야드 범위의 사상자와 파괴를 일으킬 수 있는 매우 많은 양의 폭발물을 운반할 수 있다. 주요 시설의 경계선 장애물 및 보호 설계는 차량 침투 가능성을 크게 줄일 수 있다. 가방에 담긴 소형 폭발 장치는 보행자 검문검색으로 예방해야 한다.

그러나 물리적 방호를 위한 디자인은 사이트의 기능 및 편의성에 영향을 줄 수 있으며, 장애물 및 접근 통제 설계는 인접한 지역 및 지역사회 내 공공 공간의 품질에 영향을 미칠 수 있다. 설계자의 역할은 주변 환경의 공공 편의 및 미적 부분이 보안 요구와 균형을 유지하도록 보장하는 것이다.

이 책에는 설계자와 보안 전문가 간의 신중한 설계 및 협업을 통해 보안과 편의성의 균형이 유지되는 여러 가지 사례가 포함되어 있다. 2001년 9월 11일 이후로 많은 보안 설계 작업이 연방 및 주 프

로젝트에 적용되었으며, 여기에 제시된 많은 설계 사례가 제공된다. 현재 연방정부 프로젝트는 민간 부문 프로젝트에 적용되지 않는 의무적인 보안 지침의 적용을 받지만, 민간 개발에 적용되는 지침이나 규정이 없는 경우 중요한 정보를 제공해줄 것이다.

운영 및 관리 문제와 출입통제, 침입 경보 시스템, 전자적인 경계선 보호 및 잠금장치 같은 물리적 보안 장치의 세부 디자인은 보안 컨설턴트의 영역이며, 여기서는 사이트의 개념설계(概念設計)에 영향을 줄 수 있다는 점을 제외하고는 다루지 않는다. 제한된 정보는 현장 설계자에게 중요한 화학적·생물학적 및 방사능(CBR) 공격의 일부 측면에만 제공된다. FEMA 426에는 이러한 위협에 대한 접근법을 다루며 광범위하게 논의한다.

조직과 내용

이 책은 필요에 따라 좀 더 광범위한 기술 자원으로 보완될 수 있으며, 참고문헌은 본문과 부록 B에서 제공된다.

1장에서는 주요 시설 관련 요소에 대한 몇 가지 기본적인 설계 문제에 대해 설명한다. 중세 성곽에서 오늘날의 보안 대책에 이르는 사이트 보안 설계의 진화에 주목하고, 사이트의 편의와 기능에 대한 보안 필요성의 영향에 대한 논의로 이어진다. 사이트 방호에 관한 현재의 프로그램, 전략 및 책에 대해 설명하고, 전 세계에 걸쳐 특별한 교훈을 제공하는 건물의 테러리스트 공격에 대해 간략한 요약과 함께 설명한다. 전체를 아우르는 원리는 주요 시설의 디자인과 설계 과정에서 보안 설계의 개념을 접목해야 할 필요성에 대한 논의다.

2장은 FEMA 위험 평가 과정의 기초를 기술하고, 설계와 실행에 필요한 조치를 결정하는 첫 단계다. 이 장에서는 먼저 '수용 가능한 위험'에 대한 결정을 논의하고, 위험 완화 옵션을 선택하는 5단계 과정을 간략히 설명한다. 폭발력에 대한 설명은 적절한 이격거리의 중요성에 대한 논의로 이어진다. 마지막으로 사이트 보안비용 관리 전략에 대해 설명한다. 현재 물리보안을 다루는 필수 법규가 없으므로 보안 설계에 대한 성능 기반 접근이 필요하다.

3장에서는 주요 시설의 방호 설계자는 지역사회가 추구하는 가치와 조화를 이루고, 지역사회의 중요 자원을 포함하는 방호 설계를 위해 소유지 경계선을 넘어 넓은 시각으로 바라보아야 함을 강조한다. 이 장은 주요 시설 방호 설계의 일반적인 방법론인 3지대 방호 개념에 관한 논의로 시작한다. 그리고 그다음 장에서 다룰 보안과 방호의 핵심요소 목록을 설명한다. 방호 설계 시 구현해야 할 주변 환경에 대한 논의는 네 가지 쟁점, 즉 주변 공동체와 조화를 이루는 설계, 실재하는 조건 반영, 이해관계자와의 협력 및 규제 요구사항이 있다. 주요 시설 방호 설계의 예시는 논의된 이슈들의 실제를 보여준다.

4장에서는 방호 설계의 주요 요소, 즉 주요 시설의 울타리선을 안전하게 확보해주는 방안에 대해 설명한다. 이 논의는 두 부분으로 이루어져 있다. 첫째, 보안 요구사항과 사이트의 편의시설 및 일상적인 기능 유지 간에 균형을 추구하기 위해 장애물 설계의 일반적인 문제와 시행 중인 장애물 충돌 테스트 표준에 대한 설명으로 마무리한다. 그리고 두 번째 부분은 사용 중이거나 당장 사용 가능한 다양한 수동적 및 능동적 장애물을 상세하게 설명한다.

5장에서는 울타리 장애물, 건물로의 차량 접근과 현장 주차를 포함하는 개방된 시설에 대한 보안 설계에 대해 설명한다. 가장 명쾌한 설명은 3지대 방어모델인데, 단일 건물의 사이트일 수도 있고, 광범위하게 분산된 많은 건물이 있는 캠퍼스 유형일 수도 있다. 장애물로 통제된 주요 시설의 경우 출입통제 지점의 설계가 매우 중요하다. 이 영역 내의 주요 설계에는 건물의 배치(새 프로젝트의 경우), 방향, 시계선(視界線), 경사 및 배수가 포함된다. 기타 사항으로는 간판, 주차, 하역장 및 서비스 지역, 물리적 보안을 위한 조명, 현장 배관·배선 및 조경 등이 있다.

6장은 중앙 비즈니스 구역(central business district)에서의 특별한 보안 설계 사례를 논의하는데, 도로와 건물 사이의 이격 공간이 심각하게 제한되거나 존재하지 않을 수 있다. 세 가지 일반 사이트 유형, 즉 개발자가 제공한 넓은 광장이 있는 건물, 몇 야드의 여유 공간이 있는 건물, 여유 공간이 전혀 없는 건물이 있다. 이러한 주요 시설에 대한 3지대 방호 개념은 매우 압축적일 수도 있지만, 여전히 존재한다.

부록 A는 일상적인 범죄를 줄이기 위해 현재 미국 내 여러 지역사회에서 사용하고 있는 '환경 디자인을 통한 범죄 예방(CPTED)' 절차의 기원과 적용에 대한 간략한 개요를 제공한다.

부록 B는 본문에 제공된 정보를 보강하는 데 유용한 다수의 참고문헌, 출판물 및 웹 페이지를 제공한다.

목차

2. 물리적 보안 설계 고려사항

3. 보안 설계와 고려해야 할 사회적 환경요소

4. 울타리 중심의 보안 시스템 설계

5. 개방된 사이트의 보안 설계

6. 도심구역 방호

1. 배경

1.1 개요

2001년 9·11 테러 이후 여러 도시에서는 공공건물이든 민간 건축물이든 막론하고 보안시설이 과도하게 설치되었다. 이러한 시설들은 안전, 건축, 도시계획과 문화재 보존 측면에서 긍정적이었지만, 곳곳의 안전 장벽들은 공공성의 기능이나 시민의 일상생활에 불편함을 주는 것으로 인식되었다. 출입통제는 심각한 교통체증을 유발했고, 도로와 인도에 과도하게 설치된 장애물은 보행자와 차량의 흐름을 제한했으며, 비상시 구급차와 응급처치요원의 접근을 방해했다.

지난 수년간 잠재적 테러 위험에 대비하여 많은 노력을 해왔음에도 인적 재난에 얼마나 취약한지에 대한 질문에 답하기는 여전히 쉽지 않다. 기지나 시설에 대한 테러나 물리적 공격을 저지하는 것은 매우 어려운 과제다. 어떠한 기지도 침투와 공격에 취약하다. 테러와 물리적 공격에 사용되는 무기체계, 도구 및 전술은 기지와 건물의 보호수준을 능가한다. 테러는 일상생활을 위협하는 모든 폭력행위를 포함한다. 이러한 폭력은 민간인을 겁박하고 정부의 정책에 영향을 끼칠 의도를 드러낸다.

공격 전술은 폭발물 차량, 자살폭탄, 화염병이나 수류탄을 이용한 외부에서의 공격, 로켓이나 경대전차(輕對戰車) 공격 무기, 소형 탄도미사일, 잠입 혹은 위장 침입, 우편물을 가장한 폭탄, 선박 수송을 이용하기도 하는 폭발물 공급, 항공기를 이용하거나 급수망을 통한 화생방 공격 등 다양한 영역을 망라한다.

보안 설계자들은 갈수록 더 이상 자신들만의 역량으로 안전이 구현될 수 없음을 깨닫게 되었다. 연방재난관리청(FEMA 430)은 합리적인 위험경감대책을 강구할 때 보안 관점에서의 필요와 더불어 공공성의 기능, 운영 및 미적 특성을 주문한다.

시설이 테러 공격에 견고하다는 것은 공격을 받지 않을 뿐만 아니라, 공격을 받게 되더라도 피해는 물론 인명 손실을 예방할 수 있음을 의미한다. FEMA는 비용 대비 효과성 측면에서 보안대책이 강구되어야 하고, 기지나 건물의 효용성을 증진시킬 수 있어야 함을 강조한다. 또한 보안 설계는 주민들이 살아가야 할 터전이기에 경관 보존 등 도시 기반의 설계와 밀접하게 조화되어야 한다.

이 장에서는 물리적 공격을 저지하기 위한 주요 시설과 건물의 방호 설계에 관한 역사적 배경을 설명하고, 1980년대 미 대사관 테러사건 이후 발전된 시설 방호에 관한 현대적 대응 개념을 제시한다. 일련의 원칙이나 개념들은 시설 방호를 설계할 때 안전상의 요구와 더불어 도시의 편의와 미관이 균형을 이루어야 한다.

이 책에서 제안하는 시설 방호 설계의 기본 개념은 '3지대 방호(the three layers of defense)'인데, 이는 방어의 종심(縱深)을 유지함으로써 침입이 허용될 수밖에 없는 장애물을 중첩되게 설치하려는 의도다. 결론부터 말하면 시설 방호는 인력과 장비 등 모든 자산의 운용이 통합되어야 하고, 총체적인 접근 방법으로 설계되어야 한다.

1.2 주요 시설 보안 설계의 진화

1.2.1 역사적 배경

외부의 공격으로부터 거주자를 보호하기 위한 설계는 건축학의 역사만큼이나 오래되었다. 중세에 화약과 대포가 등장하면서 성벽이 두꺼워진 만큼 높이는 낮아졌다. 점점 더 정교하게 발전했는데, 그 완성품은 보루를 갖춘 성채였다. [그림 1-1]은 해자와 그 전면의 넓고 개방된 공간, 들어 올릴 수 있는 도개교, 외성과 내성의 성문, 좁은 관측구와 잘 보호된 망루 등 방호에 필요한 모든 자원이 오늘날의 3지대 방호 개념으로 배비(配備)되었음을 보여준다.

적의 포병화력이나 폭발물에 견디기 위한 군대의 방어 시설물은 특별한데, 이는 일반적인 건물 설계에 반영되지 않는다. 그럼에도 예측하기 어려운 범죄로부터 거주자를 보호해야 한다는 관점에서 보면, 시설 방호를 위한 설계는 지나치지 않는 범위에서 당연한 것이다.

과거에는 잠금장치를 설치하고 창문에 빗장을 거는 것은 특별한 경우였지만, 가게에 좀도둑 같은 일상의 범죄가 급증하고 정교해지자 30~40년 전만 해도 상상하기 어려웠던 CCTV 같은 감시도구도 일반화되고 친숙해졌다.

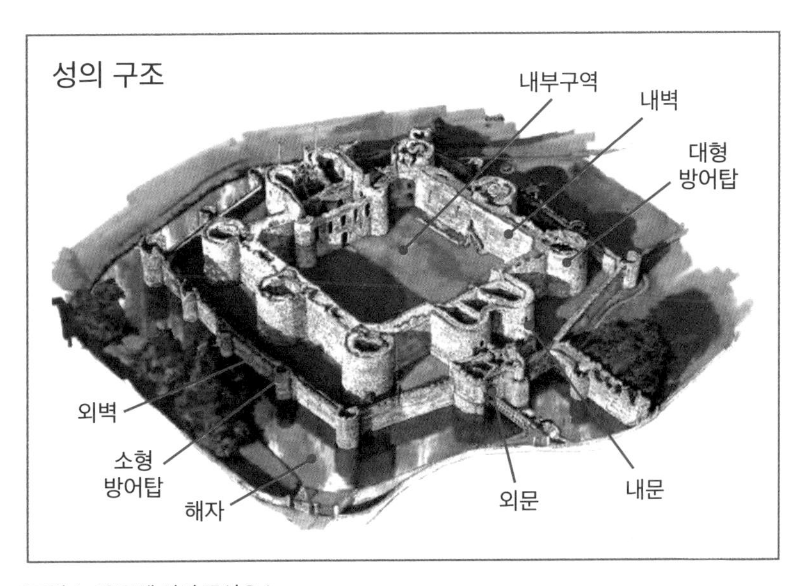

[그림 1-1] 중세 성의 구성요소

또한 철책으로 폐쇄된 시설이 일반화되었다. 출입이 금지된 초등학교, 제한된 통로를 따라 출입해야 하는 행정관청, 지역에 산재된 파출소 등도 이러한 현상의 단면이다. 도시 외곽의 부자동네는 출입문들이 닫힌 채로 무선경비 서비스를 받으며, 도시의 고급 아파트 단지는 친절해 보이는 경비원들이 출입을 엄격하게 통제한다.

1.2.2 건물 보안의 최신 경향

2001년 9월 11일, 뉴욕의 세계무역센터를 폐허로 만들고 워싱턴의 미 국방부를 공격한 폭발물 테러는 초대형 건물에 대한 새로운 위협과 공포를 충분히 보여주었다.

세계무역센터의 파괴는 제2차 세계대전 무렵부터 시작된 건물과 주민을 공격하는 놀랍고도 악의에 찬 전쟁의 양상이라 할 수 있고, 최근 아프리카와 중동지역의 미 대사관에 대한 테러, 1980~1990년대의 극렬 아일랜드공화국군(Irish Republican Army) 활동 시기에 자행된 공공시설은 물론 상가건물에 대한 공격도 전쟁이나 다름없다.

세계무역센터는 1993년 건물 파괴를 노린 차량폭탄의 공격을 받았는데, 심각한 붕괴는 없었고 약간의 물적 피해와 인명 손실을 입었을 뿐이다.

2001년 9월 11일 세계무역센터에 대한 테러 공격의 특별한 성격을 묘사한다면 다음 그림과 같다. 공격자들은 특별한 무기를 사용했는데, [그림 1-2]는 세계무역센터 건물을 공격한 평면도상의 보잉 767기 모습이다.

지상 수백 피트에서의 폭발물 공격으로 2개의 초대형 건물이 붕괴되었다. 건물 붕괴의 잔해가 인접한 건물들을 심각하게 훼손했고, 바로 인접해 있던 57층짜리 무역센터 7번 건물(WTC-7)은 완전하게 붕괴되었다.

세계무역센터는 가까운 공항을 찾다가 비상착륙을 시도하

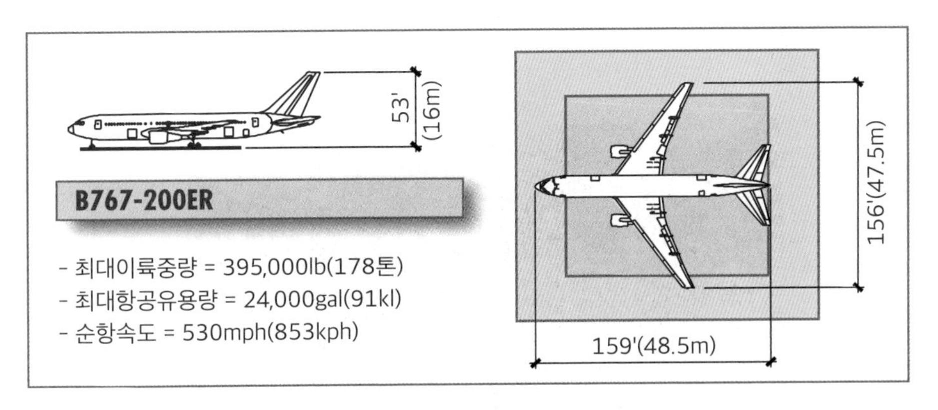

[그림 1-2] 누구도 생각하지 못한 새로운 무기체계
그림은 보잉 767기와 세계무역센터 타워의 상대적 크기, 비행기의 중량 및 연료 부하를 보여준다.
출처: FEMA 403, *World Trade Center, Building Performance Study*, FEMA, 2002

는 보잉 707기의 우발적인 충돌에도 견딜 수 있도록 설계되었다. 보잉 707기는 총중량 26만 3천 파운드(119톤), 시간당 180마일의 속도(290㎞/h)로 가정되었다. 세계무역센터 빌딩과 충돌한 보잉 767기의 총중량은 27만 4천 파운드(124톤)였고, 속도는 시간당 470~590마일(756~946㎞)이었으며, 항공유는 거의 완충(完充) 수준이었다. 항공유의 폭발과 화염이 철골 구조의 건물이 붕괴되는 결정적 원인으로 작용했다.

이와 같이 설계 위험과 실제 공격 간의 격차는 다음 장의 리스크 평가 절차에서 설명할 설계기반위협(Design Basis Threat) 설정이 얼마나 중요한지를 돌아보게 한다. 설계의 본질, 자산의 중요성, 그리고 건물의 취약성을 종합적으로 고려하여 리스크를 평가하고, 그 결과에 따라 대안적인 보호 전략을 강구해야 한다.

세계무역센터에 대한 공격은 규모나 기획 차원에서 독특한 면이 있다. 건축물을 설계할 때 항공기의 충격을 매개변수로 고려하게 된 것은 건축물의 디자인, 거주 적합성, 유용성과 비용 면에서 커다란 변화를 가져왔다. 차량이나 트럭을 이용한 폭발물은 테러리스트가 건축물을 공격하는 매우 단순한 방법이다. 1995년 오클라호마시

[그림 1-3] 뮤러 연방정부청사(Murrah Federal Building), 오클라호마시티, 1995
출처: FEMA 277, The Oklahoma city bombing: Improving building performance through multi-hazard mitigation

티 사건에서 본 바와 같이 연방정부청사 인근에서의 단 한 번의 거대한 폭발로 청사 건물은 폐허가 되었고, 많은 인명손실을 입었다(그림 1-3). 차량 장애물이 공중 공격을 감당할 수 없다는 것은 자명하다. 제대로 설계된 장애물 체계와 적절한 이격거리(離隔距離)가 충격력을 감소시키는 의미 있는 방편일 것이다. 연방건물에 대한 테러사건의 요지는 1.5.2.6절을 참조하라.

대부분의 상가 건축물은 도심지역에 위치하고, 방호체계가 구축된 건물군은 공격의 목표가 되지 않을 것이다. 하지만 세간의 이목을 끄는 중요한 목표물에 가까이 있는 시설의 경우 시설 전체 혹은 공격목표에 인접한 건물군이 부수적인 피해를 입을 수도 있는데, 이는 공격력의 크기와 공격목표와의 근접성에 따라 피해 정도가 다를 수 있다.

1980년대 미 대사관에 대한 테러 이후 시설 방호를 위한 방법론과 장치들이 개발되어왔다. 미 국무성은 외부차량이 대사관 건물의 핵심지역으로 진입하지 못하도록 울타리 보호와 출입통제대책을 강구했다. 동시에 광범위한 연구가 진행되었는데, 건축물의 폭발에 대한 저항력, 연쇄적인 붕괴와 유리 파편 같은 분출물(噴出物)이었다. 한편 군사전문가들은 위협의 평가, 취약성 및 리스크 관리 등에 관한 정형화된 방법론을 개발했다.

9·11 테러사건 이전까지는 군(軍)의 시설 보안과 방호의 방법론을 민간 영역에 어떻게 적용할지를 연구해왔다. 예컨대 1995년 NAP(National Academy Press)에서 《폭발로부터 건물의 보호》를 발간했는데, 그 내용은 군의 폭발효과 감소방안을 민간에 활용하자는 것이었다. 1997년에는 미 연방총무청(GSA, General Services Administration)에서 《보안(Security)의 조건》 초안을 발간했다. 1995년 연방합동보안위원회(ISC, the federal Interagency Security Committee)는 행정명령 12977호를 발표했는데, 이는 폭발내성에 필요한 위치 기준이나 다른 특별한 방호대책에 관한 건축 표준들로, 장기적으로 적용해야 할 사항이었다. 연방합동보안위원회(ISC)는 실무 차원의 토의과정에서 GSA의 《보안의 조건》 초안을 개정 보완했는데, 주된 내용은 기술 발전을 고려하고, 보안의 조건들을 적용해본 전문가들의 경험을 반영했으며, 보안을 위한 요구와 일반인의 접근이 가능하거나 개방되어 있는 생활공간의 경우 등 시설 환경상 필요에 관한 인식이 균형을 이루어야 한다는 것이었다. 그 결과물이 2001년 발간된 《연방정부청사와 주요 현대화사업에 적용할 보안 설계의 조건》이다. GSA와 ISC의 발간물은 국방성(DoD, Department of Defense) 이외의 다른 기관이 처음으로 시설의 설계와 건축의 면면에서 보안에 관한 요구를 반영하도록 했다는 점에서 중요한 의미가 있다. 보안은 이러한 책들이 발간되기 전에 추가하거나 삭제하면 되는 '나중의 일'이었다.

지난 수년간 ISC의 요구사항을 이행하지 않아도 되었던 건축주들은 보안의 조건들에 적응하고 받아들였다. 또 다른 특별한 조건들은 국방성이나 국무성 같은 기관의 독특한 요구가 반영된 결과다. 다른 기관들도 공공기관과 연방정부의 표준이라기보다는 지침 형태로 다양하게 발간했다. FEMA는 1.4절 FEMA의 건물 방호에 관한 발간물에 기술한 바와 같이 보안 설계의 모든 과정에 적용할 지침을 연속발간물 형태로 제공해왔다.

건축물에 대한 폭발효과의 경험과 연구 결과를 바탕으로 건축물과 폭발물 사이의 거리는 효과적인 폭발력 저감 방안으로 '이격거리'라고 하는데, 이는 보호를 받는 공간의 개념이었다. 당연히 이격거리에 관한 요구사항은 보안 설계 시의 표준과 더불어 연방정부기관이 건축하거나 시설을 임대할 경우에 사실상의 규제 조건이 되었다. 이 한 가지 제안은 즉시 보안 설계 영역에서 중요한 요인으로 조명받았고, 기지 안에 시설물의 배치를 기획하는 것은 폭발물에 의한 공격 효과를 감소시키는 데 필수적인 조건이 되었다.

1997년 미 공군은 종합적인 기지시설의 보호계획을 포함하는 《시설 보호 지침》을 발간했는데, 그 세부내용이 오늘날 울타리와 기지 방호에 적용되는 보안 방법론의 기초가 되었다.

1.3 편의시설에 대한 보안 요구사항의 영향

9·11의 영향으로, 특히 워싱턴과 뉴욕 주민들은 정신과적 충격을 받아 수많은 시설 방호대책들이 그때그때 임시방편으로 적용되었다. 예컨대 어디에나 설치된 진입 장벽은 영역을 보호하기 위한 많은 기재들 중의 하나인데, 부적합하게 설치된 경우에는 매력적이고 기능적이던 도심 환경의 개방성과 접근성을 심각하게 훼손함으로써 결과적으로 공공성과 시설의 기능을 저하시켰다.

건물의 방호 설계가 건축물과 주변 환경의 미관 혹은 기능에 부정적인 영향을 끼쳐왔을 가능성은 9·11 이전에도 있었다. 1999년 11월 미 연방총무청(GSA)과 미국건축가협회는 "보안과 개방성 사이의 균형"이라는 주제로 공공건축물의 설계와 보안에 관한 심포지엄을 열었는데, 안전상의 요구와 일반적인 건축물의 편의성 사이에 내재된 갈등이 활발하게 논의되었다.

[그림 1-4] 9·11 이후 뉴욕시와 워싱턴 D. C.에 설치된 저지 장애물
출처: 위 왼쪽, NYPD; 위 오른쪽, NYPD; 아래 왼쪽, NYPD; 아래 오른쪽, NCPC

그다음 해에는 국가수도계획위원회(NCPC)가 같은 사안에 대한 논쟁에 돌입했는데, NCPC는 워싱턴에 있는 연방정부의 기획을 담당하는 기관으로 공공기관에 영향력을 행사하고 있었다.

오클라호마시티의 폭발사건과 9·11 테러 이후 연방의 다양한 기관들이 보안 솔루션이라며 뒤죽박죽으로 설치하여 문제가 되자 NCPC는 대책위원회를 가동했는데, 도로와 인도의 보호시설을 포함하여 정교한 계획이나 협조 없이 추진되는 '영역 보안(Perimeter Security)'이 도시는 물론 역사적 유산에 물리적·가시적·심리적으로 어떤 해로운 영향을 끼치는지 파악하여 보고하도록 했다. 이 결과물은 《수도의 디자인과 보안계획》이라는 제목으로 2002년 10월에 발간되었다. 다음의 [그림 1-5]는 보안계획에 포함된 전형적인 예시다.

NCPC의 계획은 오로지 비인가 차량의 무단접근과 돌진으로 인해 야기될 위험으로부터 종업원, 방문객 그리고 연방정부의 기능

[그림 1-5] 거리 조경,
워싱턴 D. C. 17번가
펜실베이니아 거리
출처: NCPC

과 자산을 보호하기 위해 건축물의 영역을 어떻게 지켜낼 것인가에 초점이 맞춰져 있었다. 따라서 그 계획은 건축물 구조의 강화, 운용 절차나 감시 같은 여타의 보안 대책을 포함하지 않았다. 계획의 목표는 건축물의 보안시설이 매력적이어야 할 도시 미관과 조화를 이루게 함으로써, 또한 디자인에 근거하여 도시의 구조물을 설치함으로써 수도의 아름다움을 회복하는 것이었다.

1.4 FEMA의 건물 방호에 관한 발간물

2003년 이후 FEMA는 리스크 관리 시리즈(RMS)를 발간했는데, 이는 건축물의 인적 재난과 자연재해의 피해를 줄이기 위한 설계 지침을 정리한 것이다. 그리고 그중 몇 권은 건축물의 보안과 도심지역의 개선방안을 다루었다.

- FEMA 426: 《건축물에 대한 잠재적 테러 공격의 피해 감소를 위한 참고서》는 엄선된 리스크 평가 방법론을 다루는데, 건축과 기술 설계의 고려사항, 폭발압력의 파장과 건물구조의 반응에 관한 역학 이론, 잠재적 테러 피해의 저감 대책으로 시행될

수 있는 화생방 기재들을 포함하고 있다. 전체적인 내용은 전반적인 건축물 배치 수준에서 고려되어야 할 설계 지침과 토지 이용의 통합성, 조경, 부지설계 및 설계기반위협(DBT)의 저감 전략에 관한 개념을 제공한다.

- FEMA 427: 《테러 공격 대비, 상가건축물의 설계 입문》은 사무실, 상가, 다가구주택, 경공업지구 등 인구 밀집지역의 민간건축물에 관한 입문서다. 이 책은 테러 공격을 억제하거나 피해를 감소시키기 위한 광범위하고 실질적인 건축물의 설계 방법을 제시하며, 부지의 위치, 건축물의 배치, 울타리선, 출입통제지역, 물리적 보호를 위한 장애물, 차량 돌진 저지용 장애물에 관한 설계 절차서, 그리고 점검표가 포함되어 있다.
- FEMA 428: 《테러 공격에 대비하기 위한 안전한 학교의 설계 입문》은 설계자들과 학교 행정직원들에게 테러 공격이 발생한 경우에도 학교를 더욱 안전하게 하는 원칙과 기술을 제공한다. 이 발간물은 지적도상의 선에서부터 학교 건축물까지 건축과 공학적 기술설계의 포괄적인 고려사항이 제시된 부지와 건축물 배치 요령이 포함되어 있다.
- FEMA 452: 《리스크 평가(Risk Accessment)》는 건축물에 대한 잠재적인 테러 공격의 위협을 줄이는 방안을 다룬 포괄적인 방법론이며, 이를 위해 리스크 평가가 선행되어야 한다. 이 발간물은 담당자들이 부지와 건축물의 취약성을 분석하고 평가할 수 있도록 종합적인 점검표와 데이터베이스를 제시하며, 보안 장애물을 중첩되게 설치함으로써 시설 방호의 종심을 유지하는 '3지대' 개념을 설명한다.
- FEMA 453: 《안전한 공간과 비상대피소》는 엔지니어, 건축설계사, 건축물 관리자 및 건축주가 건축물 내에 안전 공간과 비상대피소를 설계하도록 하는 지침을 제공한다. '대기지역과 출입통제소'는 건축물의 부지 설계 시 매우 중요하게 고려되어야

한다.

- FEMA E155: 《전시를 대비한 건축물의 설계》는 리스크 관리 시리즈에 수록된 모든 중요한 내용들을 포괄하고 있는데, 목적은 학생들에게 다양한 위협에 대해 리스크의 상대적 수준을 정의하는 평가방법론을 숙지시키기 위함이다. 이 발간물에서 "건축물의 부지와 배치 요령"은 토지의 이용, 배치와 형태, 차량과 보행자의 순환, 조경, 그리고 도심과 준도심의 설계 같은 중요한 주제를 다룬다. 또한 물리적 장애물 설계와 배치의 중요성을 인식케 하는 모범 사례를 제시하는데, 도심지역의 경우 인구밀도(높은 지역에서 낮은 지역 순으로)를 기준으로 다양하게 설명한다. 이는 연방, 주, 지방의 각급 기관은 물론 민간 건물주와 관리단체가 활용할 수 있다.

1.5 건축물에 대한 테러 공격: 사례와 교훈

1.5.1 서론

이 부분은 전 세계적으로 발생한 건축물에 대한 테러 공격 사례를 요약하고 있는데, 세 가지 중요한 목적이 있다.

- 첫째, 건물군에 대한 대용량의 폭발물 테러 공격에 관한 유용한 정보는 지난 20여 년간의 경험에 기초한 것이고, 그 결과로 다양한 대응책이 개발되었음을 보여주기 위함이다.
- 둘째, 건물과 거주자들에 대한 테러 공격이 얼마나 유효한지, 테러 공격을 자행하는 다양한 집단과 개인이 있다는 것, 테러의 표적이 다양하다는 것, 그리고 그 공격이 시간이 지남에 따라 어떤 효과가 더해지는지를 알려주기 위함이다.
- 셋째, 몇 개의 사례연구를 통해 얻은 특별한 교훈을 제시하기

위함이다.

미국이 테러를 심각한 문제로 인식하게 된 것은 중동지역에서 미국의 군사시설과 대사관 및 영사관에 대한 공격에서 비롯되었다. 국무성과 군은 테러 공격을 당한 후에 여러 가지 보고서를 발간했는데, 거기에는 건물 보호에 관한 주요 원칙이 포함되어 있었다. 이 원칙들은 테러의 대상이 될 수 있는 다른 공공기관이나 사기업들도 적용하고 있는 대응책들의 근본이 되었다. 영국이나 이스라엘 등 다른 나라들의 경험 또한 건물군의 취약성과 보호대책의 효과성에 관한 많은 정보를 제공한다.

1.5.2 건물에 대한 테러 공격의 사례

다음은 건물에 대한 테러 공격의 사례를 발생 연대순으로 간략하게 정리했는데, 각각의 사례마다 '교훈'을 제시하고 있다. 이들 교훈은 위협, 자산의 가치, 취약성의 관점으로 구분했는데, 취약성은 2장에서 기술하고 있는 리스크 평가에 관한 것이다. 또한 교훈은 아래 박스에 요약된 3지대 방호의 공간 개념과 공동체적 상황 인식[1]으로 정리했는데, 둘 다 3장에서 자세히 설명한다.

제시된 모든 정보는 공개된 자료의 출처를 근거로 했으며, 달러화로 환산한 평가는 사건 발생시점의 가치를 인용했다.

[1] the community context

3지대 방호의 공간 개념

▲ 1지대: 기지의 경계나 방호 울타리의 외곽지역

▲ 2지대: 기지의 경계 또는 방호 울타리~건물 또는 보호할 자산 사이

▲ 3지대: 건물의 외부, 구조물 및 내부 자산들

1.5.2.1 1983년, 레바논의 미 대사관

1983년 4월 18일 오전 10시경에 레바논의 수도 베이루트에 주재하고 있던 미 대사관이 공격을 당했다. 배달용 유개화물차는 대사관에서 훔친 것으로 발표되었는데, 약 2천 파운드(907㎏)의 폭발물이 실려 있었고 자살폭탄 테러범이 운전했다. 차량은 대사관으로 돌진하여 건물 전면의 현관에서 폭발했다. 대사관의 전면부가 붕괴되면서 63명이 사망했는데, 그중 17명이 미 중앙정보국(CIA)의 중동파견대 직원을 포함한 미국인이었다. 건물은 콘크리트로 강화된 7층 구조물이었는데, 대부분의 희생자들은 점심 식사 중에 붕괴된 건물더미로 말미암아 희생되었다(그림 1-6).

지하드가 테러 공격을 감행했고, 이는 이슬람에 의한 반미 공격의 신호탄으로 여겨졌다. 미 대사관은 베이루트 북부로 이전했는데, 1984년 두 번째 테러 공격으로 11명이 사망하고 58명이 부상을 당했다. 1989년 미 대사관은 폐쇄되었고, 안전상의 위협 때문에 모든 직원이 철수했다. 레바논의 미 대사관이 다시 문을 연 것은 1990년 11월이었다.

[그림 1-6] 레바논 베이루트의 미 대사관
출처: © BEASTMAN/COBRAS

[교훈들]

리스크 - 위협 등급

- 자살폭탄 공격자가 현관까지 돌진을 시도함

리스크 - 자산가치

- 고가치 자산: 베이루트 중심에 위치한 미 대사관

리스크 - 취약성 등급

- 무연성(無延性) 구조 설계
- 비이중화(非二重化)[2] 구조
- 차량의 무단진입에 취약한 출입통로

[2] Nonredundant: Not redundant, Not superfluous

보안 설계 - 1지대

- 어떤 장애물이나 방호 구조물도 없었음

보안 설계 - 2지대

- 인도 너비만큼의 폭이었음
- 방호 구조물이 없었음
- 차량이 건물의 출입구까지 접근할 수 있었음

보안 설계 - 3지대

- 1·2지대의 무대책을 보완할 수 있는 강화된 구조물이 없었음
- 건물붕괴에 대비한 설계를 하지 않았음
- 건물 1층의 테두리 보를 강화하는 콘크리트가 부적합했음

공동체적 상황 인식

- 수많은 사상자
- 대사관 이전 후에도 폭발물 공격이 다시 발생

1.5.2.2 1983년 10월, 베이루트 미 해병대 막사

오전 6시 30분경, 미 해병대사령부가 위치한 베이루트국제공항에 벤츠 트럭 한 대가 들어왔다. 그 트럭은 공항 구내로 통하는 진입로를 돌아들어와 주차장을 맴돌았다. 그러다가 운전기사는 갑자기 속

도를 높여 주차장의 철조망 울타리를 뚫고 2개의 경비초소 사이로 정문을 지나 해병대사령부 건물의 로비 안으로 돌진했다. 해병대 보초들은 무기를 장전하지 않고 있어서 트럭기사에게 사격을 할 수 없었다. 자살폭탄 차량의 기사는 자신이 몰고 온 트럭을 폭발시켰는데, 그 안에는 1만 2천 파운드(5,440㎏)의 폭발물이 실려 있었다. 그 폭발력으로 4층짜리 콘크리트 블록 건물은 폭삭 내려앉아 돌무더기로 변했고, 건물 안에 있던 많은 사람이 목숨을 잃었다. 수일 동안 복구에 매달렸는데, 저격수가 방해하는 가운데서도 돌무더기 속에서 몇몇 생존자를 구해냈다. 사망자는 해군 3명과 육군 3명을 포함하여 총 220명이었고, 60명이 부상을 입었다.

이 테러 공격으로 제2차 세계대전 당시 유황도전투 이후 하루 동안 가장 많은 미군이 죽었고, 미군의 해외파병사에 가장 치욕적인 날로 기록되었다.

[교훈들]

리스크 - 위협 등급

- 자살폭탄 차량이 빌딩 로비를 관통하여 폭발함으로써 건물이 붕괴되고 많은 사상자가 발생함

리스크 - 자산가치

- 미 해병대사령부와 베이루트국제공항은 인근에 위치한 고가치 시설이었음

리스크 - 취약성 등급

- 로비가 차량 돌진에 무방비였음
- 차량이 건물에 접근하면서 가속이 가능하도록 설계되었음
- 벽은 속이 빈 콘크리트 블록
- 무연성(無延性) 건축
- 비이중화 구조

보안 설계 - 1지대

- 윤형 철조망, 간격이 넓은 경비초소, 탄성이 약한 문, 그리고 위기의식이 없는 경비원으로는 1지대에서 차량 돌진을 저지할 수 없었음

보안 설계 - 2지대

- 건물 주변의 주차지역에는 건물 로비로 돌진하는 차량을 제지하거나 정지시킬 만한 보안시설이 없었음
- 조경을 위한 구조물만 있었더라도 방호에 유익했을 것임
- 차량은 가속하여 건물 안으로 돌진할 수 있었음

보안 설계 - 3지대

- 폭탄 차량이 건물의 로비까지 돌진할 수 있었음
- 콘크리트 구조물과 무연성 건축자재로 인해 엄청난 내부 폭발에 이어 구조물이 산산이 부서지는 원인이 되었음

공동체적 상황 인식

- 건물은 베이루트국제공항 인근에 있었는데, 그 위치는 여러 가지 제한사항과 취약한 원인이 되었음
- 미국이 해외에서 당한 가장 치명적인 테러사건

1.5.2.3 1992년 4월, 영국 발트의 상업해운거래소

18세기 중엽에 설립된 발트 상업해운거래소는 영국 회사인데, 선주, 중개인, 용선계약자들에게 세계 최고의 시장이다. 이 회사는 1903년에 지어진 역사적인 건물을 점유하고 있었다.

1992년 4월 어느 날 저녁 9시 20분경, 런던 시내의 발트 상업해운거래소의 오피스 건물은 IRA[3]의 폭발물 공격으로 거의 완파되었다. 한 작은 트럭이 런던 심장부 금융가의 좁은 거리에 멈춰 섰다. 트럭 안에는 한 번도 사용한 적이 없었던 매우 덩치가 큰 수제 기폭장치가 실려 있었는데, 폭약을 둘러싼 셈텍스(Semtex)[4] 기반의 도화선이 폭발력을 강화했다. 대부분의 사무실 직원들이 퇴근했다고는 하

[3] Irish Republican Army

[4] 흔히 불법 폭탄 제조에 쓰이는 강력한 폭약

[그림 1-7] 주변 건물까지 피해를 입은 사례
출처: © Matthew Polak/CORBIS

지만, 3명이 숨지고, 모든 유리창이 박살 났으며, 91명이 부상을 당했다. 손실 총액은 약 12억 달러로 추산되었다(그림 1-7).

폭발이 있던 다음 날, 목격자는 다음과 같이 기록했다.

> "피해 지역은 일반인의 판단보다 폭발지점으로부터 훨씬 광범위했고, 피해 정도도 실로 놀라웠다. 폭발의 영향을 직접 받은 지역에는 유리 파편이 끝없이 내려앉아 산더미를 이루었고, 인근의 커머셜 유니온 보험사 고층건물의 거의 모든 창문들마저 산산조각이 났다. 또한 그 폭발력은 다른 많은 건축물에 손상을 주었고, 아주 먼 거리의 유리창을 부수었으며, 차량들도 피해를 입었다. 건물의 역사적 가치 때문에 처음에는 건물 외관을 예전처럼 복구하려 했지만, 생각보다 피해상황이 심각했다. 상업해운거래소는 부지를 매각했고, 1998년 600만 달러를 들여서 건물의 잔해를 해체한 후 나무상자에 넣어 보관했다. 2004년에 매각되었고, 지금은 41층짜리 오피스 빌딩이 자리를 잡고 있는데, '작은 오이(Gherkin)'로 불린다."

[그림 1-8] 'Gherkin',
30St. Mary Axe, London.

[교훈들]

리스크 - 위협 등급

- 덩치가 큰 사제 기폭장치를 처음으로 사용함
- 혼잡한 도심지 안의 금융지구는 고가치 표적임

리스크 - 자산가치

- 건축물의 역사성에 기인한 여파로 특별한 난관에 봉착함
- 군사시설이나 정부청사가 아닌 민간의 금융서비스 건물을 공격한 최초의 사례임
- 자산가치의 평가 시 부수적인 피해를 고려해야 함

리스크 - 취약성 등급

- 석조벽체를 보강하지 않으면 취약함
- 유리창을 잘 설계하지 않으면, 엄청난 피해를 입을 수 있음

보안 설계 - 1지대

- 건물 진입도로가 좁은 경우에 심대한 차질을 빚는데, 상업해운거래소 같은 무연성(無延性) 골조 건물은 더 특별했음

- 상업해운거래소 같은 고가치 자산이 밀집한 도심지역은 통합적인 1차 방호 지대가 설정되어야 함

보안 설계 - 2지대

- 도심지역은 방호 울타리가 허용되지 않음

보안 설계 - 3지대

- 연성 구조물 체계의 중요성
- 오래된, 특히 역사적인 비연성(非延性) 구조물 보강이 시급함
- 유리창은 적절하게 설계되어야 함
- 기반시설을 보호하기 위해서는 부수적인 피해 가능성을 반드시 고려해야 함

공동체적 상황 인식

- 피해를 입은 부지는 런던의 랜드마크로 재개발되었음

1.5.2.4 1993년 2월, 뉴욕의 세계무역센터

1993년 2월 26일(금요일) 12시 18분, 엄청난 폭발이 세계무역센터의 주차장을 관통했다. 그 결과로 6명이 사망하고, 1천여 명이 부상을 당했으며, 물적 손실도 3억 달러에 달했다.

폭발은 빌린 차량으로 확인된 포드 밴이 주차장에 도착한 이후 타이머 기폭장치와 1,500파운드(680㎏)의 요소질산염 폭약[TNT 900파운드(408㎏) 상당의 위력]에 의한 것이었다. 폭발로 인해 200피트×100피트(61m×30.5m) 넓이와 수개 층에 달하는 깊이의 분화구를 만들었다. 대부분의 부상자는 연기에 의한 질식 때문에 발생했다(그림 1-9).

한 달도 되지 않아 4명이 피의자로 체포되었다. 모하메드 살라메는 폭발 현장에서 발견된 렌털회사의 포드 밴 차량 일련번호가 포함된 금속 파편을 증거로 추적을 받아왔다. 1994년 3월 4일, 배심원은 4명의 피고에게 38가지 전체 항목에 대해 유죄 판결을 내렸고, 각

[그림 1-9] 1993년 폭탄 공격으로 인한 세계무역센터 주차장의 손상 모습
출처: © MIKE SEEGAR/CORBIS

각의 피고는 240년의 징역형과 25만 달러의 벌금을 선고 받았다. 세계무역센터를 공격한 모든 공모자들은 미국 내부와 해외에서 활동하는 여러 이슬람 군사단체의 공식 조직은 아니면서도 그 단체들의 영향과 지원을 받은 '초국가적 테러리스트'임이 많은 증거들에 의해 확인되었다.

[교훈들]

리스크 - 위협 등급

- 사제 기폭장치 사용

리스크 - 자산가치

- 초고가치 자산
- 건축물이 밀집한 도심에서 2차적인 피해를 입을 잠재적 가능성

리스크 - 취약성 등급

- 지하주차장은 매우 취약함
- 인원과 차량에 대한 출입통제는 매우 중요함
- 출구를 적절히 제한해야 함

보안 설계 - 1지대

- 출입통제가 없었음
- 차량 장애물이 문제가 되지 않았던 것은 밴 차량이 빌딩 안까지 진입할 수 있었기 때문임

보안 설계 - 2지대

- 해당 사항 없음

보안 설계 - 3지대

- 고층건물의 튼튼한 기둥이 구조적으로 중대한 피해를 예방함
- 넓은 바닥 면적이 피해를 입었지만, 기둥이 멀쩡했던 것은 견고한 바닥 시공이 얼마나 중요한지를 보여줌
- 비상대응체계와 역량 설계에서 이중화, 믿을 만한 수단들, 그리고 응급 의무지원체계의 설계가 매우 중요함
- 다양한 요구사항을 설계에 반영해야 함

공동체적 상황 인식

- 도시 중심가의 건물군은 특별한 방호전략이 필요함
- 소송을 제기함에 따라 모든 이해관계자는 대중을 보호하기 위한 적절한 조치를 취해야 함

1.5.2.5 1993년 4월, 런던 비숍스게이트(Bishopsgate)

대형트럭 뒤에 실려 있던 폭탄이 좁은 거리에서 폭발하여 1명이 죽고, 40여 명이 부상을 입었다. 폭탄은 약 1톤의 비료로 제조되었는데, 인근의 발트 상업해운거래소를 폐허로 만든 것과 유사했다. 폭발로 건축물들이 흔들렸고, 아래 거리는 수백 장의 유리 파편들로 마치 비가 오는 것 같았다. 중세에 지어진 한 교회가 붕괴되었고, 또 다른 교회와 리버풀 지하 역사 또한 만신창이가 되었다.

피해복구 금액은 15억 달러가 넘을 것으로 평가되었다. 발트 상업해운거래소가 보수공사를 마치고 이제 막 문을 열었는데, 같은 은

[그림 1-10] 주변 건물의 피해
출처: © CORBIS

행이 비숍스게이트 폭발로 피해를 입은 것이다. 엄청난 보험 배상금으로 세계의 보험시장을 선도하던 로이드(Lloyds)사가 파산지경에 이르는 등 관련 산업의 위기를 초래했다(그림 1-10).

[교훈들]

리스크 - 위협 등급

- 역사적 건축물과 지하구조물이 집중되어 있고, 비즈니스가 활발한 도심상업지구의 위협 등급은 높음
- 사제 기폭장치와 폭약을 사용했음

리스크 - 자산가치

- 건축물이 밀집한 도심에서 주변 건물에 대한 부수적인 큰 피해로 인해 보험 업계의 위기를 초래함

리스크 - 취약성 등급

- 오래된 지하 기반시설은 지상 공격으로 취약해질 수 있음
- 역사적인 건축물은 무연성(nonductile) 건축공사로 인해 특히 취약함

보안 설계 - 1지대

- 도심 골목의 출입통제용 장벽과 볼라드(bollards) 시스템 등이 필요함

보안 설계 - 2지대

- 도심은 2지대 방호가 어려움

보안 설계 - 3지대

- 유리 커튼 벽이 폭발에 취약한 것으로 밝혀짐
- 중세 교회가 구식 건축 공법으로 인해 무너짐
- 리버풀가 지하철역이 완파되었는데, 전방위 방호의 중요성을 일깨워줌

공동체적 상황 인식

- 비숍스게이트 같은 도시 환경에서 폭발물 공격에 대한 합리적인 전략을 구현하기 위해서는 다양한 공동체가 자원을 통합하여 운용해야 함
- 지역사회의 자긍심과 상징이 될 만한 역사적인 건축물은 구조물의 연성 특성을 증가시키기 위한 보강 대책이 필요함. 이것이 실현 가능하지 않다면, 충분한 이격거리를 제공해야 함

1.5.2.6 1995년 4월, 오클라호마시티 뮤러(Murrah) 연방건축물

1995년 4월 19일 오전 9시 2분, 오클라호마시티의 앨프리드 뮤러(Alfred P. Murrah) 연방건축물 외곽에서 트럭폭탄이 폭발하여 168명이 사망했다. 폭탄은 빌린 트럭에 포장되어 있었다. 7천 파운드(3,174㎏)의 폭탄은 TNT 약 4천 파운드(1,814㎏)의 위력으로, 20피트도 안 되는 거리에서 폭발한 것으로 분석되었다. 폭발은 건물의 정면 외관을 날려버렸고, 구조의 일부가 점진적으로 붕괴되었다.

9층짜리 건물은 1977년에 지어졌으며, 첩보부(Secret Service: 마약 단속국, 알코올·담배·총기·폭발물국 등)를 비롯한 여러 연방정부 및 주정부 기관이 입주해 있었다.

361명의 건물 거주자 중 118명의 근로자, 탁아소의 어린이 15명, 30명의 방문객이 사망했으며, 160명이 넘는 사람들이 부상을 당했다. 인접한 수자원위원회 빌딩에서 2명이 사망하고 39명이 부

[그림 1-11] 이 그림은 1995년 폭발 시 뮤러 연방건축물의 사이트 배치와 영향 받은 위치를 보여준다. 인접한 사이트와 건물의 부수적인 피해는 상당했다.
출처: FEMA 277, The Oklahoma city bombing: Improving building performance through Multi-hazard Mitigation

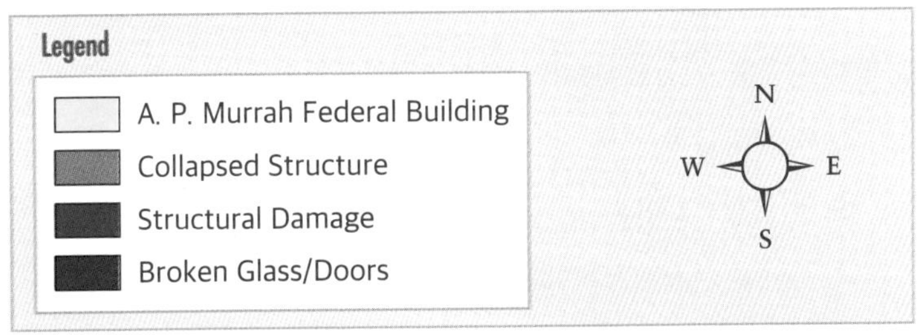

상을 입었으며, 아테네(Athenian) 건물에서도 1명이 사망하고 4명이 부상을 당했다. 건물 밖에서도 1명이 사망하고 60명이 부상을 당했으며, 또 다른 건물군에서 167명이 부상을 입었다. 폭발로 총 300개가 넘는 건물이 손상되거나 파괴되었다(그림 1-11).

폭발 후 1시간 30분이 지나 오클라호마 고속도로 순찰 경관은 번호판도 없는 차량을 운전 중이던 티모시 맥베이(Timothy McVeigh)를 길가에 세웠다. 맥베이는 4월 21일에 석방되었는데, 폭탄 테러 용의자로 지목받고 폭파범으로 기소된 사람이다. 공범인 테리 니콜스(Terry Nichols)도 폭탄 테러 혐의로 기소되었고, 두 사람 모두 유죄 판결을 받았다. 맥베이는 2001년 6월 11일 처형되었으며, 니콜스는 2004년 5월 무기징역형을 선고받았다.

연방건축물은 1995년 5월 붕괴로 철거되었다.

[교훈들]

리스크 - 위협 등급

- 건물이 도심에 위치하여 크게 위협을 느끼지 않았지만, 이 사건으로 말미암아 다시 생각하게 되었음
- 또 다른 사제 기폭장치와 폭발물을 사용했음

리스크 - 자산가치

- 연방청사 건물은 높은 자산가치를 가짐

리스크 - 취약성 등급

- 이격거리가 짧아 구조적으로 견고하게 하거나 외관 설계를 강화할 필요가 있었음
- 안전성을 높이고 연쇄적 붕괴를 방지하기 위한 구조적인 시스템의 선택이 중요함

보안 설계 - 1지대

- 폭발력을 감소시키기에는 인도의 폭이 좁았음

보안 설계 - 2지대

- 방호대책이 없었음

보안 설계 - 3지대

- 대들보(transfer girder)의 손상 영향(damaging effects)이 드러남
- 중복 및 연성 구조의 설계가 중요함
- 고가치 표적에 근접한 건물의 외벽을 유리로 설계할 경우에는 특별한 주의가 필요함
- 탈출구를 적절하게 설계하는 것이 중요함

공동체적 상황 인식

- 지표면의 먼 거리에서도 부수적인 피해가 컸음
- 도심의 고가치 목표를 위한 지역사회 환경 설계 전략이 중요함

1.5.2.7 1996년 6월, 영국 맨체스터 쇼핑센터

1996년 6월 15일, 아버지의 날 쇼핑이 절정에 이를 즈음, 영국에서 두 번째로 큰 도시인 맨체스터(Manchester)에서 TNT 1,800파운드(816*kg*)에 달하는 폭발 사고가 발생하여 200명이 넘는 사람들이 부상을 당했고, 도시의 주요 쇼핑센터는 아수라장이 되었다(그림 1-12).

사상자가 많지 않았던 것은 폭발 사고가 발생하기 약 1시간 전에 IRA 코드를 사용한 전화 경고가 신문사, 라디오 및 TV 방송국, 그리고 어떤 한 병원에 보내졌고, 20분 후 경찰이 사람들을 대피시켰기 때문이다. 군의 폭발물 처리반이 투입되었고, 폭발 당시 도시의 여러 CCTV에 찍힌 불법 주차된 차량을 조사하기 위해 로봇을 운용했다.

[그림 1-12] 맨체스터 쇼핑센터의 피해 상황
출처: © MATTHEW POLAK/CORBIS

[그림 1-13] 새로운 맨체스터 상업지구

부상자들 대부분은 유리 조각과 건물 파편 때문에 상처를 입었다. 주요 철도역은 몇 시간 동안 폐쇄되었고, 시내 중심가는 봉쇄되었다. 트럭폭탄이 주차했던 마크스펜서백화점(Marks and Spencer Department Store)으로부터 쇼핑객들을 소개(疏開)했다. 약 45만 평방피트(41,805㎡)의 상가와 약 20만 평방피트(18,580㎡)의 사무실을 다시 건축해야 할 것으로 추산되었다. 도심 재개발을 위한 종합적인 계획이 신속하게 입안되었다. 폭격이 있은 지 한 달 후에 국제 도시 디자인 공모전이 시작되었다. 4년 후에는 황폐화된 지역이 완전히 복원되었고, 세계 최대의 매장을 가진 상업지역으로 자리매김했다(그림 1-13).

[교훈들]

리스크 - 위협 등급

- 사전에 IRA의 테러 공격이 임박했음을 경고함으로써 사상자를 크게 줄일 수 있었음

- 위협이 탐지된 직후에 가용한 폭발 방어 도구를 준비함

리스크 - 자산가치

- 군사적 또는 정치적 목표와 시설을 도심지의 혼란과 테러를 목적으로 공격한 사례
- 자산가치 산정 시 사업 중단 비용이 모든 분석에 포함되어야 함

리스크 - 취약성 등급

- 구형 건축물의 세부 장식들
- 폭발에 취약한 판유리와 건물 외피

보안 설계 - 1지대

- 도로경계석을 따라 주차된 밴: 인도의 폭만큼 이격됨

보안 설계 - 2지대

- 방호대책이 없었음

보안 설계 - 3지대

- 타워는 저층의 이격거리로 인해 큰 손실을 입지 않음
- 비교적 소량이었던 폭발물과 보도의 폭으로 말미암아 건물 구조의 결정적인 손상은 없었음
- 심각한 손상과 함께 부상자의 대부분은 건물 외피와 깨진 유리 파편에 의한 것이었음

공동체적 상황 인식

- 대규모 피해로 인한 도시재생사업에 인센티브와 국가 기금이 지원됨
- 새로운 상가 건축물은 매력적인 전면 유리로 시공됨

1.5.2.8 1996년 6월, 사우디아라비아 다란의 코바르타워

코바르타워는 사우디아라비아 다란(Dhahran)시에 있는 대규모 주택단지의 일부다. 1996년에는 미국인을 포함한 외국 군대 인사들을 수용하는 데 사용되었다. 오후 9시 50분경, 131번지 건물에 TNT

[그림 1-14] 131번지의 코바르타워
출처: © REUTERS/CORBIS

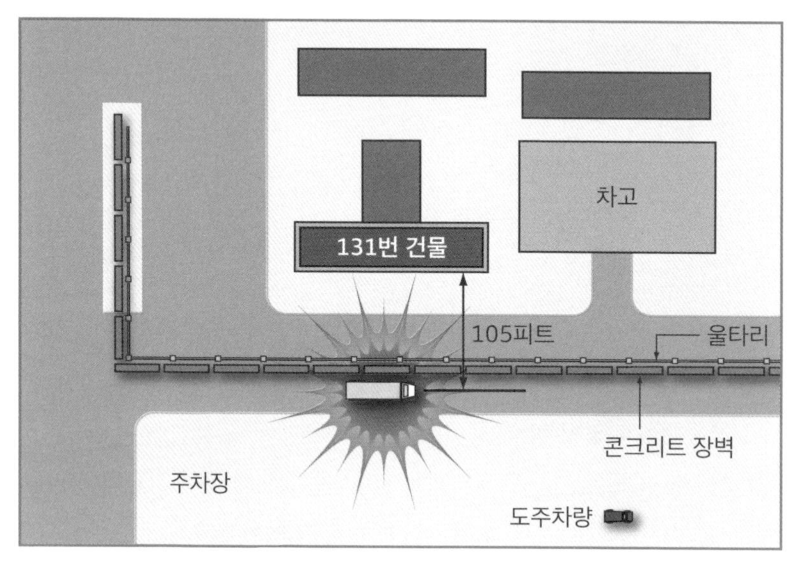

[그림 1-15] 폭탄트럭 및 도주차량의 위치

2만 파운드(9,068*kg*) 위력의 폭탄을 실은 트럭이 돌진하여 폭발했다. 이는 당시 미국인을 겨냥한 가장 큰 테러였다. 이 8층 건물은 주로 미 4404 비행전대 공군의 전투원들이 사용하고 있었는데, 19명의 미군과 사우디아라비아인 1명이 사망하고, 372명이 부상을 당했다.

6월 25일 저녁 보안경찰이 131번지 건물의 옥상으로 올라가서 2명의 보초를 확인했다. 그들은 옥상에서 오물탱크 트럭과 흰색 차량이 주차장에 들어가는 것을 목격했다. 트럭 운전사가 끝에서 두 번째 줄에서 주차장을 떠날 것처럼 좌회전했다가 천천히 내려가더니, 정지한 후 울타리를 향해 다시 올라갔다. 그 차량은 131번지 건물 북쪽 중앙의 정면에 멈췄다. 트럭 운전사와 동승자가 뛰어내렸고, 기다리고 있던 차에 서둘러 올라탄 후 급히 주차장을 빠져나갔다. 보안경찰은 신속하게 무선으로 경보를 전달하고, 건물의 각 층에 대피하도록 통보했다. 폭발 당시 대피하던 많은 사람들이 계단에 있었다. 그 계단은 폭발장소와 멀리 떨어진 건물의 반대쪽에 있었는데, 아마도 가장 안전한 장소였을 것이다. 보안경찰의 신속한 조치로 많은 생명을 구한 것이다.

폭발물의 파편과 파장이 건물을 강타했다. 건물 바닥의 외벽이 날아가버렸고, 전면은 벗겨져 잔해 더미에 떨어졌다. 건물이 붕괴되지 않은 것은 영국의 건축 표준에 따라 지어졌고, 조립식 콘크리트 칸막이들을 견고하게 접합해놓았기 때문이다. 폭발로 인해 깊이 35피트(10m), 직경 85피트(26m)의 분화구가 생겼다.

한동안 사우디아라비아에서는 테러가 거의 발생하지 않아서 미군이 전 세계에서 가장 안전한 지역으로 여긴 나라였다. 그러나 1995년 11월, TNT 220파운드(99㎏) 정도의 차량폭탄이 리야드에 있는 사우디아라비아 방위군의 관리자 사무실 마당에서 터졌다.

미군은 그에 따른 후속조치로 사우디 전구에서의 방호대책을 재검토했으며, 다란에서는 4404 비행전대의 보호 수준을 격상시켰다. 울타리는 저지 장벽으로 완전히 둘러쌌고, 비상대기 수준도 향상시켰다. 도로와 건물 사이는 약 80피트(24m)를 이격했다. 미국의 고위 관리들은 테러리스트들이 사우디아라비아에 반입할 수 있는 폭발물의 상한선은 전년도 리야드에서 사용된 220파운드(99㎏)보다 많지 않다는 결론을 내렸다. 교통 체계를 재정비하여 우회하도록 했고, 도로 차단 장애물과 타이어 파쇄기가 설치되었으며, 장벽과 벙커를 이용하여 진입로를 봉쇄했다.

[교훈들]

리스크 - 위협 등급

- 위협 평가가 얼마나 중요하고, 과거의 경험에만 의존하는 것은 틀린 생각임을 보여줌

리스크 - 자산가치

- 미군이 거주하는 주택단지는 보호할 가치가 높음

리스크 - 취약성 등급

- 중복 구조를 요구하는 높은 표준은 전반적인 피해를 줄여줌
- 잠재적 폭발 원점에서 떨어진 건물 뒤쪽의 출구 계단에 대피하고 있었기에 사상자가 적었음

보안 설계 - 1지대

- 경비원의 순찰과 조기 경보가 중요함
- 장애물은 지면에 견고하게 설치되어야 함
- 견고하게 설치되지 않은 장애물은 건물 방호에 나쁜 영향을 끼칠 수 있음

보안 설계 - 2지대

- 이격거리가 짧아 건물에 심한 구조적 손상을 초래했는데, 적당한 간격 유지가 얼마나 중요한지 보여준 사례임

보안 설계 - 3지대

- 폭발의 크기로 보아 기성(旣成) 콘크리트 방호벽 시스템이 건물이 붕괴되었을지도 모를 위험을 방지함
- 중복 구조가 얼마나 중요한지 보여준 사례임
- 건물 외장 마감의 손상이 심하지 않았는데, 견고한 마감의 중요성을 알게 해줌

공동체적 상황 인식

- 큰 나무들은 건조한 환경에서 심미적 효과는 물론 폭발 압력을 감쇄할 수 있었음

1.5.2.9 1998년 8월, 케냐의 미 대사관

1998년 8월 7일, 케냐 나이로비의 미 대사관은 탄자니아의 다르에스살람에 주재한 미 대사관이 공격을 받은 5분 후인 현지 시간으로 오전 10시 30분에 공격을 받았다. 건물은 인먼(Inman) 위원회의 보안 표준이 제정되기 전인 1980년대 초에 건설된 5층 구조의 철근 콘크리트 건물이었다(그림 1-16).

2개의 광역 환승센터 근처에 있는 건물로, 나이로비에서 가장 번잡한 2개의 교차로에 위치하고 있었다. 테러범들은 트럭을 이용하여 지하주차장으로 향하는 진입로 근처의 뒤쪽 주차공간에 크나큰 폭탄을 폭발시켰다. 이 폭발로 213명이 사망했다. 그중 44명이 대사관 직원이었는데, 12명이 미국인이었고, 32명은 외국인 직원이었다. 이 폭발로 주변의 케냐 민간인 200명이 사망했고, 4천여 명이 부상을 당한 것으로 추정되었다. 다음은 미 국무부 감사위원회 보고서에서 발췌한 내용이다.

"대사관 피해는 특히 내부적으로 엄청났다. 건물의 구조적 손상은 심각하지 않았지만, 폭발로 인해 건물 내부의 창문, 창틀,

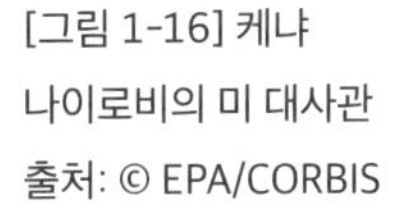
[그림 1-16] 케냐 나이로비의 미 대사관 출처: © EPA/CORBIS

사무실 칸막이, 그리고 건물 후면의 기타 고정물들이 폭삭 내려앉아 잔해로 변해버렸다. 유리 조각, 콘크리트 블록, 가구 및 비품의 파편들이 분산하면서 대사관 직원들을 살상했다. 케냐인 사상자의 대다수는 인접한 우푼디 빌딩(Ufundi Building)의 붕괴, 그리고 코업은행(Co-op Bank)과 세 블록 반경 내에 있던 다른 건물에서 날아온 유리 파편 때문이었다. 또 다른 사상자는 대사관 근처 번잡한 거리의 보행자나 운전자들이었다.

대사관 뒤편의 현지에서 고용한 경비원들은 우편차량이 대사관 주차장에서 나간 후 출입구와 차단 장애물을 내릴 즈음, 문제의 트럭이 통제하고 있지 않은 주차장 출구 차선으로 들어오는 것을 보았다. (차단 장애물은 쇠창살 형태로, 울타리 밖의 무단 차량 진입을 저지할 볼라드를 따라 설치되었다.) 트럭은 대사관의 후방 출입통제구역으로 진입했지만, 코업은행의 지하주차장에서 나오는 자동차에 막혔다. 그 덕분에 문제의 트럭은 다시 대사관의 차단 장애물을 통해 진입해야 했다."

[교훈들]

리스크 - 위협 등급

- 위협 등급은 낮은 것으로 간주됨

리스크 - 자산가치

- 케냐의 미국 대사관은 높은 자산가치를 지니고 있음

리스크 - 취약성 등급

- 건물은 대중교통의 중심지로, 매우 번잡한 교차로에 위치함
- 국무부 요구사항 도입 전에 설계된 철근 콘크리트 구조물
- 주변 건물의 붕괴와 유리 파편으로 많은 사상자가 발생함

보안 설계 - 1지대

- 건물의 이격거리가 15피트(5m)로 과도하게 짧았음

보안 설계 - 2지대

- 트럭이 건물 가까이의 주차공간에 침투할 수 있었음
- 무장하지 않은 경비원은 트럭 침투를 막을 수 없었음

보안 설계 - 3지대

- 건물의 구조적 손상은 적었지만, 깨진 유리, 콘크리트 블록 및 가구의 비행 파편으로 많은 사상자가 발생함
- 유리창은 4㎜ 필름으로 보강되어 있었지만, 창틀은 구조물에 결속되지 않았음

공동체적 상황 인식

- 대사관 인근 도로의 많은 보행자와 운전자가 피해를 입음

출처: U. S. State Department, Report of Accountability Review Boards, Bombing of U. S. Embassies in Nairobi, Kenya and Dares Salaam, Tanzania, “Executive Overview and Nairobi Discussion and Findings”

1.5.2.10 1998년 8월, 탄자니아 다르에스살람의 미 대사관

1998년 8월 7일, 동아프리카 케냐의 수도 나이로비에 이어 탄자니아의 수도 다르에스살람에 위치한 미 대사관이 폭탄트럭의 공격으로 심한 손상을 입었다. 이 공격으로 12명이 사망하고 85명이 부상을 입었는데, 대부분의 희생자는 아프리카인이었다. 미국인 사망자는 없었지만, 2명이 중상을 입었다.

트럭 폭파범은 미 대사관의 차량 출입문 중 한 곳을 택하여 돌진했지만 울타리선을 돌파할 수 없었는데, 대사관의 급수 차량이 막고 있었기 때문이다. 자살 폭파범은 오전 10시 39분, 대사관 외벽에서 약 35피트(11m) 떨어진 곳에서 트럭을 폭발시켰다.

[그림 1-17] 탄자니아 미 대사관의 피해 상황
출처: AP/WIDE WORLD PHOTOS

이 공격은 오사마 빈 라덴이 이끄는 알카에다 조직의 현지인과 연계된 것으로 밝혀졌다. 이 사건으로 알카에다가 국제적으로 유명세를 타게 되었고, FBI는 빈 라덴을 지명수배자 명단의 맨 위에 올렸다.

다음 내용은 미 국무부 감사위원회 보고서에서 발췌한 것이다.

"다르에스살람에 있는 미 대사관은 1980년 5월, 과거 이스라엘 대사관 구역 안으로 이전했다. 대사관은 1970년대에 이스라엘이 건축한 3층 건물과 1980년에 증축한 4층짜리 부속 건물로 구성되어 있었다. 본관과 부속 건물 모두 강화된 콘크리트 구조였고, 외부의 위협에 철저히 대비하고 있었다.

바닥과 천장은 콘크리트 슬라브 디자인으로, 외벽과 칸막이도 콘크리트 블록으로 되어 있었다. 건축물의 1층 창문은 최소화하여 잠재적인 폭발 위협에 대해 피해를 줄이도록 설계되었다.

건축물은 구조적인 피해를 크게 입었고 더 이상 사용할 수 없게 되었지만 붕괴되지는 않았다. 사망자는 없었는데, 그 이유는 건축 구조물의 힘과 어느 정도의 행운 때문이었다. 당시 1천 야드나 이격된 대사관 직원들의 거주지도 지붕이 손상을 입었고, 천장이 붕괴되었다.

본관과 별관은 높은 담장으로 둘러싸여 있었고, 대사관은 인접한 거리와 건축물로부터 25~75피트(8~23m) 정도 떨어져 있었다. 담장 바닥은 콘크리트 블록과 철근 콘크리트 조합으로 되어 있었고, 그 위에는 둥그런 철제 말뚝과 콘크리트 벽기둥으로 교차하여 보강했다. 대사관 경내로 진입하는 출입구마다 강화된 경비초소가 있었다.

출입구마다 도보 방문자와 차량에 대한 검문검색이 시행되었는데, 폭발물 공격이 시도될 만한 출입구에서는 더욱 철저했다. 차량은 2개의 출입구를 통해서만 출입이 가능했는데, 두 군데 다 둥그런 철제 틀로 제작되어 수동으로 작동하는 이중 선회 게이트(swing-gate)였다. 개폐식 차단기(rising wedge barrier)는 추가적인 진입 저지 장애물이었다. 이 두 가지 장치 모두 테러사건 당시에는 작동하지 않았는데, 한 가지 장치는 작동했지만 2년 이상 수리하지 못한 상태였다. 현지 경비원이 외교관의 안전을 위해 검색용 반사경으로 출입구 밖에서 차량들을 확인했다.

사건이 발생하기 약 2주 전 지역 보안관에 의해 대사관의 보안 절차에 대한 철저한 검토가 수행되었다. 패키지 폭탄 같은 비상대비 역량을 확인하기 위한 경보 훈련을 매주 실시했으며, 사건 발생 30분 전에도 마쳤다. 그러나 차량 공격의 위협에 맞서기 위해 특별히 설계된 훈련은 없었다."

[교훈들]

리스크 - 위협 등급

- 위협 등급은 낮은 것으로 간주됨

리스크 - 자산가치

- 탄자니아 미 대사관은 높은 자산가치를 지니고 있음

리스크 - 취약성 등급

- 미 국무부 표준이 이격거리를 100피트(30m)에서 25~75피트(8~23m) 범위로 줄였을 때 취약점 등급에 영향을 미칠 수 있었음

보안 설계 - 1지대

- 폭탄을 실은 차량은 진입로를 막은 급수 차량 때문에 경계선을 통과하지 못함

보안 설계 - 2지대

- 폭발 당시 차량은 건물에서 약 35피트(11m) 떨어져 있었음. 울타리 방호선(2지대)은 차량이 첫 번째 방호 지대를 돌파하지 못했기 때문에 검토하지 않음

보안 설계 - 3지대

- 대사관 외벽 밖으로 35피트(11m) 이격된 것은 대사관 밖의 건축물이 구조적으로 심하게 붕괴되더라도 적절히 보호할 수 있을 것으로 판명됨

공동체적 상황 인식

- 대사관저를 포함하여 몇 개의 인근 건물이 손상됨
- 수십 대의 차량이 파괴됨

출처: U. S. STATE DEPARTMENT, Report of the Accountability Review Board, Bombings of the US Embassies in Nairobi, Kenya and Dares Salaam, Tanzania, from http://www.state.gov/www/regions/africa/board_overview.html

1.6 사이트 및 건물 보안을 위한 정부의 원칙

9·11 테러 같은 사건에서 얻은 교훈으로부터 시설 방호를 위한 기획과 설계에 관한 기본적인 원칙이 아래와 같이 도출되었다. 이러한 원칙은 시설 방호를 기획할 때 결코 강제적인 지침은 아니다. 설계의 처음 단계에서 건축물 소유자, 이해관계자 및 설계팀은 이러한 원칙을 검토하고, 위험 평가의 결과, 현장 및 건물의 본질적 특성, 개인이든 법인 또는 기관 여부에 상관없이 소유자의 자산과 목적에 맞게 추가하거나 수정하여 적용해야 한다. 어떤 주제는 기지나 건축물 모두와 관련이 있는데, 그것은 밀접한 연관성 때문이다.

- 합리적인 위험 수준을 선택해야 할 이유는 본질적으로 보안 규정, 재정, 기획, 계획 및 운영 목표 간의 적절한 균형을 찾아야 하기 때문이다.
- 여러 전문적인 영역에서 접근을 권장하는 것은 지적인 정보, 운영과 절차상 조치(예: 감시 및 심사), 그리고 물리적 설계 전략을 적절하게 사용하는 보안 방책을 선택하게 하기 위함이다.
- 중요한 시설과 보호해야 할 인력에 대한 보안 대책의 필요성과 일반인들의 활동영역에 활력을 유지할 공공성 간에 적절한 균형을 유지해야 한다.
- 특정한 도로 경관에 보안시설을 설치하는 데 일관된 전략을 유지함으로써 도로와 건축물에 따른 도시미관이 균형을 이뤄야 한다.
- 주요 시설을 보호하기 위해 주변도로의 사용을 방해하거나 과도하게 억제하지 않으며, 가능한 한 시설의 미관이나 기능적 특성을 유지 또는 강화하는 방법으로 설계되어야 한다.
- 보행자의 이동성, 교통편의, 재난 시 긴급구조원의 접근성을 보장하는 전략을 채택해야 한다.
- 위협 수준이 바뀌더라도 일정 기간 적용이 가능한 임시적 방편

을 숙고함으로써 미래에 보호체계의 변경이 용이하도록 융통성을 보장해야 한다.

- 물리적 보안 설계와 실행이 복잡하고 어렵더라도 성공적인 프로젝트를 위해서는 다음과 같은 속성을 공유해야 한다.
  - ▲ 위험 평가 프로세스를 통한 위협, 자산 및 취약점의 정의(2.2절에서 설명). 위험 평가의 결과에 근거하여 시설의 기관장 또는 CEO는 필요한 보호 수준을 결정해야 하며, 그 수준에 따라 위험경감을 위한 조치를 선택하고, 보안 설계자에게 부여할 과업을 판단한다.
  - ▲ 비용편익 분석으로 여러 대안을 비교하여 효과적이고 합리적인 보안 전략을 선택한다.
  - ▲ 성공적인 프로젝트와 보안 체계를 조기에 정착시키기 위해서는 보안 컨설턴트(폭발 전문가 포함)는 물론 건축, 토목, 조경, 기계/전기/배관(MEP), 운송, 조명, 통신, 건축 디자이너 등을 포함한 다양한 전문가 그룹의 협업이 필수다.
  - ▲ 디자인 컨설턴트는 제안된 솔루션의 영향, 비용 및 대안에 대해 보안 컨설턴트와 정보를 공유함으로써 '위험관리 전략'의 개발을 지원할 수 있다.
  - ▲ 보안 설계 및 발주시설의 모든 구성원은 설계 요구사항과 구성요소를 포괄적으로 이해하고 개발해야 한다. 효과적인 보안 설계에 필요한 체계, 구성요소 및 자료는 일부 인원에게 생소할 수 있는 고유한 기술적·구조적 세부사항이 있다.
  - ▲ 프로젝트의 이해관계자를 조기에 식별하고 디자인 개발 전반에 걸쳐 소통한다.
  - ▲ 명확하고 잘 관리된 설계 프로세스. 프로젝트의 모든 측면은 처음부터 잘 다루어져야 하고, 의사결정 절차는 여러 목표, 목적 및 기준이 균형을 이루도록 고안되어야 한다. 협

상은 모든 프로젝트에서 필수적인 부분이다. 통합보안을 위한 시설보안 설계 절차의 전형적인 단계는 [그림 1-18]을 참고하기 바란다.

▲ 지진, 강풍, 홍수, 화재 등을 포함하여 재난에 대한 위험경감 방법을 활용하거나 수용한다.

▲ 자산을 구매한 경우의 보호 전략과 방법은 원 소유주나 이웃들로부터 영향을 받을 수 있다.

1.7 관련 규범과 성능기반 의사결정 절차

전통적으로 건축물에 대한 규정은 화재 예방(소방)을 목적으로 보건과 안전에 주안을 두고 규제를 강화해왔다. 더욱이 최근의 건축물 규제는 규정된 설계 요구사항, 용인된 분석, 물리적 시험, 참조 표준 및 검사 요구사항을 통해 인간 생명의 안전을 위협하는 자연재해(허리케인, 토네이도, 홍수, 지진 및 눈보라)에 방점이 두어져 있었다. 또한 환경파괴 물질 저장소 같은 일부 인적 리스크도 이와 같은 방식으로 취급되었다.

이러한 규정들은 건물 소유주와 설계자가 그 건축물에 대한 위험(risk)을 구체화하지 않은 상황에서 신중하고 합리적인 것으로 공론화된 최소 기준일 뿐이다. 하지만 이러한 최소한의 기준은 믿을 만한 수준의 안전 또는 명쾌한 수준의 성공적 이행을 보장하지 않는다. 규정을 준수한다는 것은 여론이 수용하는 수준에서 위험의 경감을 의미한다고는 하지만, 특정 건축물의 경우에는 부적절할 수 있다.

현재 건축물의 물리적 보안, 필요한 요소 및 장치에 관한 규범은 존재하지 않는다. 특정한 정부청사 보호를 위해 지켜야 할 지침이 있지만, 건물 및 부지 특성에 대한 구체적인 요구사항이라기보다는 목표를 지시하고 있을 뿐이다. 규범적 표준이 없다면 합리적이고 적절한 보호조치는 설계기반위협,[5] 건물의 취약성 및 수용 가능한 위험에 대한 소유주의 결정을 고려한 기대 성능과 비용에 근거해야 한다. 이러한 성능기반 접근 방식에서 적절한 위협을 선택하는 것은 설계 프로세스의 핵심 사안이므로 매우 신중하게 고려해야 한다.

[5] 설계기반위협(DBT)이란 건물 내의 자산을 보호하기 위해 건축물 보안의 공학적 설계 시 근거가 되는 위협(전술과 무기)을 말한다.

테러든 자연재해든 설계기반위협이 확정되고 나면, 보안과 위험 완화 조치의 초기 결정은 가정된 위험 및 기대성능의 수준에 근거해야 한다. 위협, 자산의 취약성 및 피해 결과를 평가하려면, 체계적인 정량적(定量的) 위험도 평가 및 관리 프로세스를 적용해야 한다. 이러한 과정은 2.2절에 개략적으로 설명되어 있으며, FEMA 452(위험 평가: 건물에 대한 테러 가능성 경감 방안)에 자세히 설명되어 있다.

물리적 방호 설계팀은 소유자, 시설 관리자 및 거주자와의 협력을 통해 보안, 미관 및 기능 간의 균형을 도모함으로써 가용한 자원 내에서 원하는 보호수준을 제공할 수 있다.

보호 지침은 정부청사든 민간 건축물이든 광범위하게 적용할 수 있도록 작성되었다. 지리적 위치에 따라 지진, 강풍, 산사태, 홍수 같은 다양한 자연재해에 직면할 수도 있는데, 각각의 시설은 결국 의도된 목표, 기지의 특성, 위협의 종류, 리스크 허용 오차 및 예산상 제약에 따라 고유한 보호체계를 갖추게 된다. 이러한 상황에서 형태, 활용성 및 위치에 관계없이 모든 건물에 대해 똑같은 보안 및 위험경감 솔루션을 제시하는 것은 비현실적일 뿐만 아니라 비효율적이다.

일단 성능 및 위험경감에 대한 목표가 수립되고, 관련된 기능 및 운영 프로그램의 요구사항이 개발되고 나면, 이는 곧 설계 기준으로 변환될 수 있다.

모든 시설에 적용되어야 할 방호 설계의 절차는 시설 운영에 악영향을 미칠 수 있는 위험 요인의 식별과 효과적인 리스크 관리에 적합한 목표가 분명해야 한다. 공학적 관점이든 혹은 시설 사용자의

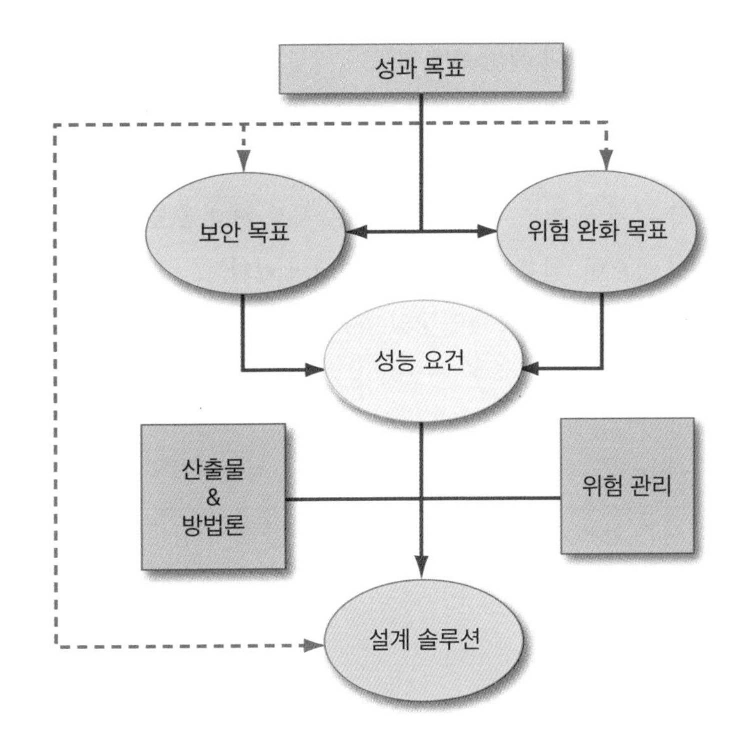

[그림 1-18] 성능기반 설계 절차 모델
출처: R. Little, B. Meacham, R. Smilowitz, "Performance-based multi-objective decision framework for security and natural hazard mitigation."

기대이든 관계없이 시설 방호의 실패를 조사해보면 일반적으로 예방이 가능했다는 결론에 도달하게 된다. 부분적일지라도 프로젝트에 참여한 개인이나 조직 내 의사소통의 결함, 의사결정 과정의 장애에 이르기까지 여러 문제점도 발견할 수 있다.

이렇게 허점이 많은 이유는 본질적으로 재래의 설계 및 시공 프로세스에 기인하는데, 시계열 순서로 진행되므로 초기 가정을 수정하거나, 후속단계에서의 변화 가능성을 검증하거나, 완전하게 통합된 프로젝트팀의 시너지 효과를 활용할 가능성이 거의 없다. 시설방호나 자연재해와 관련된 리스크는 늘 존재하지만, 전반적인 리스크 수준을 줄여주고 잔존 위험을 더욱 효과적으로 관리할 수 있는 우수한 시스템을 설계할 수 있다.

[그림 1-18]은 시설 방호 및 자연재해에 관련된 목표와 위험관리 원칙에 부합하는 현존 및 신기술을 접목한 시공 요구사항을 포괄하는 '성능 기반 설계 절차(Performance-based Design Process)' 모델

이다. 설계 솔루션이 개별 프로젝트에 적합한지 여부는 비용 문제가 고려되어야 한다. 최소 금액으로 위험을 최대한으로 줄이기 위한 광범위한 고려사항은 2.8절에 제시되어 있다.

통합 설계와 프로세스를 구현하는 시설 방호 프로젝트가 점차 증가하고 있으며, 일부는 이 책에 설명되어 있다.

6장의 여섯 번째 사례연구인 뉴욕 금융가 지역의 시설 보안은 고밀도 위험지역에 대한 통합 보안 설계의 예다.

1.8 결론

이 장에서는 향후 시설 방호 설계가 구현해야 할 배경에 대해 설명했다. 외부의 공격에 견딜 수 있는 건축물과 기지의 방호 설계는 설계자가 수용해야 할 정치적·문화적 측면에서 전 세계적인 불안정성을 반영한다. 지난 20~30년 동안 전 세계적으로 방어적인 디자인이 절실히 요구되었으며, 그 경험과 교훈들은 오늘날에도 적용할 수 있다.

기지와 건축물의 위험경감 방법들 때문에 요구사항의 목록이 많아졌는데, 이는 설계자가 다루어야 할 새로운 정보에 필요한 근거가 된다. FEMA 리스크 관리 시리즈는 이 정보의 일부를 제공하는 것을 목표로 하며, 시설 방호와 편의성 간의 관계성을 강조하고 있는데, 건축물과 도시를 더욱 안전하게 만드는 과정에서 편리함, 기능적 효율성 및 환경적 편의성이 간과되지 않도록 주의해야 한다.

이 장에서는 설계자가 필요로 하는 배경 지식의 일부로, 위험경감 방법의 개발과 방호 설계의 절차 및 사용에 중요한 의미를 부여해온 건물에 대한 일련의 테러사건을 제시했다.

이는 설계의 새로운 영역이어서 또 다른 위험에 대한 안전성을 담보하는 관례와 규제가 아직 존재하지 않는다. 따라서 설계자는 시설 방호, 편의성, 그리고 편익비용을 고려한 적절한 위험경감 조치에 대한 기준을 수립하기 위해 새로운 절차를 준수해야 한다.

2. 물리적 보안 설계 고려사항

2.1 개요

앞 장에서 언급했듯이, 인적 위해요인과 테러 위협에 대한 대응 규정이 없는 경우, 보안 설계자는 설계가 어떤 위협에 기반을 두어야 하고 기관장 혹은 기업주가 원하는 보안 수준이 무엇인지에 대해 이해해야 한다. 위협은 공격의 방법과 규모, 발생 가능성을 모두 포함한다. 보안 수준은 기관장 혹은 기업주가 용인할 수 있는(감당할 만한) 위험 등급에 대한 기준이다.

모든 설계 또는 혁신 프로젝트에서 건물 소유주에게는 세 가지 기본 선택사항이 주어진다(그림 2-1).

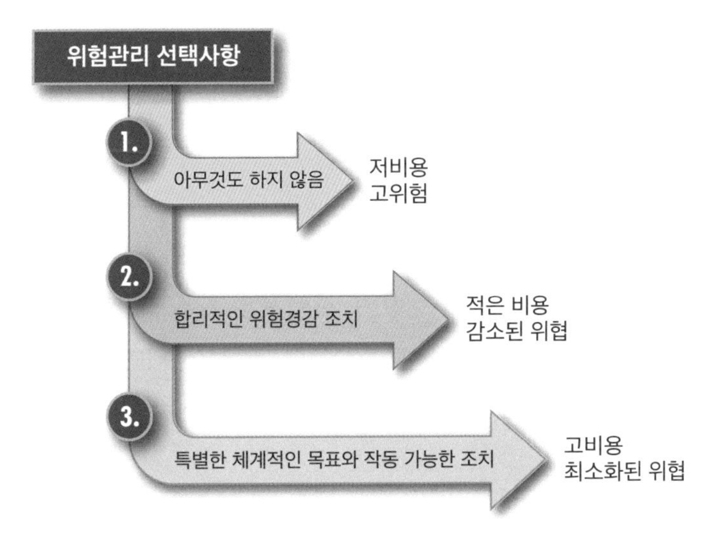

[그림 2-1] 위험관리 선택사항
출처: FEMA 426

① 아무것도 하지 않고 위험 감수

② 합리적인 완화 조치를 취함으로써 제한된 위험 평가를 수행하고 위험관리

③ 높은 위험을 감당할 만한 수준으로 낮추기 위해 특별히 구조적이고 작동 가능한 방안을 찾기 위한 상세한 위험 평가 실시

이 책은 주로 최대의 피해와 사상자를 초래할 수 있는 차량폭탄으로 인한 고위험으로부터 자산 및 주요 시설을 보호하기 위한 설계에 중점을 두고 있다. 차량 감속을 위한 건물 접근 방식의 재배치 또는 폭탄을 실은 차량과 건물 사이에 적절한 거리를 두어 폭발 영향을 줄이는 것과 같은 수준의 설계 방안이 있다.

그러나 배낭, 서류 가방 또는 봉투에 담겨 있는 폭발물 같은 경미한 위협에 대비하기 위해서는 보행자를 모니터링하고 검문검색을 해야 한다. CBR 공격에는 건물 자체와 빌딩 유틸리티 시스템 수정 등의 다양한 완화 조치가 수반된다. 2.2.4절의 건물 취약성 체크리스트는 CBR 공격의 취약점을 다루며, 사이트 계획에 적용되는 일부 조치는 5.5.1절에서 설명한다.

인구밀도가 높은 도심에서의 대응 방안은 차량이 목표 건물에 접근하지 못하도록 거리를 폐쇄하거나 첨단 감시 장비와 사용 가능한 수단을 강구해야 하며, 더불어 차량폭탄으로 인한 피해를 줄이기 위해 견고하게 건축해야 한다. 설계자는 비용 면에서 효율적인 통합 보안 전략을 개발하기 위해 다양한 방안을 적용할 수 있다. 하지만 이러한 보안 조치는 도시의 운영 및 기능에 미치는 영향에 대한 세심한 고려가 이루어져야 하며, 사이트의 환경, 지역 주민과 공동체적 관점에서의 발전방향에 공감하고 향상시켜나가야 한다.

이 장에서는 설계 작업을 결정하는 세 가지 고려사항에 중점을 둔다.

① FEMA 위험도 평가 프로세스

이 내용은 소규모 프로젝트를 위해 경험 있는 팀이 비공식적으로 수행하거나 광범위한 엔지니어링 및 폭발 분석을 할 수 있는 여러 분야의 훈련된 팀에 의해 공식적으로 기록된 5단계 프로세스와 관련이 있다. 상세한 절차는 2.2절의 FEMA 위험도 평가에서 설명한다. 위험도 설정의 기본 모델(물리적 공격뿐만 아니라 자연재해에 적용되는)은 다음과 같은 세 가지 요소로 구성된다.

위험도 = 위협 등급 × 자산(결과) 가치 × 취약 등급

[Risk[1] = Threat Rating × Asset(Consequences) Value × Vulnerability Rating]

[1] Cambridge Dictionary는 Risk를 "the possibility of something bad happening"으로 정의함

위험도가 설정되면 대안적인 위험경감 방안이 고려될 수 있다. 이 모델은 컨설턴트와 건물 소유주가 프로젝트 초기에 보안상 필요를 논의하거나, 미 연방재난관리청이 제시한 위험도 분석 형식을 총체적으로 수행하는 데 적용된다. 또한 이 모델은 2.2절에 기술된 FEMA의 5단계 위험 평가 프로세스에 기초를 제공하는데, 위험도 평가는 사이트 보안 설계 전략 개발에 필수적인 정보를 제공한다.

② 폭발력과 이격거리

이 책은 폭발물로부터의 보호에 초점을 맞추기 때문에 설계자는 폭발력의 본질과 사람과 건물에 대한 폭발효과에 대해 전반적으로 이해해야 한다. 특히, 폭발하중과 거리 사이의 관계에 대한 이해는 위험을 줄이는 사이트 설계에 도움이 되는 기본 요소다.

③ 보호 비용

고위험 자산의 보호는 많은 비용이 수반되므로 비용 대비 효율성에 대한 고려는 보호 전략을 수립하는 데 중요한 요소다. 특정 대응책

(예: 외곽 차량 장벽)을 위한 비용이 증가하게 되면, 비용 대비 성과 면에서 그 방안의 가치는 감소한다. 설계자는 건물 소유주의 초기 비용을 고려한 건물 생애주기 비용과 제안된 방안의 성과에 대해 잘 알고 있어야 한다.

2.1.1 감당할 만한 리스크와 보안 수준

감당할 만한 리스크의 개념은 위험을 완전히 없애는 것이 비현실적인 목표라는 인식에 기초한다.

테러로 인한 피해가 예상되어야 하며, 문제는 얼마나 많은 그리고 어떤 종류의 손해를 '감당할 수 있는지'를 결정하는 것이다. 예를 들면 건물의 완전한 붕괴는 감당할 수 없지만, 상해를 입힐 만한 유리창의 파손은 감당할 수 있다.

'감당할 만한 리스크'는 위험관리 절차, 건물과 기지의 운영, 도시 기능을 활용하여 사내 보안 직원 및/또는 보안 컨설턴트, 도시 기획자, 설계자 및 건축가의 도움을 받아 건물 소유주가 결정한다. 더불어 전문가들은 승객 안전 증가, 손상 감소, 수리비용, 가동 중단시간 감소, 건물 비용 및 건물과 사이트의 효과적인 기능 사이의 경제적·사회적 상충 관계를 평가하고 균형을 유지해야 한다.

일부 소유주는 시설에 대해 '감당할 만한 리스크'를 결정하기 어려울 수 있다. 소유주는 기존 시설 또는 새로운 시설이라 할지라도 철근 콘크리트 벙커를 적게 설계한 경우 완전한 보호가 불가능하다는 사실을 인식해야 하며 어느 정도 위험을 감수해야 한다. 소유주는 이 과정이 어려울지라도 시설에 적합할 수도 있고 그렇지 않을 수도 있는 규정된 이격거리를 맹목적으로 따르는 것보다 더욱더 사려 깊고 올바른 영역 보안의 장애물 설계 방법임을 깨달아야 한다. 이 또한 프로세스는 사이트에 경제적이고도 가장 효율적인 솔루션임을 보장한다. 드물기는 하지만 비용이 소유주에게 아무런 문제가 되지 않는다면, 적절한 완화 조치가 제공될 수 있도록 체계적인 위험 분석이 필수다.

감당할 만한 리스크를 정의하는 대략적인 방법은 건설, 임대 기관, 연방총무청(GSA, General Services Administration) 기관의 최소 보안 표준 설정을 위해 여러 정부 기관에서 발행한 '보안 기준' 또는 '성능 수준'을 사용하는 것이다. 이러한 표준 및 권장 사항은 비연방 건물에는 필요하지 않다. 그러나 건물 소유주는 특정 요구를 충족하는 기준을 평가하고 선택할 수 있다.

연방합동보안위원회(ISC, Interancy Security Committee)는 2001년 이후 새롭게 개정된 연방 사무소 건물에 대한 ISC 보안 설계 기준을 발표했다. 보안 설계 기준의 적용은 다음 절에서 설명하겠지만 위협, 자산 및 결과, 취약성 및 위험을 고려한 유사한 프로젝트별 위험 평가를 기반으로 한다. [표 2-1]은 ISC에서 사용하고 있는 세 가지 보호 수준에 대해 설명하고 있다.

[표 2-1] ISC 보호 수준
출처: *Federal office buildings and major modernization projects*, Interagency Security Committee, September 29, 2004

보호 수준(Protection Levels)

전체 건물 구조 또는 건물의 특정 부분은 설비별 위험 평가에 따라 보호 수준이 결정된다. 다음은 각 보호 수준별 구조 및 외벽 시스템의 손상에 대한 정의다.

최소 및 낮은 보호 - 중대한 피해. 시설이나 보호 공간은 점진적인 붕괴 없이 높은 수준의 피해를 입을 것이다. 사상자가 발생하고 자산이 손상된다. 구조물을 포함한 건물의 구성요소는 건물을 완전히 수리할 수 없어 철거와 교체가 필요하다.

중간 보호 - 일반적인 피해. 보수 가능. 시설 또는 보호 공간은 상당한 정도의 손상을 입을지라도 구조 보수가 가능해야 한다. 사상자가 발생하고 자산이 손상될 수 있다. 주요 구조물 이외의 건물 요소를 교체해야 할 수도 있다.

높은 보호 - 사소한 피해. 수리 가능. 시설 또는 보호 공간은 일부 지엽적인 심각한 피해에도 전체적으로는 경미한 손상을 유지할 수 있다. 거주자는 부상을 입을 수 있으며, 자산에는 경미한 피해가 발생할 수 있다.

각 보호 수준은 건물 소유주가 감당할 만한 리스크를 평가하는 데 사용할 수 있는 예상 손상에 대한 일반적인 설명을 제공한다. 또한 ISC 기준은 건물의 여러 요소에 대해 더욱 상세한 성능 수준과 손상 상태 설명을 제공한다. 예를 들어, [표 2-2]의 ISC 보안 설계 기준은 유리에 대한 보호 수준과 손상에 대해 설명하고 있다. 건물 전체

파편 충격 위치에 기반을 둔 유리창 보호 수준

성능 조건	보호 수준	위험 수준	유리창 상태 설명
1	안전	없음	유리는 깨지지 않는다. 유리나 프레임에 눈에 보이는 손상은 없다.
2	매우 높음	없음	유리에 균열이 있으나 프레임에 의해 유지된다. 가루 혹은 작은 조각이 바닥에 떨어져 있을 수 있다.
3	높음	매우 적음	유리 균열. 파편이 창문에서 1m(3.3ft) 이내의 바닥에 떨어진다.
4	높음	적음	유리 균열. 파편이 창문에서 3m(10ft) 이내의 바닥에 떨어진다.
5	중간	중간	유리 균열. 파편이 바닥 위 0.6m(2ft) 이하 높이의 창문에서 3m(10ft) 이내의 수직 감시 패널에 충격을 주고 바닥에 떨어진다.
6	낮음	높음	유리 균열과 창문 시스템 파괴. 파편이 바닥 위 0.6m(2ft) 이상 높이의 창문에서 3m(10ft) 이내의 수직 감시 패널에 충격을 주고 바닥에 떨어진다.

[표 2-2] 유리창 보호 수준 및 피해 상태
출처: *Federal office buildings and major modernization projects*, Interagency Security Committee, September 29, 2004

와 일부에 대한 다양한 보호 기준을 충족하는 설계가 되었는지 확인하기 위해서는 다양한 분석 기법이 필요하다.

2.2 FEMA 위험도 평가 과정

FEMA 452 위험도 평가: 건물에 대한 잠재적인 테러 공격을 완화하기 위한 지침은 건물 및 기타 중요한 구조물에 대한 위험도 평가에 대한 상세한 프로세스를 제공한다. 이 절에서는 위험도 평가에 익숙하지 않은 독자에게 FEMA 프로세스에 대한 이해를 제공하기 위해 FEMA 위험도 평가 접근법의 구조 및 개념에 대해 간략하게 설명한다. FEMA 절차의 세부사항 및 철저한 실행은 건물주의 몫이다. 평가 프로세스는 건물주가 원하는 보호 수준을 설정하고 여러 분야의 설계팀이 완화 조치를 개발하도록 안내한다. 또한 FEMA 절차는 산업단지 또는 도시의 중앙 비즈니스 구역 같은 대규모 자산 목록에 대한 동일한 평가를 제공하는 데 매우 효과적이다.

나중에 설명할 1 수준(Tier) 평가 또는 신속한 시각 검사(RVS, Rapid Visual Screening)로 시작하는 건물 목록별 위험은 더욱 상세한 평가가 필요한 프로젝트 수를 줄일 수 있다. 위험 평가는 계속해서 더욱 상세한 수준에서 진행될 수 있으므로 가장 세부적인 수준은 상대적으로 적은 프로젝트에서만 조사되어야 한다. 이러한 3단계 또는 수준 평가는 2.2.1절에서 좀 더 자세하게 설명한다. FEMA 프로세스는 5단계로 구성되고, 각 단계별로 여러 가지 작업이 수행된다(그림 2-2).

[그림 2-2] FEMA 5단계 프로세스
출처: FEMA 452

2.2.1 위험도 평가 프로세스

주어진 건물 또는 건물 목록에 대한 평가 수준은 건물 용도, 위치, 건축 유형, 거주자 수, 경제적 생활, 기타 소유주의 특정 관심사 및 사용 가능한 경제적 자원 같은 여러 요소에 따라 달라진다. FEMA 452는 더욱 세부적인 평가 단계에 대한 절차를 제공한다. 기본 목적은 미 국방부 대테러 표준 및 미 국토안보부 정부 보안 기준 같은 대테러 지침을 준수하고, 건물의 이익·비용 고려사항을 충족시킬 수 있는 다양한 기준을 제공하는 것이다.

1 수준 평가는 주요한 취약과 위험경감 방안을 확인하는 '70%' 수준의 평가 심사 프로세스다. 여기에는 현장 방문, 건축, 엔지니어링, 보안 시스템, 운영 직원 및 컨설턴트가 포함될 수 있다.

2 수준 평가는 시스템 상호 의존성, 취약성 및 경감 방안에 대한 완전한 수준의 현장 평가다. 이것은 '90%' 수준의 평가 솔루션이다. 여기에는 다음 전문가가 참여할 수 있다. 사이트 및 건축물; 구조 및 건축 외장; 기계, 전기 및 전력 시스템; 현장 유틸리티; 정보기술(IT); 통신; 보안 시스템; 운영 전문가.

3 수준 평가는 건축물 감응, 생존성, 복원, 경감 방안을 개발하기 위해 폭발 모델을 사용하여 건물을 상세히 평가하는 것이다. 이 평가에는 일반적으로 공학 및 과학 전문가가 포함되며, 도면 및 기타 건물 정보를 비롯한 자세한 설계 정보가 필요하다. 모델링은 종종 며칠 또는 몇 주가 소요될 수 있으며, 일반적으로 매우 위험한 고가치 및 중요 인프라 자산에 대해 수행된다. 이 유형의 평가에는 다음 전문가가 포함될 수 있다. 사이트 및 건축물; 구조 및 건축 외피; 기계, 전기, 전력 시스템 및 현장 유틸리티; IT 및 통신 설계자; 보안 시스템 및 운영; 폭발 설계자; CBR 설계자 및 비용 기술자. 평가의 깊이와 완전성은 전문가의 수와 평가 준비에 소요된 일수에 따라 차이가 있다.

2.2.2 FEMA 위험 평가 단계

이 절에서는 평가 프로세스의 구조 및 내용을 표함하는 5단계 요약을 제공한다. 각 단계별 평가 결과는 중요 등급 평가에 따라 2.2.6절에 설명한 바와 같이 1~10등급으로 수치화된다([표 2-9] 및 [표 2-10] 참조).

1단계. 위협이 식별되고 정의되며 정량화된다. 테러리즘의 경우, 위협은 자산의 손실 또는 손상을 유발할 징후, 상황 또는 사건으로 정의된다. 위협은 존재하는 것으로 알려져 있고, 전술 및 무기를 포함하는 적대적인 행동 역량과 이력이 있는 공격자(사람 또는 집단)에 의해 구체화된다.

평가 결과는 설계기반위협에 대한 정의다. 건물을 보호하기 위한 무기의 종류와 역량, 위협 발생과 발생 확률을 다루는 위협 등급을 정의한다(표 2-3).

[표 2-3] 위협 식별, 우선순위와 논점

업무	설계자가 문의할 수 있는 주요 질문
● 위협요소를 식별하고 해당 위협요소에 대한 정보를 수집한다. ● 설계기반위협 결정 ● 위협 등급 결정	● 어떤 조직이나 단체로 알려져 있는가? ● 그들은 테러 행위의 역사를 가지고 있는가? 또 그들의 전술은 무엇인가? ● 정부, 상업 기업, 산업 부문 또는 개인에 대한 침입자의 의도는 무엇인가? ● 목표물이 실제로 있었거나 논의되고 있다고 판단했는가?

2단계. 보호해야 할 자산(결과)이 식별된다('자산'은 건물, 사람, 장비 및 내용물을 의미하고, 그것의 손상 또는 손실의 결과를 나타냄). 자산은 불능상태 또는 파괴로 인한 쇠퇴의 정도에 따라 분류할 수 있다. 중요자산에는 인프라 및 유틸리티(표 2-4)를 포함하여 공격 후에 건물이 계속 작동하고 서비스를 제공하는 데 필요한 핵심기능과 프로세스를 구분하는 것이 포함된다.

[표 2-4] 자산가치 평가와 논점

업무	설계자가 문의할 수 있는 주요 질문
● 중요자산 식별(중요한 기능 및 인프라) ● 건물 중추와 기능 및 기반시설 확인(2.2.2.1절 참조) ● 자산가치 등급 결정	● 이 자산은 얼마나 중요한가? ● 테러 공격에 의해 발생할 손실 또는 손상은 무엇인가? 자산이나 건물은 계속 운영될까? ● 인명의 손실 가능성은 어떤가? ● 공격의 사회적·경제적 영향은 무엇인가?

3단계. 광범위하게 정의된 위협과 위험에 대한 중요자산의 잠재적 취약성을 평가한다. 취약성은 공격자가 이용할 수 있는 손상 혹은 파괴에 민감한 약점으로 정의된다.

취약성 평가 프로세스의 일부로 방호 종심을 식별하는데, 이는 3.2절에 자세히 설명되어 있다. 방호 종심은 다양한 보안 전략의 경계 지점을 설정하고, 소유자의 통제 하에 있는 자산이 어디에 위치하는지 확인한다. 일반적으로 1지대는 외곽 자산의 경계 라인이고, 2지대는 외곽 자산 경계 라인과 중요자산 사이이며, 3지대는 중요자산의 보호를 의미한다.

[표 2-5] 취약성 평가와 논점

업무	설계자가 문의할 수 있는 주요 질문
● GIS 맵 또는 기타 관련 정보가 포함된 사이트 및 건물에 대한 취약성 포트폴리오 정보 수집 ● 방호 종심 식별 ● 사이트 및 건물 평가	● 공격자에게 민감한 자산의 주요 약점은 무엇인가? ● 건물에 여분 또는 물리적인 보호 장치가 부족한가? 연속적으로 운영되고 있는가? ● 대체할 시설이 있는가? ● 중요한 서비스 및 운영을 위한 이중화가 구성되어 있는가? ● 건물의 기능은 언제 복구될 수 있는가?

취약성을 정의하는 중요한 도구로 FEMA 452에서 제공하는 취약성 평가 체크리스트를 이용한다. 내용은 이 책의 2.2.4절에 설명되어 있다. 이것은 평가자가 자산의 취약성을 일관되고 완전하게 실사할 수 있도록 질의 및 응답 목록으로 구성되어 있다. 취약성 평가는 그 자체만으로 중요자산 보호를 위한 위험경감 방안의 기초를 제공한다. 또한 위협, 위험요소, 자산가치 및 위험 결과 수준 간 방법론의 가교 역할을 수행한다(표 2-5).

4단계. 위협, 자산(결과)값 및 취약 등급의 값들을 곱하여 위험도를 계산한다. 위협(발생 확률)과 자산가치, 취약점(발생의 결과)을 분석하여 각 위험요소에 대한 각 중요자산의 위험 수준을 확인한다. 위험 평가는 엔지니어 및 설계자에게 특정 위협요소에 가장 큰 위험이 되는 자산을 정의하는 상대적 위험 프로필을 제공하므로 추가 분석을 위해 적절한 보호 방법을 선택할 수 있다. 따라서 발생 가능 확률이 매우 적은 경우는 최소한의 경감 대책을 필요로 할 수 있지만, 이 경우 막대한 인명손실 같은 매우 중대한 결과를 초래할 수도 있다(표 2-6).

[표 2-6] 위험도 평가와 논점

업무	설계자가 문의할 수 있는 주요 질문
● 위험 평가 매트릭스 준비(2.2.2.1절 참조) ● 위험 등급 결정(위협 × 자산가치 × 취약점) ● 취약성에서 가장 높은 위험 등급으로부터 시작하여 목표 잠재력에 대한 우선순위 지정	● 건물 취약점 체크리스트와 데이터베이스를 사용하여 취약점으로 확인된 의견에 대한 우선순위가 어떻게 결정되었는가?

5단계. 위험경감 방안의 검토 및 선택은 4단계에서 확인된 주요 위험요소와 직접적으로 연관되어 있다. 5단계에서는 건물 운영 수명주기 동안 설계 및 시공 단계에서 위험을 최소화할 수 있는 위치와 방법, 이러한 작업을 수행하는 방법에 대한 결정이 내려진다. 이 프로세스에서는 일반적인 완화 목표와 목적, 그리고 각 잠재적 완화 조치의 장점이 조사되어야 한다.

건물 소유주는 원하는 보안 수준과 감당할 만한 위험 수준을 기준으로 어떤 완화 조치를 이행할지에 대한 최종 결정을 내려야 한다. 그러나 위험 평가 결과 보장 프로세스에 관여한 엔지니어, 건축가, 조경사, 기타 기술 고문들은 선택된 성능 수준까지 건물 역량을 향상할 수 있도록 적절한 완화 조치를 취해야 한다(표 2-7).

[표 2-7] 위험경감 방안과 논점

업무	설계자가 문의할 수 있는 주요 질문
● 예비적 방안 식별 ● 각 방어선의 상호작용 및 적합성에 대한 경감 방안 검토 ● 경감 방안의 비용 추정 ● 구현할 경감 방안 및 각각에 대한 시간계획 선택	● 위험도 매트릭스에서 식별된 최고의 특별한 위험을 줄일 수 있는 경감 방안은 무엇인가? ● 종심 방호 측면에서 공격을 탐지, 차단 또는 거부하기 위한 방안은 무엇인가? ● 이 방안에 영향을 미치는 규제 기준은 무엇인가? ● 비용 관점에서 가장 큰 이점(위험 감소 또는 보안 수준 달성)이 있는 선택은 무엇인가? ● 사이트 및 레이아웃 보호, 통제 수단 설계는 건물 경화 조치와 어떻게 균형을 이루고 있는가?

2.2.3 건축물의 핵심기능과 기반시설

위험도 평가의 핵심요소는 자산의 핵심기능과 중요한 기반시설을 식별하는 것이다. 핵심기능은 무엇을 하는 건물인지, 어떻게 수행하는지, 다양한 위협이 건물 운영에 어떤 영향을 미칠지를 입증한다. 핵심적인 기반시설은 건축물의 기능을 지원하고, 지속적인 운영에 결정적인 건물들로 구성된다. 기능과 기반시설 분석을 통해 건물 내의 지리적 배치와 중요자산 간의 상호 의존성을 식별한다. 예를 들어 적재 부두를 통한 폭발물 또는 화생방 공격은 통신, 데이터, 무정전 전원공급장치(UPS), 발전기 및 기타 중요한 기반체계에 영향을 줄 수 있다.

핵심기능과 프로세스를 식별하는 이유는 평가팀에게 건물 기능의 작동과 다양한 위협이 건물에 미치는 영향을 집중적으로 다루게 하기 위함이다. 핵심기능과 프로세스가 식별되면 건물 구조에 대한 평가가 이루어져야 한다.

[표 2-8]은 핵심기능과 기반시설을 보여준다. 특정 건물의 유형 및 기능에 따라 새로운 기능을 추가할 수 있다. 건물의 기반시설은 이 장의 다음 절에서 분류된 고정요소로 구성된다.

[표 2-8] 핵심기능 및 건물 기반시설 차트
출처: FEMA 452

핵심기능	기반시설
행정관리(Administration)	현장(Site)
설계 엔지니어링(Engineering)	건축(Architectural)
창고(Warehousing)	구조 시스템(Structural Systems)
데이터센터(Data Center)	건물 외곽 시스템(Envelope Systems)
식당시설(Food Service Utility)	유틸리티 시스템(Utility Systems)
보안(Security)	기계 시스템(Mechanical Systems)
시설관리(Housekeeping)	배관 및 가스 시스템 (Plumbing and Gas Systems)
일일점검 보육시설(Day Care)	전기 시스템(Electrical Systems)
	소방 시스템(Fire Alarm Systems)
	IT/통신 시스템 (IT/Communications Systems)

2.2.4 건물 취약성 체크리스트

FEMA 452에 전체적으로 제시되어 있는 건물 취약성 체크리스트는 위험도 평가 준비를 안내하기 위한 것이다. 이는 예비적인 설계 취약성 평가를 위한 심사도구이기도 하다. 점검표는 ① 현장, ② 건축, ③ 구조 시스템, ④ 건물 외곽, ⑤ 유틸리티 시스템, ⑥ 기계 시스템, ⑦ 배관·가스 시스템, ⑧ 전기 시스템, ⑨ 화재경보 시스템, ⑩ 통신 및 IT 시스템, ⑪ 장비 운영 및 유지·보수, ⑫ 보안 시스템 그리고 ⑬ 보안 마스터플랜 등 13개의 영역으로 구성되었다.

건물 또는 예비적인 설계의 취약성 평가를 수행하기 위한 각 영역은 할당된 영역에 대한 평가를 수행하는 데 지식과 자격이 있는 엔지니어, 건축가 또는 관계 전문가에게 할당해야 한다. 각 평가자는 취약성을 식별하고 관찰 결과를 부기하는 데 도움이 되는 질문과 지침을 참조해야 한다. 기존 건물의 경우, 가능하다면 사진으로 취약점을 문서화할 수 있다. 시설물의 취약성은 각 취약성 질문에 대한 의견으로부터 선별된다.

이러한 취약성은 가장 효율적인 위험경감 방안을 결정하기 위해 우선순위가 부여된다. 우선순위는 침입자가 악용할 수 있고, 인명손실, 건물 손상 및 운영 중단 면에서 가장 심각한 위험도에 기초한다.

2.2.5 위험도 평가 및 관리를 위한 데이터베이스

FEMA는 FEMA 위험도 평가 프로세스와 건물 위험 평가 체크리스트로 축적된 많은 양의 정보를 쉽게 관리할 수 있도록 그래픽 사용자 접속장치가 있는 소프트웨어 데이터베이스를 개발하여 Microsoft Word © 또는 Excel © 문서 데이터 입력 및 보고서 작성을 지원한다. 보안 기능을 통해 데이터 보호 및 저장된 정보 검색 기능을 제공한다.

위험도 평가 데이터베이스는 데이터 수집 도구 및 데이터 관리

도구인 독립 실행형 응용 프로그램이다. 평가자는 도구를 사용하여 평가 데이터의 체계적인 수집, 저장 및 보고를 지원할 수 있다. 위협 요소 매트릭스, 디지털 사진, 비용 데이터, 사이트 계획, 평면도, 비상 계획 및 특정 GIS 제품을 평가 기록의 일부로 가져와 표시하는 폴더 및 디스플레이 기능이 있다. 관리자는 이 응용 프로그램으로 여러 평가로부터 수집한 데이터를 저장, 검색 및 분석할 수 있고, 이후 다양한 보고서로 인쇄할 수 있다.

위험도 평가 데이터베이스는 지속적으로 발전하고 있으며, 현재는 세 번째 버전이고 네 번째 및 다섯 번째 버전이 개발 중이다. 네 번째 버전은 지진(홍수), 홍수 및 바람 같은 자연재해 취약성 평가 점검 항목의 질문사항으로 추가할 예정이다(원래 건설 연구소 형식에 색상 코딩을 사용한 질문, 지침 및 참조 정보).

다섯 번째 버전에는 신속한 시각 검사(RVS, Rapid Visual Screening)라는 또 다른 유형의 평가를 데이터베이스에 추가할 예정이며, 곧 공개될 FEMA 455 육안 검색 안내서(Handbook of Rapid Visual Screening)에서는 잠재적 테러 공격에 취약성을 지닌 건물에 대해 평가할 예정이다. RVS 절차의 주된 목적은 포트폴리오(자산), 지역사회 또는 지역(도시 및 반도시 지역)의 표준 상업용 건물 간의 상대적 위험에 대한 우선순위를 지정하기 위함이지만, 특정 건물의 취약성 정보를 개발하는 데도 사용될 수 있다. 주요 외부 이해관계자에 대한 내부 조사 또는 인터뷰가 항상 가능하지 않아서 건물 외부의 제한된 정보를 사용하여 수행할 수 있다. 이를 건물의 모든 출입자와 건물 거주자의 참여로 수행하는 1단계 평가와 대조해보라.

2.2.6 우선순위(ranking)

FEMA 452는 위협 등급을 결정하기 위해 건물 이해관계자, 위협 전문가 및 엔지니어의 합의된 의견을 토대로 한 방법론을 제공한다. [표 2-9]는 이 과정에서 사용되는 10등급(10점이 가장 높음) 척도를 보여준다. 이러한 등급의 핵심요소는 다음과 같다.

- 위협 등급: 위협 가능성(신뢰성 있는, 검증된, 존재하는, 있을 것 같지 않은, 알 수 없는), 무기 사용이 임박하거나, 예상되거나, 아니면 가능한 경우에 해당
- 자산(결과) 가치: 자산 및/또는 인명의 손실이 중대하거나, 심각하거나, 일반적이거나, 무시할 만한 결과 또는 기능 상실로 인해 경제적 영향을 미칠 수 있다.
- 취약점 등급: 취약점의 수, 공격자의 접근 가능성, 이중화/물리적 보안 수준, 건물이 다시 작동할 수 있는 시간

[표 2-9] 위협 등급 척도

위협 등급		
매우 높음	10	사이트나 건물의 발생 가능한 위협에 대해 무기 및 전술의 사용이 임박한 상황이다. 내부 의사결정자 및/또는 외부의 법 집행기관 및 정보기관은 위협이 신뢰할 수 있다고 판단한다.
높음	8~9	사이트나 건물의 발생 가능한 위협에 대해 무기 및 전술의 사용이 예상된다. 내부 의사결정자 및/또는 외부의 법 집행기관 및 정보기관은 위협이 신뢰할 수 있다고 판단한다.
중간 높음	7	사이트나 건물의 발생 가능한 위협에 대해 무기 및 전술의 사용이 있음직한 상황이다. 내부 의사결정자 및/또는 외부의 법 집행기관 및 정보기관은 위협이 신뢰할 수 있다고 판단한다.
중간	5~6	사이트나 건물의 발생 가능한 위협에 대한 무기 및 전술 사용이 가능한 상황이다. 내부 의사결정자 및/또는 외부의 법 집행기관 및 정보기관은 위협이 알려졌다고 생각하나 검증되지는 않았다고 판단한다.
중간 낮음	4	위협 발생이 유력한 지역에 무기 및 전술 사용이 가능한 상황이다. 내부 의사결정자 및/또는 외부의 법 집행기관 및 정보기관은 위협이 알려졌다고 생각하나 발생 가능성은 없다고 판단한다.

낮음	2~3	위협 발생이 가능한 지역에 무기 및 전술 사용이 가능한 상황이다. 내부 의사결정자 및/또는 외부의 법 집행기관 및 정보기관은 위협이 알려졌다고 생각하나 발생 가능성은 없다고 판단한다.
매우 낮음	1	사이트나 건물 또는 지역에 무기 및 전술 사용 가능성이 희박한 상황이다. 내부 의사결정자 및/또는 외부의 법 집행기관 및 정보기관은 위협이 존재하지 않거나 극히 희박하다고 판단한다.

출처: FEMA 452

[표 2-10] 자산(결과) 가치 등급 척도

자산(결과) 가치		
매우 높음	10	건물 자산의 손실 또는 손상으로 인해 광범위한 인명 손상, 광범위하고 심각한 부상 또는 주요 서비스, 핵심 프로세스 및 기능 전체의 손실 같은 심각한 결과가 발생할 수 있다.
높음	8~9	건물 자산의 손실 또는 손상으로 인해 인명 손상, 심각한 상해, 주요 서비스의 손실 또는 핵심 프로세스 및 기능의 주요 손실이 장기간에 걸쳐 심각한 결과를 초래할 수 있다.
중간 높음	7	건물 자산의 손실 또는 손상으로 인해 중대한 부상이나 장기간의 핵심 프로세스 및 기능 장애 같은 심각한 결과가 발생할 수 있다.
중간	5~6	건물 자산의 손실 또는 손상으로 인해 핵심기능 및 프로세스의 손상 같은 중간-심각한 결과가 발생할 수 있다.
중간 낮음	4	건물 자산의 손실 또는 손상으로 인해 경미한 상해나 핵심기능 및 프로세스의 경미한 손상 같은 중간 정도의 결과가 발생할 수 있다.
낮음	2~3	건물 자산의 손실 또는 손상이 핵심기능 및 프로세스에 대한 단기간의 영향에 미미한 결과 또는 영향을 미친다.
매우 낮음	1	건물 자산의 손실 또는 손상이 무시할 만한 결과 또는 영향을 미친다.

출처: FEMA 452

[표 2-11] 취약점 등급 척도

취약점 등급		
매우 높음	10	자산이 침입자 또는 위험요소에 극히 민감한 하나 이상의 중대한 취약점이 확인되었다. 건물은 이중화/물리적 보호 장치가 없으며, 전체 건물은 공격 후 오랜 시간이 지나야 다시 작동한다.
높음	8~9	침입자 또는 위험요소로 인해 자산을 매우 취약하게 만드는 하나 이상의 주요 약점이 확인되었다. 건물은 불충분한 이중화/물리적 보호 장치를 가지고 있으며, 건물의 대부분은 공격 후 오랜 기간 후에 다시 작동한다.
중간 높음	7	침입자나 위험요소로 인해 자산이 매우 취약해지는 중요한 약점이 확인되었다. 건물은 부적당한 이중화/물리적 보호 장치를 가지고 있으며, 대부분의 중요한 기능은 공격 후 오랜 기간 후에야 다시 작동한다.
중간	5~6	침입자나 위험요소로 인해 자산이 매우 취약해지는 중요한 약점이 확인되었다. 건물은 부적당한 이중화/물리적 보호 장치를 가지고 있으며, 대부분의 중요한 기능은 공격 후 오랜 기간 후에야 다시 작동한다.
중간 낮음	4	침입자나 위험요소로 인해 자산이 어느 정도 취약해지는 약점이 확인되었다. 건물은 상당한 수준의 이중화/물리적 보호 장치를 가지고 있으며, 대부분의 중요한 기능은 공격 후 상당 기간 후에 다시 작동한다.
낮음	2~3	침입자나 위험요소로 인해 자산의 취약성이 약간 증가하는 경미한 약점이 확인되었다. 건물은 상당한 수준의 이중화/물리적 보호 장치를 가지고 있으며, 공격 후 짧은 기간 내에 작동할 것이다.
매우 낮음	1	약점은 존재하지 않는다. 건물은 탁월한 이중화/물리적 보호 장치를 가지고 있으며, 공격 직후에 작동할 수 있다.

출처: FEMA 452

2.2.7 위험 평가 준비

평가를 준비하려면 데이터베이스 소프트웨어를 사용하거나 수동으로 여러 매트릭스를 완성해야 한다. 위협 등급, 자산(결과) 가치 및 취약점 등급 요인에 할당된 값을 곱하면 총위험이 정량화된다. 각 위협에 대한 각 기능 또는 시스템의 총위험에는 색상 코드가 지정된다(표 2-12). 이 표는 완성된 행렬의 예다.

[표 2-12] 기능과 사이트 구조의 사전평가 심사 매트릭스

총위험 색상 코드(Total Risk Color Code)			
	낮은 위험	중간 위험	높은 위험
위험 요인 합계(Risk Factor Total)	1~60	61~175	≥176

총위험 = 자산가치(1~10) × 위협 등급(1~10) × 취약점 등급(1~10)

기능	사이버 공격	무장 공격 (1인 무장범인)	차량폭탄	CBR 공격
행정관리	280	140	135	90
자산가치	5	5	5	5
위협 등급	8	4	3	2
취약점 등급	7	7	9	9
엔지니어링	128	128	192	144
자산가치	8	8	8	8
위협 등급	8	4	3	2
취약점 등급	2	4	8	9
창고	96	36	81	54
자산가치	3	3	3	3
위협 등급	8	4	3	2
취약점 등급	4	3	9	9
데이터센터	360	128	216	144
자산가치	8	8	8	8
위협 등급	9	4	3	2
취약점 등급	5	4	9	9
식당시설	2	32	48	36
자산가치	2	2	2	2
위협 등급	1	4	3	2
취약점 등급	1	4	8	9
보안	280	140	168	126
자산가치	7	7	7	7

기능	사이버 공격	무장 공격 (1인 무장범인)	차량폭탄	CBR 공격
위협 등급	8	4	3	3
취약점 등급	5	5	8	9
시설관리	16	64	48	36
자산가치	2	2	2	2
위협 등급	8	4	3	2
취약점 등급	1	8	8	9
일일점검 보육시설	54	324	243	162
자산가치	9	9	9	9
위협 등급	3	4	3	2
취약점 등급	2	9	9	9
현장	48	80	108	72
자산가치	4	4	4	4
위협 등급	4	4	3	2
취약점 등급	3	5	9	9
건물	40	40	135	20
자산가치	5	5	5	5
위협 등급	8	4	3	2
취약점 등급	1	2	9	2
구조 시스템	24	32	240	16
자산가치	8	8	8	8
위협 등급	8	4	3	2
취약점 등급	1	1	10	1
건물 외곽 시스템	84	112	189	112
자산가치	7	7	7	7
위협 등급	6	4	3	2
취약점 등급	2	4	9	8
설비 시스템	112	56	168	42
자산가치	7	7	7	7
위협 등급	8	4	3	2

기능	사이버 공격	무장 공격 (1인 무장범인)	차량폭탄	CBR 공격
취약점 등급	2	2	8	3
기계 시스템	42	56	105	126
자산가치	7	7	7	7
위협 등급	6	4	3	2
취약점 등급	1	2	5	9
배관 및 가스 시스템	40	40	120	70
자산가치	5	5	5	5
위협 등급	8	4	3	2
취약점 등급	1	2	8	7
전기 시스템	42	84	189	28
자산가치	7	7	7	7
위협 등급	8	4	3	2
취약점 등급	1	3	9	2
화재경보 시스템	162	108	216	36
자산가치	9	9	9	9
위협 등급	6	4	3	2
취약점 등급	3	3	8	2
IT/통신 시스템	512	164	192	32
자산가치	8	8	8	8
위협 등급	8	4	3	2
취약점 등급	8	2	8	2

출처: FEMA 426

위험 평가 절차와 위 매트릭스의 사용은 체계적으로 개발된 위험 수치 순위를 제공한다. 매트릭스 상단에는 저·중·고위험 코어 및 인프라 기능에 대한 '박스 스코어'가 표시되어 있다. 이는 시설 상태에 대해 유용한 요약 그림을 제공하지만, 위험 평가 프로세스의 실제 가치는 완화 조치의 최종 선택을 위한 위협, 자산 및 취약성 평가의 세부 정보를 제공하는 데 있다. 평가 결과에 대한 검사 및 분석은 예를 들어 사이트, 건물 또는 기타 특성의 상대적 중요성을 입증하고 취약성이나 자산가치의 패턴을 식별하는 데 중요하다.

순위 값은 개별 건물에 대한 완화 조치를 개발하거나 건물 그룹 간의 우선순위를 정할 때 유용한 기초 정보를 제공한다. 그러나 랭킹 점수 시스템을 사용한다고 해서 완화 조치의 절대임계치를 설정하는 것은 아니다.

2.3 폭발력과 이격거리

이는 보안 설계자가 폭발력의 본질 및 인명 손실과 건축물 피해에 대해 일반적으로 이해하는 데 유용하다. 이 장에서는 폭발물과 폭발에 대해 간단하게 설명한다. 자세한 설명은 FEMA 426 및 FEMA 452에 나와 있다. FEMA 427은 폭발성 무기에 대한 추가 정보를 제공하고, 특히 상업 지역의 사무실, 상가, 다가구주택, 생산시설 등 인구 밀집 민간 건물에 미치는 영향을 다룬다. FEMA 453은 폭발 위험 변수에 대한 유용한 정보를 제공한다.

폭발은 빛, 열, 소리 및 충격파의 형태로 매우 빠른 에너지가 방출된다. 설계에서 발생하는 폭발 압력은 일반적으로 고려되는 다른 하중보다 훨씬 크다. 그러나 하중은 시간과 공간에 따라 매우 빠르게 감소한다. 경험적으로 충격파에 의해 생성된 압력(TNT의 등가 파운드로 측정되는)은 무기의 크기에 따라 선형적으로 증가하고, 폭발 거리에 대해서는 지수함수적으로 감소한다. 폭발의 지속 시간은 매우 짧으며, 1천분의 1초 또는 밀리초 단위로 측정된다.

충격파가 팽창하면 폭발시점(T=0) 이후 압력(incident pressure) 또는 과부하압력(overpressure)은 감소한다. 충격파가 폭발 가시거리의 표면을 만나면 파동이 반사되어 물체의 표면에 엄청난 압력이 가해진다. 충격파는 최대 약 12의 증폭률로 반사될 수 있다. 반사 계수의 크기는 폭발의 근접도와 충격파의 입사각에 대한 함수다. 폭발

사건이 발생한 이후 충격파는 음의 값을 갖게 되고, 부분 진공이 발생하여 충격파 뒤에 흡입력이 형성되어 창문이 바깥쪽으로 떨어질 수 있다. 폭발하중(blast loading) 강도는 보호 공간에 대한 폭발파의 거리와 방향에 따라 달라진다. 이는 건물의 크기와 위치에 대한 특성이다. [그림 2-3]은 폭발하중의 압력-시간 이력을 밀리초 단위로 보여준다.

진공 직후에 공기가 흘러 들어가 건물의 모든 표면에 강력한 바람 또는 저항력을 만든다. 이 바람은 근처에 날아다니는 파편들을 태우고 운반한다. 외부 폭발에서는 에너지 일부가 지면에 전달되어 분화구를 만들고, 고강도의 단기간 지진과 유사한 지표 충격파를 생성한다.

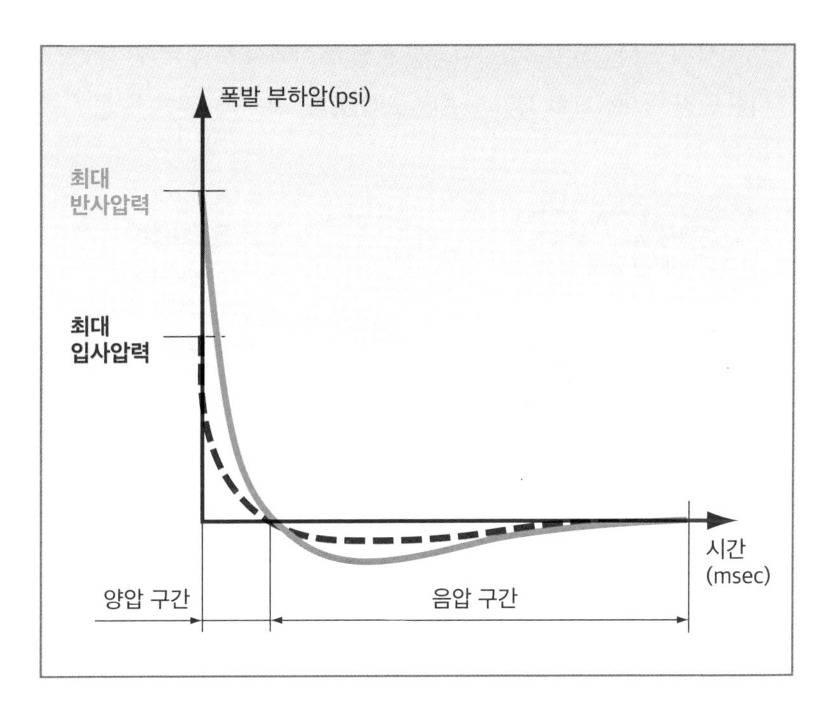

[그림 2-3] 폭발에 의한 일반적인 압력이력곡선. 폭발 부하압(psi)과 시간(밀리초, msec) 그래프로 양압이 음압을 크게 초과한다.

※ 참조 1 - 폭발압과 시간의 상관관계 그래프

폭발효과의 종류는 폭풍파(airblast), 지중파(ground shock), 분출물(ejecta), 파편(fragments) 등이 있다.

폭원으로부터 거리에 따라 감쇠하는 폭풍압을 예측하는 미 육군 공병단(CONWEP, Conventional Weapons Effects Program)의 계산 방법과 체적에 따른 폭풍압을 예측하는 미 국방부 화약안전위원회(DDESB, Department of Defence Explosives Safety Board)의 폭풍압 계산 방법이 있다.

폭발하중은 압력이 대기압보다 높아지는 정압력 단계(positive phase)와 대기압보다 낮아지는 부압력 단계(negative phase)로 나타나며, 충격파가 도달하면 정압이 순간적으로 크게 증가하고 이후 정압의 크기가 빠르게 감소한다. 이어서 주변 대기압과 압력이 같아질 때까지 부압이 따라오게 된다. 그러나 일반적으로 폭발 해석에서 부압 단계의 영향은 무시할 만큼 미세하므로 정압 단계만 고려한다.

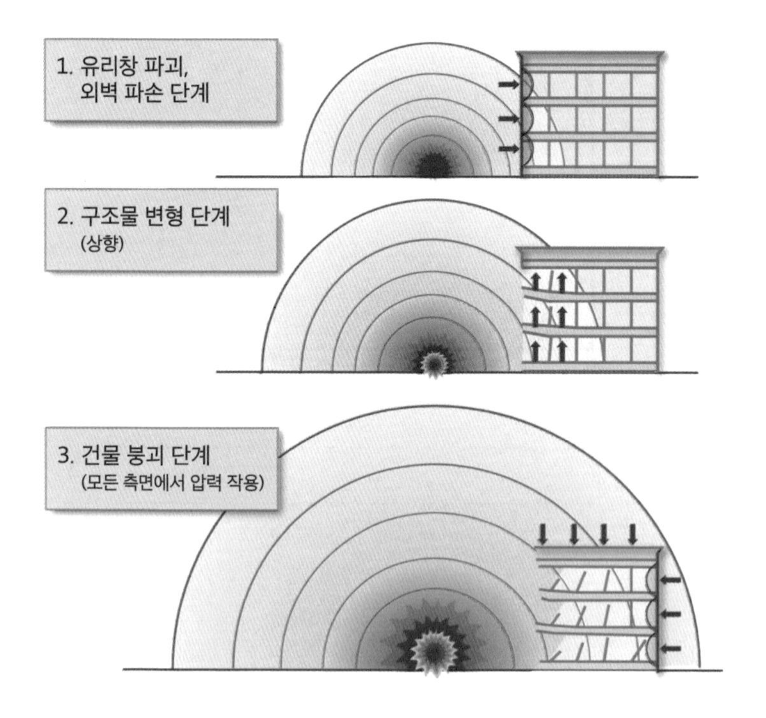

[그림 2-4] 폭풍파 효과의 진행과정(sequence of airblast effects)

※ 참조 2 - 유리창 파괴/외벽 파손 단계, 구조물 변형 단계, 건물 붕괴 단계로 진행된다.
출처: Naval Facilities Engineering Service Center, User's Guide on Protection Against Terrorist Vehicle Bombs, May 1998

2.3.1 폭발효과 예측

폭발하중 결정은 전문화된 활동이며, 폭발 컨설턴트가 설계 팀원에 포함되어야 한다. 폭발 컨설턴트는 구조 역학에 대한 공식 교육을 받고 폭발 저항 설계에 대해 허용 가능한 실무 경험을 보유하고 있어야 한다. 이 부분의 그림과 표는 비전문 설계자가 폭발하중, 대기거리 및 건물 손상 간의 관계를 이해하는 데도 유용하다(건물 이격거리나 배치는 폭발위협 위치와 보호가 필요한 가장 가까운 건물 간의 거리임).

건물에 대한 폭발효과를 예측하는 첫 번째 단계는 구조물의 폭발하중을 예측하는 것이다. 손상 압력 파동은 자산과 위협 사이의 거리, 또는 이격거리(stand-off distance), 입사각 및 건물 외부의 반사압력에 따라 달라지므로 폭발 위험 예측은 여러 위협 위치에서 수행되어야 한다. 그러나 일반적으로 의사결정에는 최악의 조건이 사용된다.

폭발하중의 정교한 추정을 필요로 하는 복잡한 구조의 경우, 폭발 컨설턴트는 폭발하중을 예측하기 위해 전산유체역학(CFD) 컴퓨터 프로그램 같은 정교한 방법을 사용할 수 있다.

본질적으로 건물에 대한 영향을 판단하기 위해 가능하거나 계획된 이격거리에 근거하여 폭발력을 시뮬레이션한다. 이는 가능한 이격거리를 보호함에 있어서 울타리 중심의 방호체계 가치에 대한 정보를 제공한다.

또한 이격거리의 다른 대안들을 모의하여 그 결과를 갖고 요구되는 성능 수준과 비교할 수 있는데, 다양한 이격거리와 건물의 외벽 및 구조적 강화 수준 간의 균형점을 평가하여 최적의 비용을 도출할 수 있다.

2.4 이격거리의 중요성

이격거리는 주어진 크기의 무기에 대한 피해 범위를 결정할 때 가장 중요한 요소다. 위에서 언급했듯이, 폭발하중은 거리에 따라 급격히 감소하므로 일반적으로 거리가 두 배로 증가하면 폭발하중은 건물까지의 거리와 TNT 등가 하중을 기준으로 3~8배로 줄어들며 짧은 거리에서는 적게 감소된다.

[그림 2-5]와 [그림 2-6] 및 [표 2-13]은 건물 손상과 사상자에 대한 이격거리의 영향을 보여준다. 이러한 그래프는 건물의 시공, 연한 및 품질, 위치 및 구성 유형에 따라 다양하고 광범위한 효과를 보여준다.

[그림 2-5]는 주어진 이격거리에서 통상적인 구조가 제공하는 보호 수준을 나타낸다. 그림에서 녹색 막대는 폭발물의 크기별로 구조적 경화 없이 통상적인 건물에서 폭발로부터 의미 있는 보호가 곤란한 범위를 보여준다.

파란색 막대는 낮은 수준의 보호를 나타낸다. 통상적으로 이러한 거리에 건설된 건물은 일반적으로 중간~심각한 피해까지 입게 될 것이다. 노출된 구조물의 거주자는 폭풍과 건물 파편의 힘으로 일시적인 청력 손실 및 상해를 입을 수 있다. 건물 요소 및 내용물 또한 이러한 영향으로 인해 피해를 입을 수 있다.

연한 파란색 막대는 중간 정도의 보호 수준을 나타낸다. 통상적으로 이러한 거리에 건설된 건물은 일반적으로 경도~중간 정도까지의 피해를 입게 될 것이다. 노출된 구조물의 거주자는 건물 파편 같은 2차적인 영향으로 인해 경미한 상해를 입을 수 있다.

보라색 막대는 높은 수준의 보호를 나타낸다. 통상적으로 이러

[그림 2-5] 폭발물 크기와 이격거리에 따른 보호수준
출처: FEMA 453

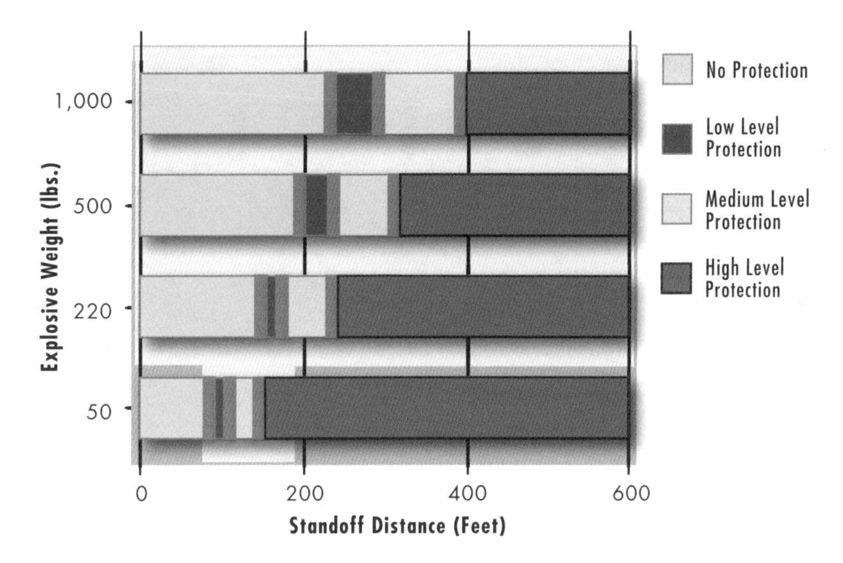

한 거리에 건설된 건물은 일반적으로 경미한 손상을 입을 것이다. 파편이 날아다니는 경우, 건물의 구성요소와 내용물에 사소한 손상을 입힐 수 있다.

[그림 2-6]에는 벽 조각 그리고/또는 유리 파편 손상과 관련된 다양한 부상 유형의 임계치가 나와 있다. 이러한 거리-효과표는 폭발 위험의 가중치와 건물까지의 거리 간의 일반적인 상호작용을 보여준다. 이러한 일반적인 차트는 통상적인 건설에서부터 법 집행기관 및 공공 안전 공무원에게 폭발 장치(또는 의심이 되는 장치)로부터 안전한 피난 거리 확보와 관련한 정보를 제공한다. 이러한 거리는 사이트 및 건물에 따라 다를 수 있으나, 사이트에 특화된 신뢰할 만한 정보가 없는 경우, 이 차트는 일반적인 지침 이상일 수 있다.

표를 보면, 유리 파편 위험의 발생은 차량폭탄 폭발로부터 수백 피트의 이격거리와 관련이 있는 반면, 기둥 파손은 수십 피트의 이격거리와 관련되어 있다. 50파운드 폭탄으로 인해 치명적인 상해를 입는 임계치(거리)는 80피트 정도이며, 통상적인 도시 환경에서 사용할 수 있는 이격거리보다 훨씬 크다.

[그림 2-6]의 그래프는 부상 및 피해 증가와 관련하여 이격거리

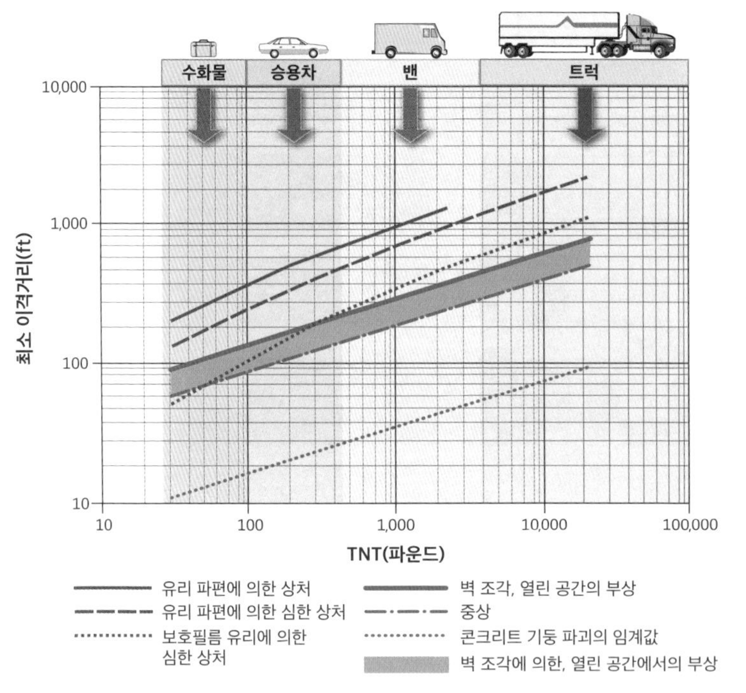

[그림 2-6] 폭발 환경: 이격거리 대비 부상 및 피해.
유리 파손에서 건물 붕괴까지의 이격거리 관계를 보여주며, 주요 관심사는 유리 조각과 건물 붕괴다.
출처: FEMA 453

[표 2-13] 이격거리에 따른 상해 또는 손상

상해 또는 손상	이격거리(피트)	
	500파운드 폭약	5천 파운드 폭약
붕괴, 콘크리트 기둥의 임계값	30	60
중상	150	350
벽 조각에 의한, 열린 공간에서의 부상	150~250	350~500
심한 상처(필름이 부착된 유리의 파편)	250	650
심한 상처(보호되지 않은 유리의 파편)	500	1,000+
경상	800	1,000+

의 범위를 표시한다. [표 2-13]은 [그림 2-6]에서 파생되었으며, 차량 또는 경량 밴에 의해 운반된 500파운드 폭탄과 중형 트럭에 의해 운반된 5천 파운드의 폭탄에 대한 부상 정도를 보여주고 있다. 이전 수치와 마찬가지로 일반적인 값이다. 그래프의 목적은 단지 이격거리 증가의 일반적인 장점을 설명하기 위한 것이므로 설계 도구로 사

[그림 2-7]
코바르타워에서 모델링된 이격거리와 폭발효과와의 관계
출처: Installation force protection guide, USAF

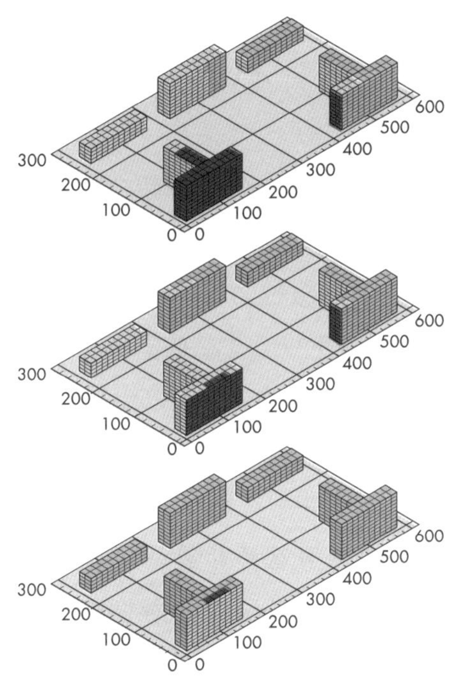

80피트 거리의 폭발
이것은 코바르타워의 실제 거리임

170피트 거리의 폭발
FM5-114가 권장하는 최소 이격거리임

400피트 거리의 폭발
이 정도면 심각한 손상과 사상자 발생을 방지할 수 있음

색상	건축물 피해 정도	거주자 위험 수준
적색	매우 심각한 피해, 붕괴 가능	매우 위험 - 다수의 사상자 발생
노랑	보수 불가능, 구조적 파손	위험 - 사상자 발생
녹색	일반적인 파손	제한된 사상자 발생

용해서는 안 된다.

[그림 2-7]은 1996년 코바르타워(Khobar Towers) 사건의 폭발 분석을 보여준다. 2만 파운드 폭탄이 가장 가까운 건물에서 80피트 떨어진 곳에서 폭발했다. 연구에 따르면 거리가 80피트에서 400피트로 늘어나면 건물의 손상 및 사상자가 줄어든다(이 공격에 대한 자세한 내용은 1.5.2.8절 참조).

2만 파운드 폭탄이 건물 앞 왼쪽 아래에서 폭발했고, 19명이 사망했다. 코바르타워는 점진적인 붕괴를 막기 위해 건설되어 피해가 적었다. 중상자들은 외관과 유리 손상에 의해 발생했다. 대조적으로, 오클라호마시티의 뮤러 건물(Murrah Building, 1.5.2.6절 참조)

은 트럭에 실린 4천 파운드 폭탄에 의해 공격을 받았다. 건물에서 15~20피트 떨어진 곳에서 폭발하여 구조의 대부분이 점진적으로 붕괴되고 168명이 사망했다.

주요 시설과 건물의 배치, 보안 조치가 제대로 작동되기 위해 무기의 배치는 매우 중요하다. 차량폭탄의 경우, 모든 보안 조치가 취해졌다고 가정할 때 차량이 접근할 수 있는 가장 가까운 지점이 중요한 위치로 간주된다. 일반적으로 건물 반대편 도로를 따라 주차된 차량 또는 검사가 수행되는 입구가 통제 지점이다. 도로변은 폭발물이 실린 테러리스트 차량의 장벽이 아니다. 미 국무부는 효과적인 충돌방어 장벽이 없다면 걸림돌이 없다는 견해를 갖고 있다. 충돌방어 장벽을 설치하는 것이 가장 효과적인 폭발 완화 방법이다. 설계 및 측정을 위해 이격거리는 차량(또는 다른 컨테이너) 충돌 중심으로부터 대상 건물의 구성요소(일반적으로 건물 외관)까지의 거리로 측정된다.

위의 정보에서 볼 수 있듯이 대형 무기는 수백 피트 떨어진 거리에서도 유리 파편을 통해 심한 부상을 입힐 수 있다. 건물 붕괴는 훨씬 낮은 이격거리에서 방지할 수 있지만, 도시 환경에서는 도로변의 자동차 또는 트럭폭탄이 기존 구조물 붕괴의 실질적인 위협이 된다. 따라서 이격거리를 늘리기 위한 모든 노력은 가치가 있다. 최소거리의 결정은 각 건물마다 다르며, 다음 내용을 기반으로 한다.

- 무기의 폭발하중(blast loading) 예측
- 필요한 보안 수준: 연방정부 또는 기타 정부 건물의 경우 지정할 수 있지만, 개인 소유 건물의 경우 위험 평가 프로세스 중 '허용되는 위험'을 결정한다.
- 기존 또는 신규 여부에 관계없이 건물 구조 및 외장의 성질을 포함한 건물용도 평가
- 사이트가 제공하는 제약사항 또는 장점

기존 건물에 대해 충분한 이격거리가 제공될 수 있다면 건물 구조, 외관 및 거주자에 대한 평가(가성비를 감안하여)로 방호 유리 설치, 건물 하부층 지지대(기둥과 벽)의 추가 보강 및 점진적인 붕괴에 대한 구체적인 구조 조치 같은 보호 솔루션을 제공할 수 있다. 반면에 하역장, 기타 인도 지역 및 건물 로비의 경화 비용이 상대적으로 저렴하므로 좋은 투자가 될 수 있다.

2.5 보호 비용

보호 비용은 모든 설계 및 건설 프로젝트에서 매우 까다로운 부분이며, 위험을 관리하고자 할 때 특히 중요하다. 가성비를 기준으로 보면 특정 보호 수단(예: 울타리선상의 차량 장애물)의 비용이 증가함에 따라 보호 수단의 가치는 감소된다. 최소 비용으로 위험을 최대로 줄이는 것이 리스크 관리의 기본 원칙 중 하나다.

생애주기 비용, 경제적 분석, 가치공학은 소유자의 경제적 목표에 부합하는 한 사용될 수 있다. 효율적인 건물 소유를 기대하는 기관이나 조직은 생애주기에 대한 예산을 책정하는 것이 좋으며, 많은 정부 기관에서는 이 작업을 수행할 것을 권고하고 있다. 개인 개발자는 다른 목적을 가지고 있을지 모르지만, 최종적인 건물 소유주와 운영자는 모두 건물의 생애주기 비용을 고려한 이점을 누릴 수 있다.

특히 보안 대책과 관련한 세 가지 비용 관련 고려사항은 프로젝트 비용 계획의 초기 단계에서 검토되어야 한다.

- 설계 초기부터 다른 요구사항과 통합되어 추가 비용이 들지 않는 요소에 대한 식별

  허용 가능한 거리 범위 내에 있는 조경 또는 기타 요소를 외곽 차량 장애물로 활용하면 이 부분의 건설비용을 크게 줄일 수 있는 경우와 같은 항목이다. 그러나 이 접근법은 조경이 위

협 차량으로부터 보호할 역량이 되는지에 대한 설계 엔지니어의 상세 분석 이후 허용된다는 점에 유의해야 한다. 그러나 우수한 시뮬레이션 성능을 보인 많은 장애물은 충돌 테스트에 실패했으며, 비교 가능한 테스트 데이터가 없는 설계가 권장될 수 있다. 소유주는 등급이 매겨지지 않은 기존의 시스템을 사용함으로써 받아들일 수 있는 위험 정도에 대한 평가를 해야 한다.

- 특별히 강화된 볼라드와 도로 구조물 또는 보강된 출입구와 같이 일반적인 프로젝트와 비교하여 추가적인 구조적 요구로 인해 시공에 명백한 추가 비용이 발생한 요소에 대한 식별
- 최종 보안 요구가 결정될 때까지 초기 비용을 최소화하기 위해 점진적인 방식으로 설치될 수 있는 요소에 대한 식별

임대 예정인 민간 부문 프로젝트의 경우, 건설이 완료될 때까지 거주자 및 보안 요구사항이 확정되지 않을 수 있다. 능동적 또는 수동적 장벽의 구멍, 보안 시스템 배관 규정과 외부 보안에 대한 승인 예비 협상은 세입자가 요구할 때 쉽게 추가할 수 있어야 한다. 이 경우, 개발자는 건설을 위한 초기 비용의 일부를 부담하고 임차인은 임대 비용의 일부로서 나머지 비용을 부담해야 한다.

외곽 장벽의 비용과 성능은 사이트와 건물 모두에 대한 전체 방어 시스템과 연관 지어 평가되어야 한다(시설 방호의 주요 비용 평가는 이격거리의 영향과 건축물 구성 비용 사이의 함수다). 따라서 이격거리 및 외곽 길이를 줄임으로써 달성되는 비용 절감은 건물 보안 강화, 더 많은 경비 제공, 감시카메라 증가, 시설 이전 또는 주요 건물 거주자의 재배치 등과 같은 다른 솔루션의 비용 증가와 비교하여 평가되어야 한다. 단, 이러한 평가는 허용 가능한 위험 수준을 만족한 경우에 한하여 수행되어야 한다.

[그림 2-8]은 이격거리가 시설의 다양한 (비)구조 요소에 미치

[그림 2-8] 이격거리가 구성요소 비용에 미치는 영향
출처: L. Bryant, J. Smith, Applied research associates, INC.

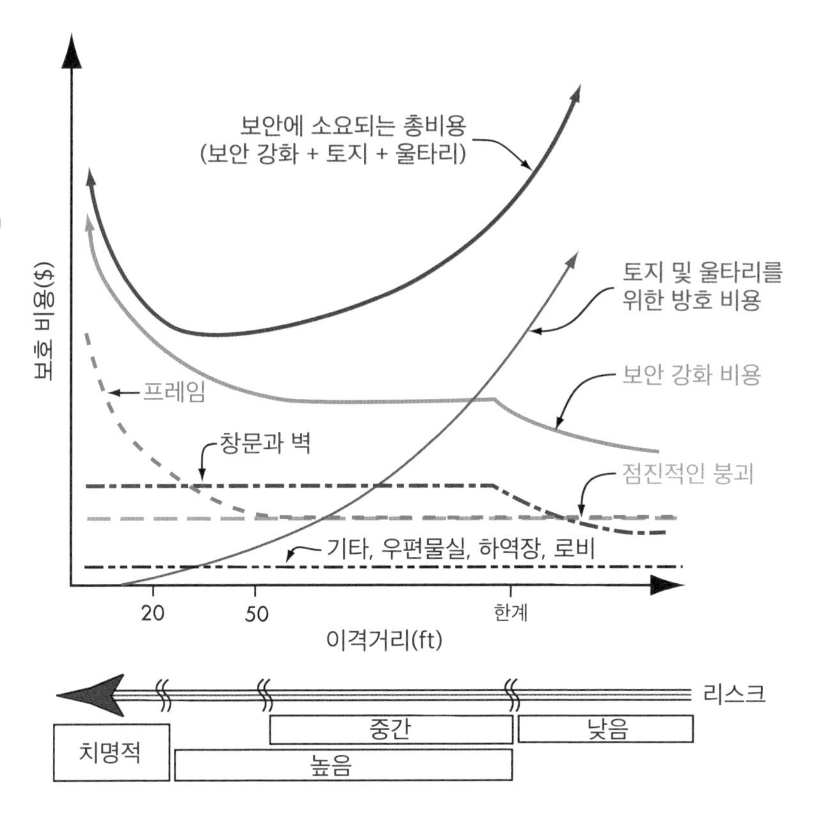

는 영향을 보여준다. ISC 보안 기준 같은 일반적인 연방기관 기준을 구현하기 위해 이격거리와 보호 비용 간의 일반적인 추세와 관계를 특정 규모로 나타내고 있지는 않지만, (비)구조적 요소를 포함하여 증가하는 보안 구성요소가 표시된다. 이러한 관계의 상대적 크기와 규모는 프로젝트마다 다르다.

주지하는 바와 같이 우편물실, 하역장 및 로비 경화 비용은 일반적으로 전체 프로젝트 비용에 비해 작으며, 차량폭탄과 관련해서는 유효한 이격거리에 따라 달라지지 않는다. 점진적 붕괴를 감안한 비용은 일반적인 위협에 독립적인 것으로 간주되므로 이격거리 대비 비용은 일정하다. 구조 설계가 프레임의 폭발하중에 더 영향을 미치는 지점이 있으며, 이를 보완하기 위해 프레임 구성의 확대와 추가 비용을 초래한다. 이 문제는 특히 가까운 지역, 약 50피트 내에서 발생한다. 이격거리가 매우 짧아짐에 따라 (도심사업 구역 같은)

비용이 기하급수적으로 증가하므로 이와 관련한 합리적 전략은 위험을 수용하거나 6장에서 논의된 것과 같이 능동적인 장벽과 검색을 통한 거리 폐쇄로 이격거리를 늘리고 건물에 차량 서비스를 제공하는 것이다.

이격거리 기능으로서 벽과 창에 대한 요구사항은 이격거리에 근거하여 리스크의 최고수준을 적용하여 벽체, 창문 등을 설계하도록 연방정부에서 규정하고 있다. 그러나 대부분의 연방 기준은 다양한 구성요소를 설계하는 최대 수준에 한계를 두고 있다. 중형 및 고급 보호 설계 관련 폭발 압력 및 충격에 대한 제한은 특정 이격거리(한도)에서 비용을 제한하므로 벽 및 창 비용 또한 이 한도 내에서 증가하지 않는다. 폭발 저항에 대한 이러한 제약 사항은 이격거리 감소로 인해 본래의 위험을 증가시킨다는 점에 주목해야 한다.

다양한 구성요소에 대한 경화 비용의 합은 [그림 2-8]과 같이 '경화-비용' 곡선으로 나타낼 수 있다. 이 그래프에서 약 50피트 이격거리와 관련된 보안 수준의 한계값 사이에 정체기(plateau)가 발생함을 확인할 수 있다. 50피트 미만의 이격거리에서는 수용 가능한 위험을 해소하기 위한 구조 프레임 요구사항이 증가하므로 비용이 매우 빠르게 증가한다. 반면 더 큰 이격거리 값에서의 비용은 통상적인 설계 요건이 적용되는 곳에서 점진적으로 감소한다.

이격거리가 증가함에 따라 늘어날 수 있는 비용 요소는 영역(사이트 지역)과 외곽 경계 보호에 대한 것이다. 위에서 언급했듯이 이격거리의 증가는 사이트 영역의 증가 및 외곽(perimeter)까지의 거리 증가로 이어진다. 추가 경화 비용과 영역 및 경계선 방어 비용에 대한 평가는 '전체 방어 비용'에 대한 일반적인 기능을 제공한다. '한계' 범위 내의 이격거리에서는 값이 감소함에 따라 위험이 지속적으로 증가한다.

[그림 2-8]은 비용 및 위험의 일반적인 특성을 보여준다. 비용 구성요소의 상대적 크기와 중요성은 고려된 각 사례마다 다를 수 있

다. (예를 들어 고려 대상인 건물과 사이트마다 다를 것이다.) 또한 표시된 수치는 더욱 현대적인 '일반적 건설' 경향을 나타내며, 반드시 기존 건축물에 적용되는 것은 아니다. 일반적인 추세는 같을지라도 최적의 이격거리는 기존 건물에 사용된 건축 기술 유형 및 품질에 따라 크게 달라질 수 있다.

사이트별 설계가 다르므로 여러 가지 업그레이드 방법에 대해 비용을 할당하기는 어렵지만, 일부 항목에 대해서는 일반화가 적용될 수 있다. 일반적인 사이트 위험경감 방안은 [그림 2-9]와 같이 방호, 비용, 노력이 최소부터 최대까지 분포되는바, 이를 통해 방호, 비용, 노력 간의 잠재적인 상관관계를 폭넓게 파악할 수 있다.

비용 억제는 보안 설계(및 구현)의 제한된 경험이 현재 문제를 나타내는 영역이다. 비교적 최근의 보안 설계(상태)로 포괄적인 비용 데이터를 얻기는 어렵다. 이격거리 대비 비싼 토지 비용 또는 물리적 솔루션 대비 시큐리티 운영비용 같은 대안 솔루션의 비용 비교 분석에 관한 연구는 거의 없다. 다양한 지역 및 입주자의 혼재로 인한 상대적 위험(및 완화 비용)과 임차인이 보안 개선을 위해 지급하려는 임대료 인상액과 같이 설계되지 못한 옵션은 포괄적인 위험관리 계획을 개발할 수 있도록 분석 및 평가되어야 한다.

비용 관리는 예산 수립을 위한 설계 이전과 설계 중 현지 조달 비용 정보를 기반으로 해야 한다. 건설비용은 급변하고 급속하게 구식이 된다. 간행된 지표는 이 문제를 개선하려고 시도하지만 대상 범위가 매우 넓어 특정 프로젝트에 적용할 때 그다지 유용하지 않다. 하지만 입찰 및 건설 당시 현지 시장 상태는 종종 비용에 큰 영향을 미친다.

- 쓰레기통을 가능한 한 건물에서 떨어뜨려놓는다.
- 은밀한 활동을 도모할 수 있는 고밀도 초목을 제거한다.
- 가시가 많은 식물 재료를 사용하여 자연적 장벽을 조성한다.
- 해당 지역의 모든 중요 자원(소방서 및 경찰서, 병원 등)을 확인한다.
- 해당 지역의 모든 잠재적 위험시설(원자력발전소, 화학실험실 등)을 확인한다.
- 일시적인 수동 장벽을 사용하여 고위험 건물에 직진하는 차량의 접근을 차단한다.
- 위험이 높은 상황에서는 차량을 임시적·물리적 장벽으로 사용한다.
- 교통 통제, 건물 출입통제 등을 위한 표지판을 적절히 사용한다. 고위험 지역을 식별하는 표지판을 최소화한다.
- 건물의 모든 편의 서비스에 대한 접근을 확인, 보호 및 제어한다.
- 기어서 움직일 수 있는 모든 공간, 배관 터널 및 기타 수단에 대한 접근을 제한하거나 제어하여 폭발물 설치를 방지한다.
- 지리정보시스템(GIS)을 활용하여 인접한 토지 이용을 평가한다.
- 경계선을 따라 울타리 안쪽에 공개된 공간을 제공한다.
- 모든 건물에서 최소 100피트 떨어진 곳에 연료 저장 탱크를 배치한다.
- 건축물의 방향, 조경 및 지형을 통해 시선을 차단한다.
- 일시적 및 절차적 조치로 주차를 제한하고, 이격거리를 유지한다.
- 사이트 내에 위험성이 높은 토지를 색출하여 통합한다.
- 위협 수준에 따라 장애물을 선택하고 설계한다.
- 잠재적 차량폭탄과 가능한 한 먼 거리를 유지한다.
- 이중화 배관 시스템을 분리 설치한다.
- 수인성 오염물질을 검출하기 위해 정기적인 수질검사를 실시한다.
- 사이트의 둘레를 봉쇄한다. 차량에 대한 단일 출입구 구축(출입통제 지점)
- 경찰이나 보안요원의 상주 시스템을 구축한다.
- 휴대용 유틸리티 백업 시스템을 위한 빠른 연결장치를 설치한다.
- 보안 조명을 설치한다.
- CCTV를 설치한다.
- 모든 장비를 모든 방향의 힘에 저항하도록 설치한다.
- 토지 면적 계산 시 보안 및 보호 수단을 포함한다.
- 차량폭탄에 대해 적절한 거리를 제공하도록 주차공간을 설계하고 구성한다.
- 거주자와 보안요원이 사이트를 모니터링할 수 있도록 건물을 배치한다.
- 잠재적인 위협 또는 위험에 인접하여 건물을 세우지 않는다.
- 중요한 건물은 주요 입구, 차량 동선, 주차 또는 정비 구역으로부터 멀리 배치한다. 적절한 방법으로 보안을 강화한다.
- 현장에서 눈에 잘 띄는 곳에 전관방송 시스템 및 긴급 전화 박스를 설치한다.
- 건물 아래 또는 건물 내 주차를 금지한다.
- 건물로 접근하는 도로는 경사지게 설계하고 구축한다.
- 고위험 지역에서 멀리 떨어진 지역에 상업 및 배달 차량의 진입 지점을 지정한다.
- 도시 지역에서는 볼라드, 화단 및 기타 장애물을 활용하여 경계선을 보도의

[그림 2-9] 사이트 및 레이아웃 설계를 위한 경감 방안
출처: FEMA 426

가장자리까지 밀어낸다.

- 더 나은 공간 확보를 위해 커브를 따라 주차하는 것을 제한하거나 또는 없애거나, 적재 구역을 없애거나, 거리 폐쇄를 통해 경계선을 바깥쪽으로 밀어낸다.
- 건물의 배관 서비스 등에 대한 침입 감지 센서를 제공한다.
- 보안, 생활 안전 및 구조 기능을 지원하기 위해 이중 편의 시스템을 제공한다.
- 건물로 들어오는 배관 시스템을 숨기거나 보안을 강화한다.
- 능동적인 차량 충돌 장애물을 설치한다.

2.6 결론

이 장에서는 FEMA 위험 평가 절차를 요약하여 제공했는데, 이는 다양한 정부 기관에 속한 수백 개의 건물에 성공적으로 적용되었다.

이 장에서의 요약은 일반적인 개념을 설명하기 위한 절차로, 완전한 위험 평가 프로세스를 구현하고자 하는 독자는 FEMA 452의 세부 지침을 참고해야 한다. 추가로 FEMA 455의 신속한 육안 검색 안내서(Handbook for Rapid Visual Screening)를 참조하라. 이 절차는 도시 또는 준도시 지역의 표준 상업용 건물에 대한 테러리스트 공격의 위험을 평가하기 위해 개발되었으며, 기존의 모든 건물 유형에 대해 전국적으로 적용할 수 있도록 고안되었다. 이러한 절차는 추가적인 위험관리 활동을 위한 우선순위 도구로, 하나의 건물에 대한 위험 수준 또는 포트폴리오, 커뮤니티, 이웃 건물 간의 상대적 위험을 식별하는 데 사용할 수 있다.

이와 유사하게 폭발력 및 비용 관련 절에서는 이와 관련한 문제에 대한 소개를 위험경감 방안의 배경으로 제시했다. 보안(설계와 관련된) 설계자는 이 두 가지 중요한 분석 주제의 개념에 대해 전반적인 이해가 필요하다.

이의 일부는 “ISC 보안 설계 기준을 사용하여 기존 시설에 대한 외곽 차량 장애물 설계를 위한 설계 방법론 기반 성능”이라는 제목의 스미스연구소(Smith Institute)에서 간행하는 《더글러스 홀(Douglas Hall)》 저널에 기초하고 있다.

3. 보안 설계와 고려해야 할 사회적 환경요소

3.1 개요

보안 설계 프로젝트에서 보호할 자산의 평가는 매우 중요하다. 사회적 환경은 주요 시설의 구성요소들로 이루어진 많은 사회집단의 관계를 이해하는 방법에서 시작된다. 모든 보안 설계의 계획, 개발 그리고 수행 과정에서는 반드시 사회적 환경요소를 참조해야 한다.

예를 들어, 유틸리티와 도로 인프라가 도시 네트워크의 일부이듯이 고객, 공급자, 노동자는 기업과 사회의 구성원이다. 즉, 보안 설계 환경은 주요 시설의 경계를 넘어서 확장·고려되어야 한다. 공동체나 대중의 관심도 진입지점 선정, 건물 배치, 건축 양식 및 재료 선택 등 실로 많은 부분에서 프로젝트에 영향을 미친다.

보안과 관련한 리스크 평가는 주요 시설과 그 외곽의 위협과 취약성을 검토한다. 주요 시설 외곽의 문제로는 자산에 이르는 접근로, 주요 시설의 전망, CBR 물질을 분산하거나 집중시킬 수 있는 바람의 패턴과 지형 등의 물리적 특성이 포함된다. 주변 시설의 기능 또는 운용으로 테러 분자들이 인근 지역으로 활동 범위를 넓힐 수 있다. 인접한 구조물의 물리적 구조 및 근접성은 프로젝트에 영향을 주는 원천이 될 수 있다. 마찬가지로 보안 솔루션은 주요 시설 외곽 또는 인접한 자산과 함께 개발될 수 있다. 주요 시설 외곽의 문제에는 접근 통제, 검문, 감시 및 정보 공유에 대한 구역 단위의 통합적 접근 방식을 포함한다. 도로의 변화로 인해 속도가 느려지고 차량흐름이 제한될 수 있으므로 효과적인 장애물, 크기, 강도 및 배치를 위한 설계 기준 위협 및 그에 따른 설계 기준이 수정될 수 있다.

보안 설계 기준을 충분히 고려한 계획은 지역사회의 기존 네트워크를 유지하거나 강화하면서 보안 요구사항을 해결할 수 있다. 보안 설계의 세부사항 및 재료의 선택은 기존의 특성 및 패턴을 반영해야 한다. 이 장에서 소개하는 네 가지 사례연구는 다양한 보안요소의 디자인 특성이 그들이 위치한 도시의 구역마다 색다른 재료와 설계의 세부사항이 어떻게 적용되는지를 보여준다.

보안의 가능성과 리스크 관리 전략에 따른 보안 요구사항을 개발하기 전에 위협, 자산가치, 취약성 및 리스크 평가를 수행하는 것이 중요하다. 이러한 평가를 수행하는 절차는 2장에 요약되어 있으며, 이를 수행하기 위한 자세한 방법론은 FEMA 452(리스크 평가, 건물에 대한 잠재적인 테러 공격 완화를 위한 지침서)에 나와 있다.

이 장에서는 주요 시설 보안 설계에 대한 접근 방식을 '3지대 방어선 개념'으로 설명한다. 이들 3지대에서 인접 또는 외부 지역과는 울타리장벽 같은 명확한 경계선으로 설정한다. 1지대는 외부지역에 있고, 1지대와 2지대 사이의 경계를 통해 외부 지역에서 주요 시설로 진입하며, 3지대는 주요 시설 주변을 둘러싼다. 이 경계면에서 방어지대는 주변 환경과 조화를 이룰 수도 있고, 도시의 미관을 해칠 수도 있다(그림 3-1).

따라서 다음 절에서는 지역사회의 가치를 보존하거나 향상시키기 위해 디자인 솔루션 및 지역 공동체 대표와 협력하여 전반적인

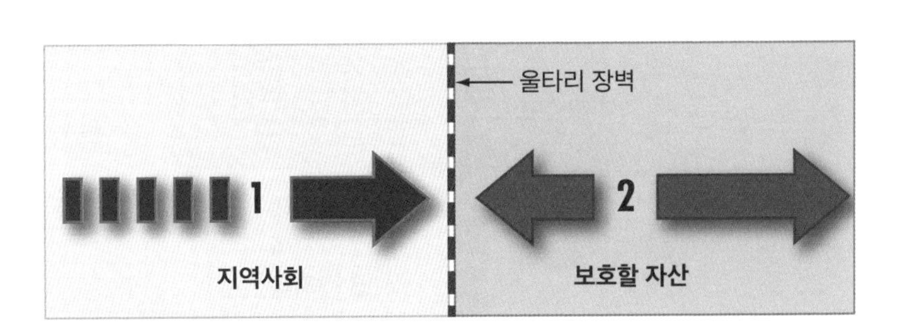

[그림 3-1] 외부 지역과 주요 시설 사이의 방어지대

상황과 관련된 보안 설계에 대해 논의한다. 여기에는 프로젝트의 이해관계자와 협력하고 수많은 지역, 주(州) 및 연방 규정과 협상하는 것이 포함된다.

3.2 지대 방호

미 국토안보부의 연방재난관리청(FEMA)이 발간한 리스크 관리 시리즈는 테러 공격으로부터 인명, 자산 및 운영을 보호하기 위한 수단으로 종심 방호(縱深防護) 개념을 사용한다. 방호 준비는 고대부터 요새나 성의 거주자를 보호하기 위해 사용된 보안공학의 전통적인 접근 방식이다(1장 참조). 중세의 성은 성의 중심부나 자산을 보호하기 위해 해자(성 주위를 둘러 판 못), 성벽 및 탑을 이용했다. 이 전략은 오늘날에도 여전히 사용되고 있다.

종심 방호 개념의 목적은 테러리스트 또는 적이 침입을 위해 통과해야 하는 지역에 연속 장애물을 만들어 보안요원에게 추가 경고

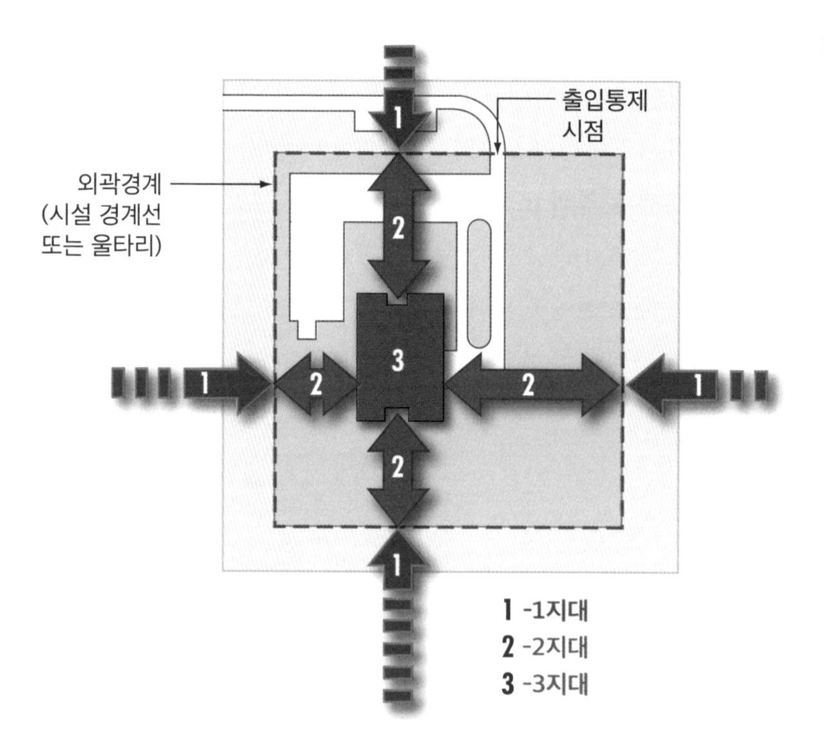

[그림 3-2] 지대 방호

및 응답 시간을 제공하고, 건물 거주자가 방어 장소 또는 지정된 '안전한 피난처'로 이동할 수 있게 하는 것이다. 경계선을 침투하면 자산에 도달하기 위해 극복해야 할 또 다른 방어 시스템으로 이어진다. 각 계층은 특정 보안 전략을 가지고 있지만, 주지하다시피 방호 방법은 종종 인접한 방호지대 간에 공유된다.

이 절에서는 지대 방호의 기본 개념을 다룬다(그림 3-2). 5장에서는 전형적인 오픈 사이트를 위한 지대 방호를 다루고, 6장에서는 공간이 부족하여 지대의 방호력이 제한되는 도시 지역의 방어 대책을 논의한다.

방어 개념에서 일반적인 선은 방어하는 건물과 주요 시설 내 주차를 위해 접근하는 차량으로 인해 넓은 부지를 전제로 한다. 방호를 제공받는 선은 부지 경계선일 수도 있고 아닐 수도 있다. 방어선을 통한 대피 및 진입은 통제된다.

3.2.1 1지대 방호

1지대 방호는 이웃과 주변 환경에 관한 것인데, 건축물 유형, 점유형태, 인접한 활동의 성질과 강도를 포함한다. 주변 환경은 1지대 방호선의 외부에 존재하는 모든 것이다. 주변 환경이 1지대 방호 디자인의 기본 요구사항과 모양을 수정할 수 있다. 1지대와 2지대 사이의 분계선은 방호된 경계선이다. 이는 인접한 공공의 영역에 영향을 미친다. 노출된 장애물과 통제된 진입지점은 방문자에게 방호 수단의 특징과 방문자를 환영하기 위해 노력한다는 첫인상을 제공한다.

설계자가 주요 시설의 주변을 조사하여 잠재적인 위협을 식별하는 것이 중요하다. 지역과 주의 계획 부서에서 이용할 수 있는 GIS 정보와 FEMA HAZUS[1] 프로그램은 건축 재고(building stock), 필수 설비, 위험 물질, 운송 시스템 및 인구 통계 같은 주제에 관한 데이터를 제공할 수 있어 현장 주변의 특성을 식별하는 데 사용할 수 있는 중요한 도구다. 주변 환경을 완전히 이해하려면 HAZUS 및

[1] FEMA가 개발한 재난 피해 예측 프로그램

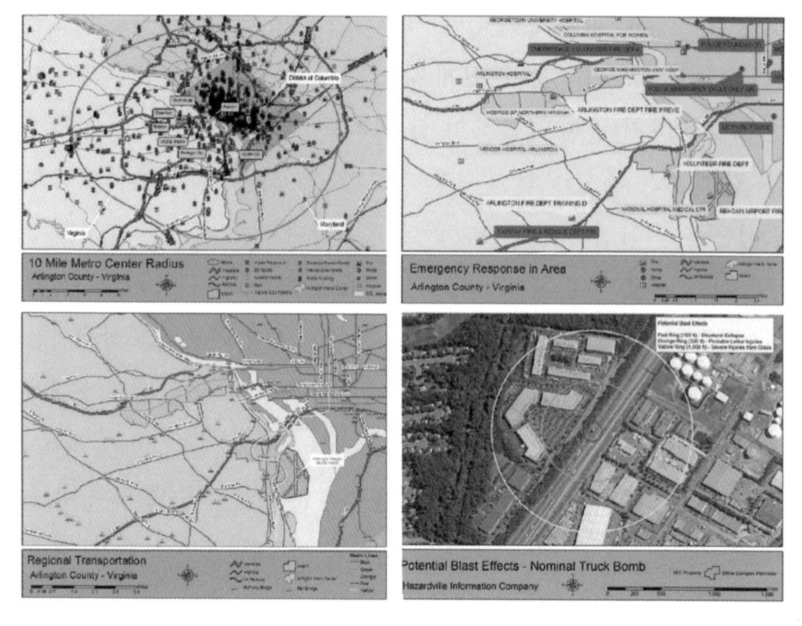

[그림 3-3] 첫 번째 방어층에 대한 HAZUS의 GIS 사례. 다양한 중요 인프라, 사이트 경계 및 주변 건물을 묘사한다. 출처: FEMA HAZUS and E155 Appendix A

GIS 전문가를 비롯한 여러 전문 분야의 참여가 필요하다. 많은 지역과 주(州)의 기관도 정보의 원천이다. 여러 보안 및 정보기관은 지역 경찰, 주 경찰 및 FBI를 포함하여 주변 환경에 대한 정보 및 데이터의 좋은 출처이기도 하다(그림 3-3).

주변 환경에 대한 조사는 HAZUS 유형의 부지 평면도에 국한되어서는 안 되며, 지하 배관과 배선, 터널 및 위험 완화 대책 설비와 함께 건물 또는 높은 구조물을 내려다보는 것 같은 조감도 기능을 포함해야 한다.

3.2.2 2지대 방호

2지대 방호는 일반적으로 하나 이상의 건물 또는 기타 시설 같은 보호가 필요한 자산과 방어된 경계선 사이에 존재하는 공간을 의미한다. 경계선 방호는 건물 배치를 통해 사이트 내부를 강화할 수 있는데, 고속 차량의 접근을 방지하기 위한 사이트 순환; 폭발을 빗나가게 하는 제방 같은 조경 대책; 그리고 적정한 이격거리의 제공 등이다. 또한 주차, 보행자 전용 통로, 보안 조명, 간판 및 현장 편의시설

등은 보안 설계의 적용을 받는다. 이러한 기능 중 많은 부분이 1지대 방호와 2지대 방호 간에 공유된다.

2지대 방호의 경우 설계자는 관측에 유리한 지점을 내려다보는 지점에서 지하 배관과 배선들에 이르기까지 사이트의 고지대 및 지표면 아래의 시설을 포함하는 모든 평면과 방향에 대한 360° 보기를 고려해야 한다. 이 조사에는 다양한 전문가가 포함될 수 있는데, 예를 들면 보안, 토지이용 계획, 건축, 조경, 토목 및 건축 엔지니어, 그리고 특별한 시설과 지역사회 간의 상호작용을 분석하는 데 필요한 기타 분야다.

2지대 방호에 대한 계획을 수립할 때의 주요 전략은 폭발하중이 거리에 따라 급격히 감소하므로 사람이 거주하는 건물에서 테러범을 격리시키는 것이다(2.4절 참조). 폭발물로부터 보호하기 위해 튼튼한 건물을 건축하는 것보다 보안 설계를 꼼꼼히 하여 방호태세를 강구하는 것이 비용이 적게 든다는 것은 잘 알려진 사실이다. 비용 절충은 장애물과 함께 적절한 이격거리를 제공하는 토지 비용과 건물 외장재 및 구조를 강화하는 비용 사이에 있다. 새로운 건물인지 또는 기존 건물을 고려 중인지 여부에 따라 비용 절충은 달라진다. 시설을 구성하는 다양한 요소가 자연적이건, 인공적이건 상관없이 물리적 장애물로 활용될 수 있다. 자연장애물은 강, 호수, 수로, 급경사 지형, 산, 불모 지역, 식물 및 횡단하기 어려운 지형이 포함된다. 인공장애물로는 울타리, 벽, 건물, 볼라드, 화분, 분수, 콘크리트 장애물, 기타 무거운 물체 및 작동 가능한 장치가 있다.

시설에 대한 테러 대응계획의 가장 중요한 첫 단계는 2장에서 개략적으로 설명한 것처럼 인위적인 위협과 자연재해에 대한 포괄적인 평가를 준비하는 것인데, 그렇게 함으로써 취약성 및 리스크 감소에 적절하고 효과적인 방호 기제를 설계할 수 있다.

2장에서 논의했듯이, 이격거리는 주어진 폭발 수준에 대해 손상 범위를 결정할 때 가장 중요한 요소 중 하나다. 이상적인 이격거

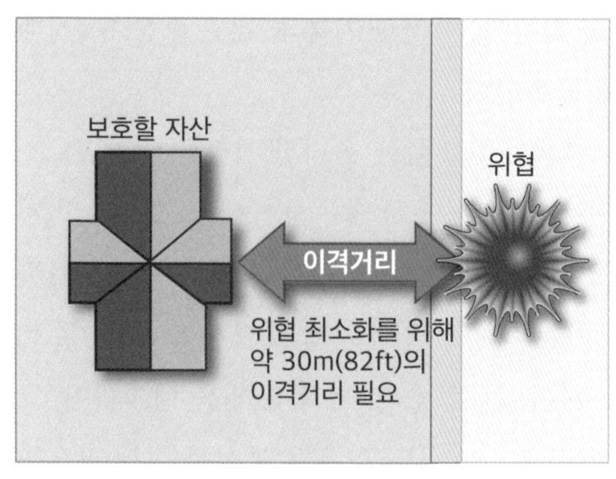

보도가 3m 미만이어서 도심지역에서는 일반적으로 이격거리 확보가 불가능함.

[그림 3-4] 도시 지역의 보도와 비교한 권장 이격거리
출처: FEMA 426(왼쪽)

리는 없으나 위협 유형, 건축 유형 및 원하는 보호 수준에 따라 결정되며 각 프로젝트마다 다르다. 그러나 충분한 이격거리를 확보하는 것은 종종 불가능하며, 일부 지침은 작은 위협으로부터 보호하기 위해 최소 82피트의 독립된 이격거리를 확보해야 하고, 도시 지역에서는 건물이 도로의 연석(curb)으로부터 10피트(그림 3-4) 미만이므로 종종 불가능하다. ISC[2]는 최소 50피트를 권장한다. 건물에 대해 전체적으로 강화하는 것이 금지되어 있는 경우 보호 수준에서 타협이 필요할 수 있으며, 대안은 감시 및 보안요원의 확충이다. 6장에서는 중앙 비즈니스 구역을 위한 합리적인 사이트 보안을 달성하는 방법을 좀 더 자세하게 논의한다.

[2] ISC: Interagency Security Committee

3.2.3 3지대 방호

이 책에서는 3지대 방호에 대한 자세한 설명은 다루지 않는다. 3지대는 자산 자체의 보호를 의미하며, 보안에 영향을 받는 전형적인 건물 속성—전체 구성, 건물 외장의 특성, 구조, 실내 공간 계획, 비구조적 요소, 기계, 전기 및 배관 서비스, 감시 장비—의 설계를 포함한다(그림 3-5).

[그림 3-5] 3지대 방호의 핵심요소

3지대 방호의 요소들

- 건축
- 구조 시스템
- 건물 외장
- 기계 시스템
- 배관 및 가스
- 전기 시스템
- 화재경보 시스템
- 통신 및 IT

3지대 방호의 핵심 개념은 건축물의 '강화' 또는 '보강'이다. 건물을 보호하기에 충분한 이격거리를 확보할 수 없는 경우, 건물의 외부 덮개를 단단하게 하고 점진적인 붕괴를 방지하는 설계를 포함하여 폭발에 저항할 수 있는 구조 시스템이 필요할 수 있다. 특히 기존 건물의 경우 건물을 강화하는 비용이 많이 든다. 철근 콘크리트가 가장 효과적인 재료이며, 조립식 콘크리트 기술은 설치 및 사업 중단 비용을 줄일 수 있다. 이격거리가 짧으면 건물 강화를 위해 더 많은 양의 강철이 필요하고, 두껍고 강한 유리가 더 필요하며, 건물의 구조 프레임이나 벽에 더 나은 창 프레임 연결이 필요하다.

건물 강화를 고려할 때 첫 번째 단계는 구조물의 폭발하중을 추정하는 것이다. 구조공학자는 붕괴가 일어나지 않고 생명을 위협하는 다른 손상이 허용 수준으로 감소되도록 원하는 보호 수준을 달성하는 데 필요한 건물 설계 특징을 결정해야 한다. 또한 엔지니어는 건물 외장 설계 시 건축가와 협력해야 한다. 건물 외장 설계자는 대부분의 부상이 벽, 천장 및 기타 비건축적인 물체로 인한 유리 파편 및 부스러기로 인해 발생하므로 폭발물 사고 발생 시 위험한 비행 파편을 최소화해야 한다. 창 및 창유리 디자인은 전통적인 건축물에서 매우 다양하며, 일반적으로 가장 취약한 빌딩 외피 구성요소다.

건물 외장의 전체적인 강화는 건축가 및 구조공학자의 공동 노력에 의해 균형을 이뤄야 하며 기둥, 벽 및 창문은 원하는 보호 수준을 위해 설계 기준 위협에 대응하는 이격거리를 설정해야 한다.

CBR 공격에 대한 위험경감 조치를 고려할 때 건물 HVAC 시스템은 공기 중 유해한 오염물질의 진입점 및 분배 시스템이 될 수 있으므로 특히 주의해야 한다. 특별한 보호 조치가 없어도 건물은 실외에서 발생하는 항공기 위험에 대해 다양한 등급의 보호를 제공할 수 있다. 반대로 건물 안의 배출물에 의해 생성된 위험은 야외에서의 유사한 배출보다 훨씬 더 심각할 수 있다. 건물은 실내와 실외 사이에서 제한된 공기 교환만 허용하므로 내부에 배출물이 있을 때 더 높은 농도가 발생할 수 있을 뿐만 아니라 위험 또한 실내에서 더 오래 지속될 수 있다.

이를 방지하기 위해 건물로 유입되는 외부 공기의 흐름을 차단하거나 필터링하여 실외 배출에 대한 보호를 제공할 수 있다. HVAC 시스템의 공기 여과 및 공기 청정 시스템 또는 고위험 및 저위험 지역 사이의 HVAC 시스템 분리는 건물 내의 오염물질을 제거하거나 포함하여 내부 CBR 배출원의 영향을 줄일 수 있다.

건물 위험경감 조치는 FEMA 426 3장에서 논의되고 CBR 위협과 보호 설계, 기타 탑승자 보호 방법은 FEMA 426 5장에서 논의된다. 이는 보호 계획을 수립하는 것만큼 간단할 수도 있고, 새로운 건축에만 적용할 수 있는 엄격한 설계로 복잡할 수도 있다.

3.3 주변 환경에 적합한 설계

2001년 9월 11일 이전의 지역사회는 경찰의 보호 이상의 보안활동 속에서 살도록 강요받지 않았다. 하지만 이제 지역사회는 방어해야 할 자산의 보호를 위한 3지대 방호 전략에 참여하는 법을 배워야 한다. 지역사회는 보안의 생활화를 배워야 하며, 설계자는 보안 요구사항을 이해하고 기존 도시 디자인 원칙과 조화되도록 교육받아야 한다. 주요 도시 및 교외 지역 보안 프로젝트에서 생활 편의시설과 공공 안전의 균형을 맞추기 위한 디자인 접근 방식인 지역사회 기반 보안 디자인에 대한 개발은 지역사회와 디자이너 모두에게 필수적인 요소가 되었다. 이 접근법은 보안 프로젝트가 완벽하게 조화를 이루고 종합적으로 검토되지 않은 경우, 지역 공동체와의 갈등 때문에 기능이나 외관을 협의해야 하는 번거로움을 피할 수 없게 한다.

보안 솔루션은 거주자와 방문객이 환영받고, 편안하고 안전하다고 느끼는 지역의 공공 편의시설과 미적인 특성을 유지하기 위해 신중하게 계획되어야 한다. 이 책은 개별 프로젝트 목표에만 초점을 맞추는 솔루션보다는 공동체적 상황 및 목표에 부합하는 보안 디자인을 채택하도록 권장한다. 지역사회 기반 솔루션은 지역 공동체의 참여 및 분석이 프로젝트 설계에 영향을 미칠 수 있고, 이웃을 존중하거나 배려하고 도울 수 있어야 한다. 그러나 보안 계획의 모든 요소를 일반인과 공유할 수 있는 것은 아니며, 정보를 제공하는 데 신중을 기해야 한다.

전략은 지역사회 수준에서 해결될 때 좀 더 쉽게 받아들여지고 효과적이라는 것이 경험을 통해 입증되었다. 런던과 워싱턴 D. C. 같은 넓은 지역에 걸쳐 눈에 잘 띄지 않는 감시카메라를 사용하면 지역사회 수준의 전략을 구현할 수 있다. 지역 전체의 교통 통제와 보안 담당자 및 장비의 공유는 지역사회 전체적인 운영의 다른 예다. 더 많은 지역사회 기반 솔루션이 개발되고 공통 전략이 동일한 지역 내의 여러 프로젝트에 적용되면 발생하는 충돌과 문제 등을 해결할 수 있는 능력이 향상될 것이다.

모든 설계 프로젝트는 신규 건설이든 기존 프로젝트의 추가 작업이든 관계없이 기존 상황에 대한 평가로부터 시작된다(2장 참조). 일반적으로 리스크 평가는 사이트 및 건물 설계자가 고용되기 전에 완료된다. 보안 프로젝트는 리스크 평가를 참고 자료로 사용하여 보안 문제, 공동체적 상황 및 지역의 목표를 다루는 연구부터 시작한다. 지역사회에서 기대하는 사항을 확인하고 보안 프로젝트 및 지역사회 요구사항과 균형을 이루는 설계 전략을 개발할 수 있도록 기존의 상황들을 적절하게 검토하고 평가할 충분한 시간을 제공해야 한다.

연구 범위에는 다음과 같은 문제가 포함된다.

- 울타리 중심의 보안 설계에 포함될 수 있는 기존 지형지물(지형, 화단 지역, 사이트 벽, 화분 및 조명)을 확인하고 평가한다.
- 설계팀은 배관 · 배선 및 기초 구조물과 충돌을 피할 수 있도록 지하 배관 · 배선 및 구조물에 대해 자세히 초기 문서화해야 한다. 이 정보는 장애물 시스템의 위치에 큰 영향을 줄 수 있다.
- 지역사회의 기존 상황에 대한 조사(토지이용 개발 패턴, 현장 상황, 물리적 특성, 운송 등)는 취약성 평가, 설계 전략, 규제 승인 및 프로젝트에 대한 지역사회의 수용성 등에 대한 중요한 정보를 제공한다.
- 보안시설과 편의시설 사이의 충돌과 잠재적인 기회를 미리 확인하는 것은 차후에 발생할 수 있는 문제와 지연되는 사태를 예방할 수 있다.

[표 3-1]은 환경요인과 1지대 방호 간의 관계를 분석하는 데 도움이 되는 도구다. 여기에는 주요한 현 상황과 관련한 주제에 대한 정보를 수집하고 검토하는 데 도움이 되는 몇 가지 질문 및 지침이 포함되어 있다. 모든 사이트와 지역사회는 서로 다르므로 추가적인 주제가 적절할 수도 있다. 이러한 질문을 분석하면 프로젝트 및 보안 설계의 기회와 제약 조건을 파악하는 데 도움이 된다.

[표 3-2]는 환경요인에 대한 응답의 좋은 예와 좋지 않은 예를

[표 3-1] 기존 조건 및 설계 시사점

주제	지침
상황 정보	
도시, 교외 또는 캠퍼스 같은 프로젝트 환경의 일반적인 특성은 무엇인가?  도시: 1지대 방호. 출처: NYPD  교외: 1지대 방호. 계층.  캠퍼스: 1지대, 2지대, 3지대 방호. 출처: Google Earth	● 프로젝트 상황 정보의 구체적인 특성은 설계 접근법에 대한 지침을 제공한다. ● 도시 지역의 밀도는 주변 건물과 토지 이용, 교통 패턴, 거리 조경 계획, 건축 특성, 적재 및 주차 제한구역, 다른 건물 및 구조물에 의한 시야 제한 등과 같은 내용을 평가하기 위한 많은 영향요소를 제공한다. 수많은 배관·배선 시설들이 지하의 제한된 지역에 복잡하게 설치된다. 도시 지역에는 개발을 엄격히 통제하는 규정과 지침이 있다. 보행자 이동성 및 거리의 상점, 서비스에 대한 접근 요구사항은 중요한데 종종 간과되는 경우가 있다. ● 교외 지역에서는 검문을 하기 위해 대기 및 적절한 이격거리를 위한 더 많은 공간을 이용할 수 있다. 교외 지역의 가시선은 훨씬 길어지므로 차량 순환 패턴이 중요하다. 자연적인 지형지물을 통합한 조경 솔루션이 더 실용적일 수 있다. 대중교통, 산책로 및 공원을 위한 지역사회 네트워크는 유지되거나 강화되어야 한다. ● 캠퍼스 환경은 지역사회 내의 공동체와 유사하다. 대부분의 경우 캠퍼스는 생활 편의시설 및 프로그램을 외부 지역사회와 공유할 수 있다. 보안이 변경되면 해당 관계가 변경될 수 있다. 예를 들어 캠퍼스를 여유롭게 걷거나 프로그램에 참여하는 것이 더 이상 가능하지 않을 수 있으며, 공동체 네트워크가 중단될 수 있다. 시각적인 영향도 평가해야 한다. 캠퍼스 환경은 캠퍼스 내에서 시설을 배치하고 위험도가 적거나 높은 작업을 적절히 집단화(clustering)하는 것으로 운영상의 효율성을 높이는 장점을 제공한다.

주제	지침
토지의 사용	
사이트 근처에 있는 기존 토지 용도는 무엇인가? 사이트가 공공 기관이나 사설 기관, 엔터테인먼트 또는 관광 명소와 가까워 교통량이나 방문자가 많은 곳인가? 계획된 토지 이용은 기존 토지 이용과 다른가?  교통센터	● 토지 사용에 대한 주요한 개발 형태는 기존 관계와 양립되거나 향상되도록 경계선 처리를 위한 접근법을 제안할 수 있다. ● 다수의 방문자가 있는 사이트 및 건물의 기능은 설계 접근법에서 특별한 고려가 필요할 수 있다. ● 미래 또는 계획된 토지 이용이 현존하는 개발 형태와 크게 다를 때, 미래의 토지 이용과 양립 가능한 설계 접근법을 고려해야 한다. ● 디자인은 교통센터 주변의 접근, 출입 또는 순환을 제한하지 말고 각 모드의 움직임을 고려해야 한다. 기존의 문제 또는 한계를 완화할 수 있는 방법을 조사해야 한다.
개발 형태	
주변 개발에는 도로로부터 건물까지 일정한 이격거리, 건물과 거리의 관계 등 일반적인 패턴이 있는가? 사이트가 유적지의 일부인가, 아니면 역사적인 건물이나 조경과 인접한가? 거리, 보도 등을 포함한 공공 영역의 본질은 무엇인가? 기존 영역의 디자인이 성공했는지 확인하라. 그것은 미래의 조건을 위한 모델이 되어야 하는가, 아니면 몇 가지 개선이 요구되는가? 이 지역의 활동 수준은 어느 정도인가?	● 기존 개발 형태 또는 건축물의 스타일은 주변의 형태를 유지하면서 경계선 보안 처리를 제안할 수 있다. ● 역사적인 지역, 건물 및 조경은 설계 접근 방식에 영감을 불어넣을 수 있다. 예를 들어 헨리 베이컨(Henry Bacon, 1923)의 폴리카보네이트(Polycarbonate) 글로브(폴리카보네이트로 만든 구체)와 내부에 지붕창(louver)이 장착된 워싱턴 트윈 글로브 라이트 폴 디자인은 보안 장애물의 일부로 견고한 기반 위에 설치되었다. ● 바쁜 도시 지역을 성공적으로 만드는 '거리'에 활력을 유지하기 위해 모든 노력을 기울여야 한다. 보안을 강화하기 위한 CPTED 기법이 적절할 수 있다 (부록 A 참조). 

주제	지침
아름다운 경치와 전망	
경계선의 관리 또는 개발이 기존의 전망과 경치에 영향을 미치는가?  출처: NCPC(국가수도계획위원회, National Capital Planning Commission)	● 가시선은 사이트 전체의 전망을 위해 평가되어야 한다. 아름다운 경치와 전망을 보존할 수 있도록 건물과 관련된 장애물을 배치해야 한다.  출처: NCPC(국가수도계획위원회, National Capital Planning Commission)
공원, 오락 공간, 개방된 공간, 산책로 및 자전거길	
이 사이트에는 기존 공원과 개방된 공간을 통한 접근 또는 순환이 포함되어 있는가? 사이트가 기존 공원과 연결할 수 있는 기회를 제공할 수 있는가?	● 공원과 개방된 공간에 대한 지역사회 접근 및 이동의 방해 또는 폐쇄를 최소화하라. ● 보행자가 지역 보행자 네트워크(보도, 산책로)를 사용하거나 확장할 수 있도록 경계선 장애물을 설치하라.
간판	
지역사회 또는 지역에 간판 관련 법령이 있는가?  	● 제안된 간판 및 길 찾기는 디자인 표준 및 표지판 규정과 호환되도록 신중하게 설계되어야 한다. 이 게시판은 해당 위치와 호환되고 보안 장애물의 일부로 작동하도록 신중하게 설계되었다.  출처: NCPC
CPTED	
CPTED에는 어떤 기회가 있는가(부록 A 참조)?	● 자연적인 접근 통제, 자연적인 감시 또는 영토 보강을 지원하기 위해 사이트 경계에 인접한 지역의 잠재성을 고려하라.

주제	지침
지역사회 시설들	
보안 디자인에 의해 방해받거나 폐쇄되거나 영향을 받는 지역사회 시설이 있는가?	● 공공시설에 대한 접근성을 유지, 완성 또는 향상시킬 기회를 찾으라. ● 지역사회 내 개방성을 유지하라.
도로 및 교통	
보안 설계를 통해 개선될 수 있는 기존의 상황이 있는가? 보안 설계가 새롭게 부정적인 영향을 줄 수 있는 영역이 있는가?  출처: NCPC	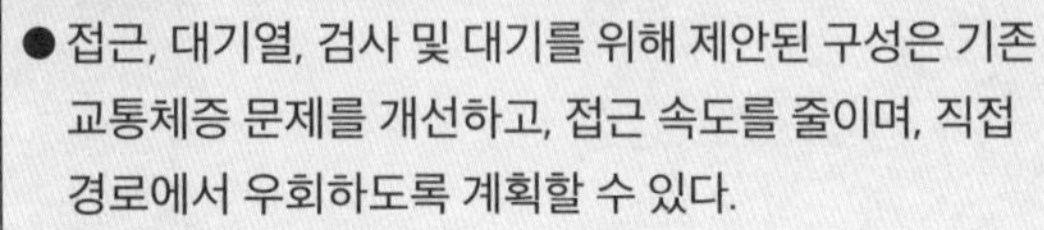 ● 접근, 대기열, 검사 및 대기를 위해 제안된 구성은 기존 교통체증 문제를 개선하고, 접근 속도를 줄이며, 직접 경로에서 우회하도록 계획할 수 있다. ● 접근, 대기열, 검사 및 대기를 위해 제안된 구성은 기존 차량흐름을 유지 또는 향상시켜야 한다. 이 검사소는 차량들이 대기하기 위해 주도로에서 빠져나왔을 경우, 여러 차선으로 구성하여 더 큰 교통량을 제공한다.  출처: NCPC
교통 체계	
대중교통 정류장, 정거장 또는 사이트 근처의 역에 대한 접근성이 있는가? 	● 경계선 설계는 차량, 보행자를 위한 경로, 정류장 및 대중교통을 유지 또는 개선하는 것을 목표로 해야 한다.
유지·보수	
디자인이 거리 조경물, 공공시설, 거리 및 보도의 지속적인 유지 관리를 지원하는가?	● 설계는 정기적이고 일상적인 유지·보수가 용이하게 수행되도록 해야 한다.
지하 기반시설들	
도로 및 인도 아래의 지하에 존재하는 것은 무엇인가?	● 디자인은 지하 배관·배선, 지하 시설 등을 고려해야 한다. 이것은 깊은 기초가 필요한 볼라드 및 기타 장애물의 배치를 제한할 수 있다.

주제	지침
응급 상황 대응을 위한 접근	
비상 대책 수단이 사이트 및 인접 지역에 어떻게 접근하는가? 	● 경계선 설계는 비상 대응 수단에 의한 사이트, 건물 및 인접 지역에 대한 접근을 저해해서는 안 된다. 소방 차선이 잘 표시되어 있는지, 소화전이 열려 있는지, 명확하게 보이는지 확인하라.
안정된 거리 조경과 나무들	
디자인이 기존의 거리 조경에 어떤 영향을 미치는가? 	● 제안된 해결책은 기존의 거리 조경과 식재에 미치는 영향과 방해를 최소화해야 한다. 성숙한 나무는 4.4.4절에서 논의된 바와 같이 비록 사용상에 제한이 있더라도 장애물 시스템에 통합할 수 있다.

보여준다. 기회를 놓친 특징적인 사례와 비교하여 지역사회에 생동감을 불어넣어주는 보안 설계를 개발하는 핵심적인 방법이 소유자, 개발자, 계획자 및 설계자의 적극적인 협력을 통해 실현될 수 있는 방법을 보여준다.

사례연구 1은 NCPC(National Capital Planning Commission, 국가수도계획위원회)의 도시 계획에서 도심의 디자인과 기능적 특징을 바탕으로 워싱턴을 다양한 지역으로 구분하고, 환경을 보존하기 위해 노변시설을 어떻게 강화할 수 있는지를 보여준다. 서로 다른 디자인과 재료는 동일한 수준의 보안을 제공한다.

[표 3-2] 환경요인의 이슈와 설계 가능성

부적절하게 구현된 보안	좋은 디자인을 통해 지역사회를 향상시킬 수 있는 기회 획득
전반적인 지역사회 영향을 고려하지 않고 각 프로젝트를 설계하면 매력이 없고 일관성이 부족한 지역이 될 수 있다.	지역사회 가이드라인 준수 및 검토 과정에서의 협력은 매력적인 지역 및 거리 조경을 만드는 데 도움이 될 수 있다.
부족한 설계 또는 잘못된 설계 세부사항은 실수로 보안 설계에 너무 많은 주의를 기울여 세입자 및 이웃을 더욱 취약하게 만들거나 위협할 수 있다.  출처: NYPD	적절한 디자인은 기존의 거리 조경이나 지역사회의 관심을 끌지 않고 보안을 조화시킬 수 있으며, 세입자 및 이웃 사람들을 위한 편의시설이 될 수 있다.  출처: NCPC
부실한 경계선 장애물을 설치하면 기존의 보행자 패턴과 산책로를 방해하거나 없애고, 지역사회의 인식을 부정적으로 만들 수 있다.  출처: NCPC	경계선 장애물은 보행자 구역을 정의할 수 있으며, 차량 통행으로부터 분리하여 보행자의 안전을 향상시킬 수 있다. 
부적절하게 설계된 경계선 장애물은 주변 건축물, 거리 조경 및 지역사회 특성에 부적합하고 피해를 준다. 이는 임대, 판매 및 프로젝트 승인에 부정적인 영향을 미칠 수 있다. 출처: NCPC	잘 설계된 경계선 장애물은 나무 심기 같은 거리 조경 개선을 위한 지역 프로그램을 조정하고 향상시킬 수 있으며, 프로젝트의 전반적인 보안 수준을 높일 수 있다.  출처: NCPC

부적절하게 구현된 보안	좋은 디자인을 통해 지역사회를 향상시킬 수 있는 기회 획득
보안 검문소의 대기열은 인접한 외측 차선(外側車線)과 도로에 영향을 미쳐 보행자의 이동 속도를 늦춘다. 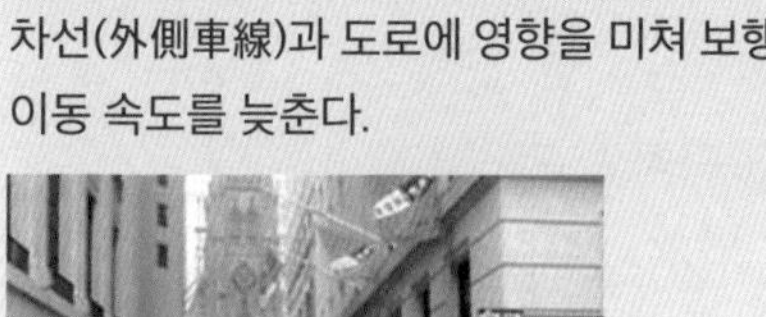 출처: NCPC	적절히 설계된 대기열과 공간 때문에 교통 패턴을 방해하지 않는다.  보행자 검문검색을 위한 독립된 대기 공간을 확보하라.
잠재적인 비용과 솔루션의 전체 범위를 고려하지 않고 선호하는 보안 전략으로 이격거리를 결정하면 서비스 확장이 필요할 경우 독립된 개발 형태만을 보강하여 지역사회의 불규칙한 확산과 비용을 가속화할 수 있다.	도시 지역의 토지 부족이나 비즈니스 중심지역의 높은 토지 비용은 강화된 건물 또는 강화된 보안 및 감시가 이격거리보다 나은 해결책임을 의미하기도 한다.
일반적으로 프로젝트는 여러 기관의 다양한 규정 및 검토 프로세스를 준수해야 한다. 규정이나 정책이 보안 디자인과의 상호작용을 고려하느라 너무 오래 지체하면 일정과 예산 초과 없이 효과적이고 창의적인 솔루션을 얻을 수 없다.	프로젝트팀은 초기에 모든 프로젝트의 매개변수와 기준을 이해하면 다른 요구사항이 발생해도 전체적인 균형을 이룰 수 있는 최상의 보안 솔루션을 찾을 수 있다.  출처: NCPC

사례연구 1: 수도 워싱턴의 도시 계획과 보안 계획

1.0 소개

워싱턴 D. C.를 위한 국가수도계획위원회(NCPC)의 도시 디자인 지침(Urban Design Guidelines)은 각 구역을 독특한 특징과 디자인 스타일을 가진 환경 영역으로 세분화했다. 각 구역에 대한 보안 설계는 전체 도시 디자인 환경과 호환되도록 개발되었다. 이 사례연구는 공동체적 환경 내의 사이트 보안 설계의 예다.

워싱턴 D. C.는 내셔널몰(National Mall) 및 기타 많은 공원과 매력적인 공공장소로 유명하다. 그러나 2001년 9월 11일 이후에는 임시 장애물과 요새화가 국가 수도의 공통적인 관심사가 되었다.

2002년에는 전국적으로 유명한 조경가, 도시 설계자 및 보안 전문가 그룹이 NCPC가 '국가 수도 도시 설계 및 보안 계획'이라는 디자인 프레임 워크 및 구현 전략을 준비하는 데 도움을 주었다. 이 계획은 워싱턴의 기념비적인 핵심 및 도심지역의 공원, 거리 조경 및 공공 공간을 보호하고 차량 운반식 폭발물로부터 공공건물 및 인근 지역을 보호하는 데 중점을 둔다.

1.1 프로젝트 범위

수도 워싱턴의 도시 계획과 보안 계획의 목표는 거리 조경 프로젝트의 설계 및 설치를 조정하고, 건물의 경계선 보안을 통합하며, 전통적으로 정의한 도시가 가지고 있는 아름다움, 개방성 및 접근 가능성을 복원하는 것이다. 이 연구는 2002년에 완료되었다.

2.0 보안 설계

보안 설계는 여섯 가지 목표를 갖고 있다.

① 보안 요구와 공공 영역의 활력 유지 필요성 사이의 적절한 균형

② 거리 조경 확대 및 공용 영역의 미화에 대한 더 큰 맥락에서의 보안 제공

지역의 배경, 상황 등을 확인할 수 있는 지역(Contextual Areas), 기념비적인 거리(Monumental Streets) 및 기념관(Memorials)

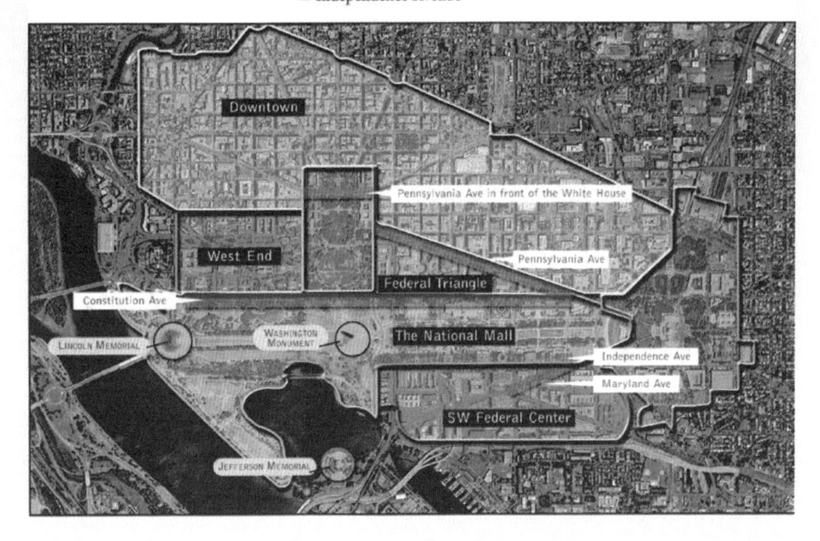

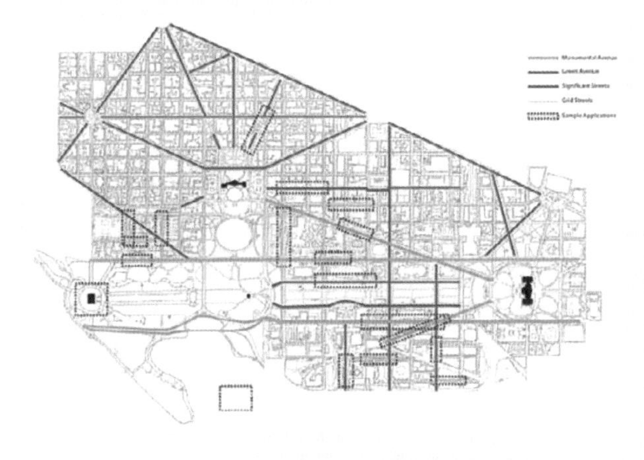

③ 단조로움과 혼란을 피하면서 적절하게 보안을 제공하는 확장된 팔레트(색조) 생성

④ 특정 건물의 요구에 초점을 맞추기보다는 주변과의 미적 연속성을 달성하는 거리 조경 요소 및 보안요소의 '집합체(families)'를 적용하기 위한 일관된 전략

⑤ 보행자 및 차량의 이동성을 방해하지 않고 기존의 역사적 특성의 경관 요소에 영향을 미치거나 도시의 상업 및 활력을 방해하지 않는 방식으로 경계선 보안 제공

⑥ 실행의 효율적이고 비용 효율적인 조정

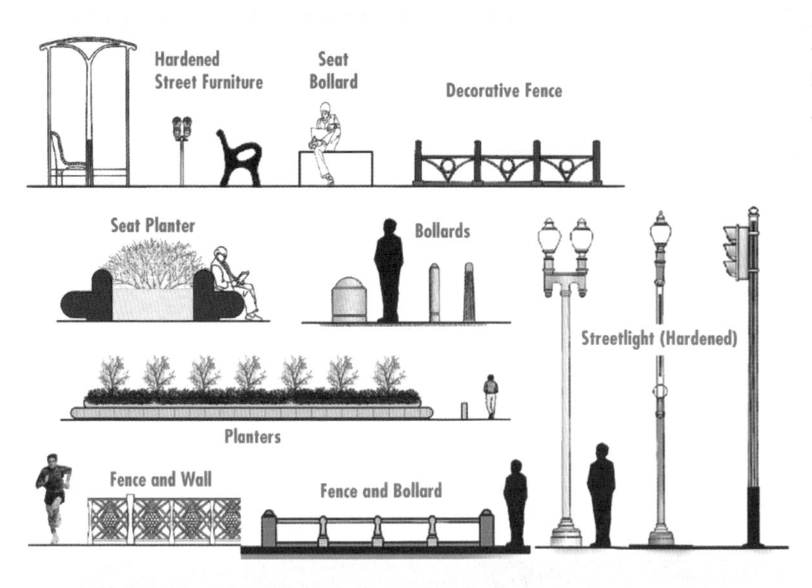

보안요소로 활용
가능한 거리 조경물들
출처: FEMA 426

3.0 포함된 요소들

1지대 방호

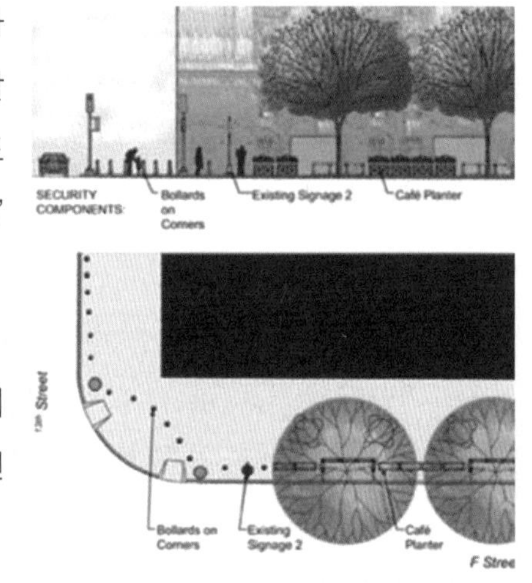

보이지 않게 보안성을 강화하는 거리의 조형물들과 다양한 환경의 구조물들이 조화로운 도심을 생성할 수 있고, NCPC 계획의 다양한 환경 영역과 관련되도록 설계된 거리 조경의 구성요소를 융합하는 '집합체' 생성

2지대 방호

거주자와 방문자가 삶의 이미지와 질을 저하시키지 않으면서 공동체 의식을 형성하고 보호하는 디자인 접근법

3지대 방호

이 사례연구는 건물의 강화, 운영 절차 또는 감시에 대해서는 다루지 않음

4.0 주변 환경과의 조화

최근 몇 년간 통일되고 조율된 보안정책과 설계 개념이 없어 지역의 이미지, 주민과 방문객의 삶의 질은 시달림을 받아왔다. 일시적이거나 반복적

인 보안 요소는 도시의 기존 특성을 손상시켜 도시 전역의 보행자 이동을 방해하고 대피 경로와 비상 통로를 잠재적으로 차단한다. 이 지침은 도시 설계 및 보안에 대한 통합적이고 균형 잡힌 접근 방식에 대한 아이디어와 프로세스를 제공한다.

5.0 혁신 및 모범 사례

워싱턴의 도시 설계 및 보안 계획은 좀 더 성공적이고 전체론적 관점에서 도시 환경의 다양성과 특성, 기존 여건을 전제로 해야 함을 강조한다.

도시를 별개의 동네로 나누고, 디자인 요소들의 '집합체'가 어떻게 일관된 공동체 경험을 만들고 필요한 목표를 달성하는 데 사용될 수 있는지 보여주는 이 계획은 보안과 도시 디자인 전략 사이의 공개적인 대화를 촉진하는 디자인을 위한 프레임 워크를 제공한다.

게시된 계획은 계획된 프레임 워크를 보여주며, 또한 이러한 문제에 대한 응답의 다른 예를 제공한다. 보안을 위해 주변 환경을 고려한 디자인에 접근하는 방법에 대한 중요한 참고 자료가 된다.

사례연구 2는 기존 상황에 대한 분석과 보안 설계가 어떻게 대응하는지 보여준다. 이 건물은 워싱턴 D. C.의 내셔널몰에 위치하고 있으며, 보안 설계는 NCPC 국가 수도 도시 설계 및 보안 계획의 프레임워크를 존중한다.

북쪽의 열린 공간, 프로젝트 각각의 측면 거리 조경, 인근의 역사적 건물의 특징 및 주변 건물의 보안 기능 디자인을 반영한 디자인이 개발되었다. 기술적 요건이란 건축물의 방향마다 다른 최소한도의 이격거리, 인접 지표면과 노상 주차, 지하 배관 및 배선, 보호가 필요한 하역장, 주차장 입구 등을 포함한다.

사례연구 2: 상황 분석과 보안 설계

1.0 소개

2003년 12월부터 내셔널몰에 있는 미국 농무부(USDA, United States Department of Agriculture)의 4개 건물에 대한 분석 및 개념 계획을 수행했다. 휘튼 빌딩(Whitten Building), 사우스 빌딩(South Building), 예이츠 빌딩(Yates Building) 및 코튼 어넥스(Cotton Annex)에 대한 기존 상황을 각 건물의 4개 경계선을 따라 조사했다. 그런 다음 분석을 통해 영구적인 경계선 보안 업그레이드를 위한 개념적 계획을 수립했다.

이 사례연구는 4개의 사이트 중 하나인 휘튼 빌딩에 초점을 맞춘다.

휘튼 빌딩은 1904년부터 1930년 사이에 건설되었으며, 내셔널몰에 있는 유일한 대통령 각료급 사무실 건물이다. 워싱턴 D. C.의 주요 비상대피 경로 중 하나인 14번가와 접해 있다. 인디펜던스 애비뉴(Independence Avenue)는 내셔널몰에 인접해 있다. 12번가 터널, 제퍼슨 드라이브 사이트는 보안 강화가 요구될 때, 건물에 대해 낮은 곳에서 접근할 수 있는 차량 경사로(ramp)와 여러 곳의 주차장을 자랑한다.

2.0 프로젝트 범위

자동 출입구(vending areas), 경비초소, 방문객센터의 분석과 함께 주요 출입구를 포함한 보행자 및 차량 순환 계획을 수립했다. 또한, 이 연구에서는 기념 공원, 표본 나무 및 주목할 만한 지형 등의 상태나 용도의 분석뿐만 아니라 사이트에 인접한 모든 거리의 주차 옵션, 가장 가까운 지하철역 입구, 버스정류장 등을 배치했다.

신중하게 수집되고 목록화된 모든 정보는 사이트에서 제공되는 중요한 도전과 기회를 강조하는 데 사용되었다. 프로젝트의 목표는 좁은 도시 환경에서 가능한 한 어려움을 극복하고 기존 지역의 상황에 완벽하게 새로운 경계선 보안요소를 통합하는 것이다. 이 연구는 2004년에 완료되었다.

기존 사이트 계획

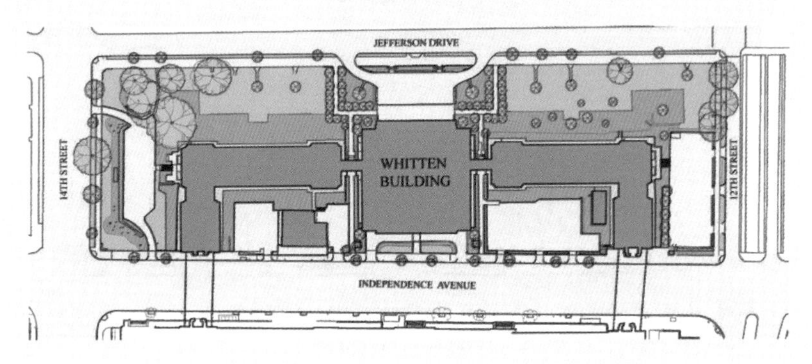

사이트 계획 제안

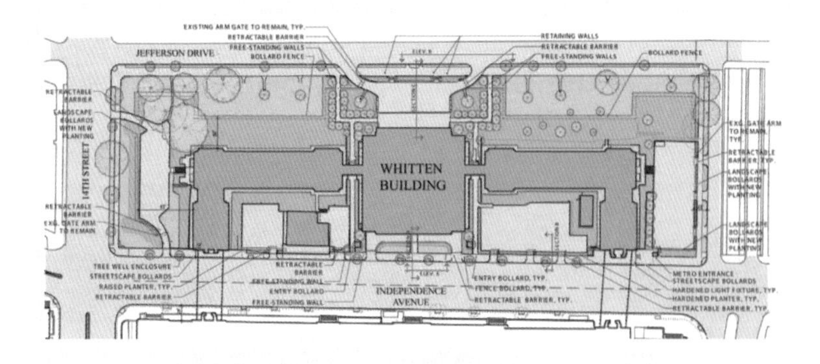

3.0 보안 설계

3.1 제시된 문제

- 내셔널몰에 인접한 눈에 띄게 통행량이 많은 지역
- 보호가 필요한 14개의 차량 출입구(기존 6개의 주차장과 차량 진입 경사로)
- 비상 탈출에 필요한 울타리선

3.2 보안 전략

1지대 방호

- 이격거리를 증가시키고, 통제된 출입을 위해 강화된 개폐식 볼라드로 비상 출입이 가능하도록 울타리 구축

건물 구역

SECTION A - INDEPENDENCE AVE. @ "MOAT"

SECTION B - INDEPENDENCE AVE. @ NEW PLANTER

2지대 방호

- 볼라드 울타리가 있더라도 보행자가 넓은 잔디와 기념식수에 접근하는 데 개방되어 있고 방해받지 않는다는 느낌을 줘야 함
- 옹벽(retaining wall, 그림 3-6)과 자립벽(free-standing wall, 그림 3-7)을 낮은 관목들과 결합하여 접근을 억제하고 검색이 가능케 해야 함

건물 구역

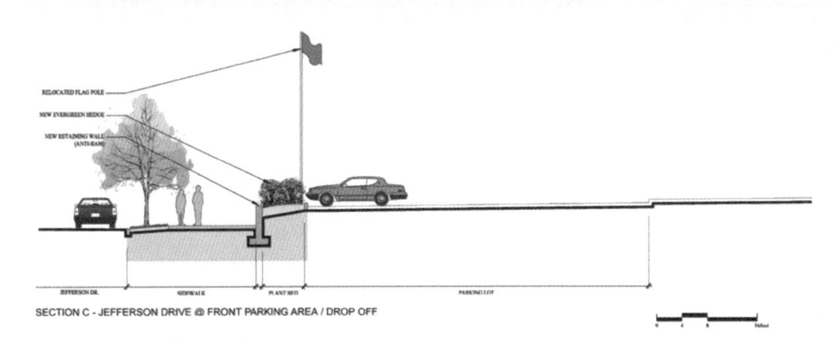

빌딩 입면도(立面圖, elevation)

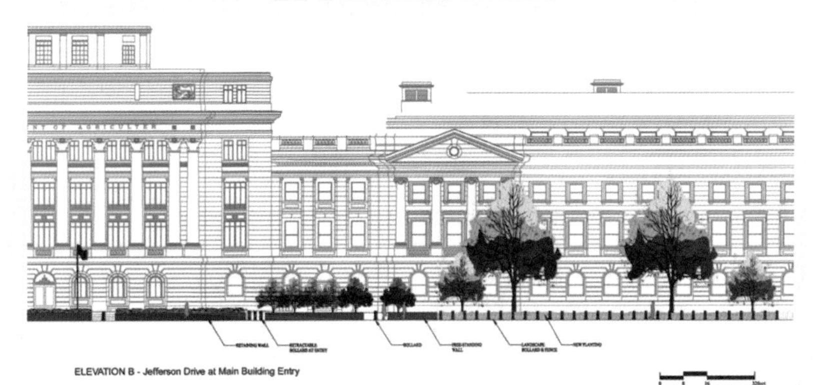

[그림 3-6] 옹벽(왼쪽)
[그림 3-7] 자립벽(오른쪽)

빌딩 입면도

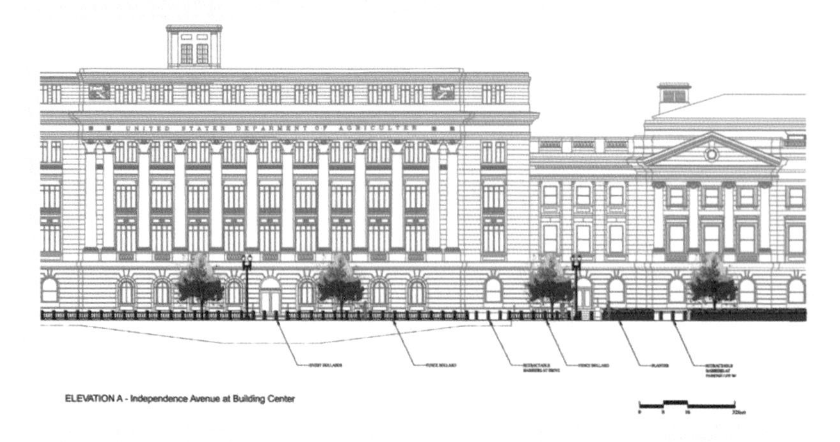

3지대 방호

- 건축물에 대한 적절한 수정

4.0 주변 환경과의 조화

- 넓은 잔디밭을 가꾸어 내셔널몰의 중요하고 역사적이며 개방적인 특징을 유지함
- 워싱턴의 도시 설계 및 보안 계획의 더 큰 틀 안에서 작동하는 일관되고 통일된 거리 조경을 창조함

5.0 혁신 및 모범 사례

- 캠퍼스 차원의 보안에 대한 접근 방식을 통해 공통 지역에 있는 여러 건물이 공동으로 자원을 모으고 공통 설계 요소 및 재료의 '집합체'를

개발할 수 있다.

- 기존 설계와 새로운 도시 설계의 전후 관계를 고려하여 접근함으로써 보안을 기존 도시 구조에 매끄럽게 통합한다.
- 디자이너는 기존 사이트 기능에 대한 상세한 분석을 통해 자원을 최대한 활용하고 새로운 요소를 융합 계획에 통합할 수 있다.

출처: Shalom Baranas Associates, Architects & Edaw, Inc.

3.4 이해당사자들과의 협력

대부분 지자체(jurisdictions)의 계획과 정책들은 지역사회의 향후 개발계획을 기술하고 있는데, 이는 주요 프로젝트에 대한 설계 검토와 승인 과정 중에 고려해야 한다.

공공 계획과 정책 외에도 민간 부문의 추세와 활동은 디자인의 전략과 방향에 대해 유용한 정보를 제공할 수 있는 현지의 '실질적인 영향을 미치는 자(유력자, movers and shakers)'와의 협의를 통해 확인할 필요가 있다. 이해관계자는 모두 프로젝트 결과에 관심이 있는 개인 또는 그룹이다. 내부 및 외부 이해관계자가 있으며, 내부 이해관계자는 소유주, 개발자, 잠재적 세입자 및 사용자 등 프로젝트로 인해 이익을 얻는 모든 사람을 포함한다. 외부 이해관계자는 옵서버, 공급 업체 및 방문객으로 프로젝트와 어느 정도 관계가 있는 프로젝트 현장 외부에서 살며 일하는 사람들이다. 그들은 개인과 이웃을 포함할 수 있다. 기업, 지역, 지방; 주 및 연방 정부기관 및 부서; 역사보존회 같은 지역사회 단체 및 기관; 공원이나 주변 환경을 위한 '친구' 그룹(동호회); 이웃 연합들; 교회들; 대학; 학교. 이해관계자와 협력할 때 고려해야 할 몇 가지 고려사항은 다음과 같다.

- 지방 정부기관 직원은 지역 이해관계자와 그들의 관심 영역을 파악하는 데 도움을 줄 수 있다.
- 최선의 해결책은 이해관계자의 우선순위에 명확하게 응답하여 그들이 충분히 만족할 수 없더라도 그들의 걱정을 들어주고 공정하게 평가했다고 느낄 수 있게 하는 것이다.
- 직접 대면하는 대화는 이해관계자를 파악하고 관계를 발전시키며 우려를 불식하는 가장 좋은 방법이다. 많은 그룹들은 웹사이트, 책, 직원 또는 배경 정보를 제공하는 다른 방법을 가지고 있다.
- 지역사회와 친숙한 기득권층(establishment)은 프로젝트 이해관계자를 찾는 데 핵심이다. 지리적 지식, 주제 및 규제에 관심이 있는 개인 및 그룹을 찾아야 한다.
- 지역 '프로젝트 챔피언'이 될 가능성이 있는 프로젝트에서 동일한 관심사를 공유하는 사람들과 프로젝트의 디자인, 승인 프로세스 및 성공에 해를 입힐 수 있는 사람들 사이에서 이해관계자를 조기에 구별해야 한다.
- 일부 이해관계자는 프로젝트의 전략에 도움이 될 수 있는 고유한 지식과 통찰력을 가질 수 있으므로 그들과 초기부터 자주 대화하면 좋은 솔루션을 설계하는 데 도움을 줄 수 있다.
- 이해관계자는 게시된 문서 및 공식 정책 발표를 통해 제공되는 정보보다 기존 정보 및 미래 정보에 대해 좀 더 미묘하고 정확하며 실질적인 수준의 정보를 제공할 수 있다.
- 이해관계자는 위협 평가가 너무 높거나 너무 낮다고 우려할 수 있다.
- 보안 문제는 이해관계자의 전체적인 관심 범위 중 하나일 뿐임을 인식하라.
- 보안 요구사항은 스마트 성장, '걷기 좋은' 환경 조성, 도시 설계 목표 같은 지역사회 개발 전략과 충돌하는 것처럼 보일 수

있다.

- 보안 대책은 접근성 및 환경 품질에 영향을 미치는 것으로 간주될 수 있다.
- 몇 명의 이해관계자가 프로젝트에 찬성하거나 반대할 수 있는 확실한 포지션을 가질 수 있지만 많은 사람들은 그것이 무엇인지, 미래에 어떻게 영향을 미치는지 알고 싶어 한다.
- 이해관계자는 프로젝트의 규제 승인에 영향을 주거나 지연시킬 수 있으므로 그들의 수용과 지원이 매우 바람직하다.

사례연구 3은 상징적인 사이트인 미스 반 데어 로에(Mies van der Rohe)의 시카고연방센터를 보호하기 위해 사용된 프로세스를 설명한다. 대부분의 정부 및 공공 이해관계자가 해당 복합단지의 기존 프로젝트 설계자를 포함하여 이 프로세스에 참여했으며, 결과적으로 보안 규정 조항(security provisions)이 원래 설계와 완전히 조화를 이루고 사이트의 개방성이 유지되었다.

사례연구 3: 미스 반 데어 로에가 설계한 시카고연방센터

1.0 소개

일리노이주 시카고의 연방청사(Federal Complex)는 시카고 루프(Chicago Loop) 내에 위치한 3개의 상징적인 미스 반 데어 로에 건물로 이루어져 있다. 에버렛 더크슨(Everett Dirksen) 법원은 높이가 383피트이며 블록의 거의 전체에 걸쳐 있다. 존 클루친스키(John Kluczynski) 행정 빌딩은 높이가 545피트다. 개방된 광장에는 197평방피트 크기의 우체국 건물 1개 층을 포함하고 있다. 광장 바로 밑에 주차장이 있다. 이 단지는 1959년부터 1974년 사이에 설계되고 건설되었다.

이 광장은 농민시장 및 공공집회 같은 공적 공간을 위한 도시의 요구에 부응하기 위해 설계되었으며, 대규모의 알렉산더 칼더(Alexander Calder) 조각품이 설치되어 있다.

광장과 조각품은 시카고의 중요한 관광명소다.

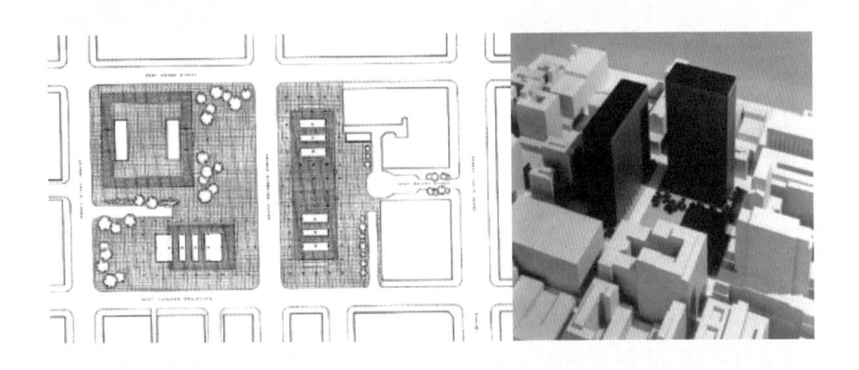

1.1 프로젝트 범위

이 프로젝트는 복합단지의 독특한 건축적 특성을 보존하고, 도시 환경 개선 프로그램에 좀 더 기여할 효과적인 보안 대책의 설계를 포함했다.

2.0 디자인 접근법

2.1 확인된 문제들

- 대형 집회가 빈번한 시설 등 세간의 이목을 끄는 공적 공간
- 여유 공간이 없는 대형 건축물과 좁은 거리로 인해 다방면에서 제한적인 상황
- 접근이 용이하고, 개방된 건물의 설계는 보안 설계에 불리함
- 많은 이해관계자들 사이에 보안 설계에 대한 공감대를 형성해야 함

2.2 설계 과정

- 보안을 고려한 사이트 분석: 방호할 경계영역 설정, 세입자 유형 식별, 기존 보안 성능 식별, 종심 방호의 한계 식별 및 변경 사항을 수용할 수 있는 차량/보행자 유연성 확인
- 계획 및 설계 프로세스에는 지방 정부, 고객 대행사 및 일반 대중이 참여했다. 클라이언트 대표, 보안 전문가, 교육자 및 주요 실무자로 구성된 동료 검토 그룹이 포함된다.
- 프로젝트에 대한 기득권(vested interest)이 있는 고객 대행사, 시 공무원 및 기타 공공 및 민간단체와 회의 및 워크숍을 개최한다.
- 명확한 목표 식별, 원하는 보존 범위 및 최소한의 규정 준수(수용 가능한 위험)를 위한 틀
- 설계 프로세스에서 CPTED 원칙 활용
- 수많은 디자인 대안의 초기 개발

장애물 벽의 대안(예)

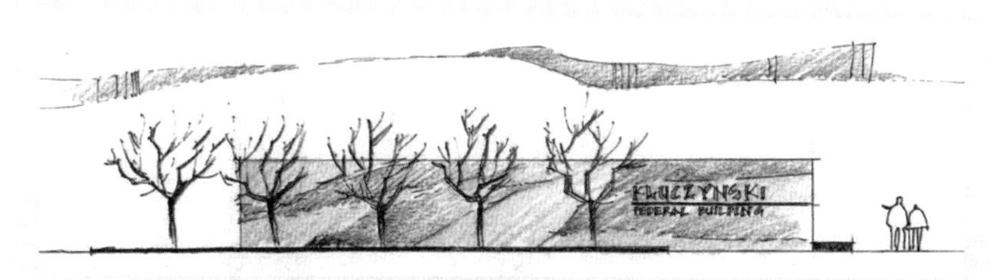

장애물 및 벤치 대안(예)

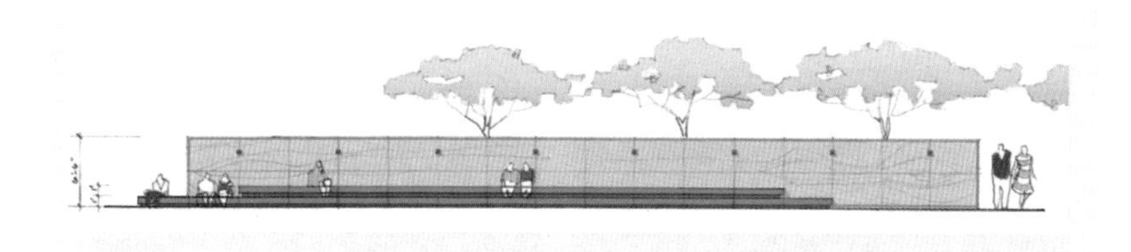

2.3 보안 전략

1지대 방호

- 볼라드, 화강암 블록, 건물 건축 및 자재와 조화롭게 설계된 벤치가 이격거리를 제공함
- 교차로에서 직접적인 차량 충돌에 대응하고, 인도의 코너를 보호하기 위해 다중의 볼라드를 설치함

2지대 방호

- 광장 내의 장애물과 식물은 대중에게 개방을 허용하면서 눈에 잘 띄지 않는 장애물의 기능을 제공함

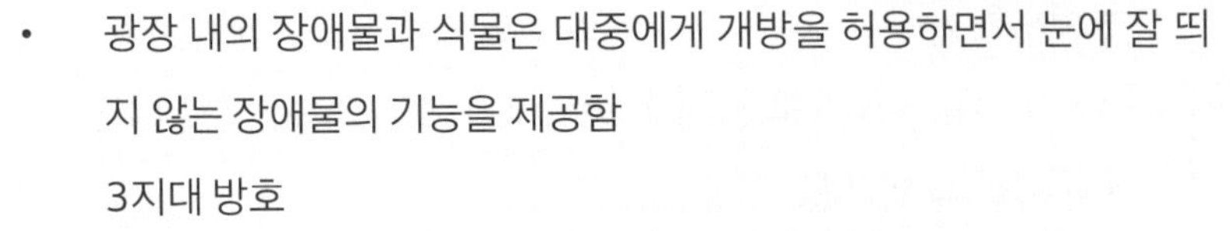

3지대 방호

- 자산의 특성과 위치에 따라 적절한 방호 대책을 강구해야 함

3.0 주변 환경과의 조화

- 기존 재료 및 양식과 조화되는 일관된 설계 기법(consistent vocabulary)

- 개방공간의 보호

- 연중 환경미화용 식재

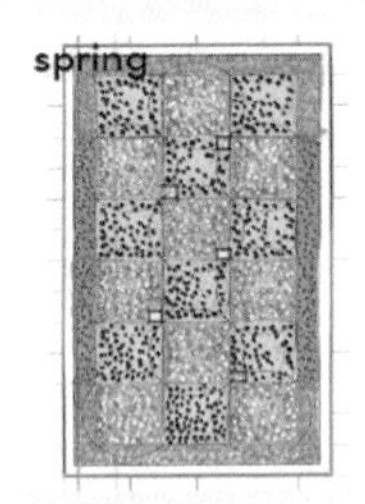

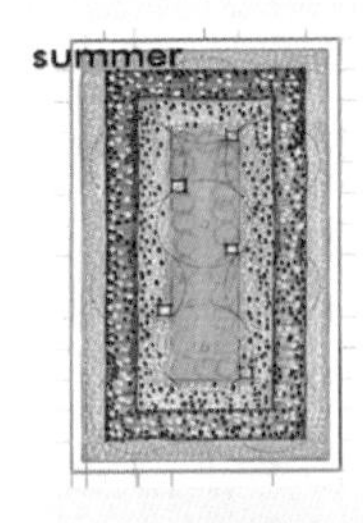

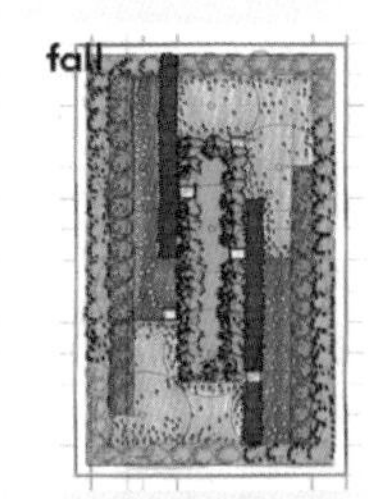

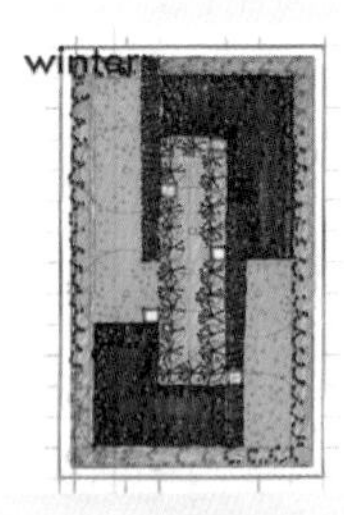

4.0 혁신과 모범 사례

- 통합된 계획과 설계 과정을 통해 설계 목표를 달성할 수 있었다.
- 전체 솔루션은 건물군의 특성을 유지하면서 보안 성능을 향상시킨다.
- 개방적인 느낌을 유지한다.

3.5 규제적 요구사항의 영향

주 및 연방 차원의 규정은 사이트 보안 설계 및 구현의 일부 측면에 영향을 미치고, 규제할 수 있다. 또한 건물 보안 요구가 계속되면 프로젝트에 영향을 줄 수 있는 새로운 규정 및 규약이 작성될 것으로 예상된다. 몇 가지 고려사항은 다음과 같다.

- 설계 초기에 이러한 요구사항을 파악하는 것이 설계 및 승인 프로세스를 원활하게 하는 데 필수다.

뉴욕의 세계무역센터 현장에 있는 프리덤 타워는 뉴욕 경찰국의 이격거리 확보 및 기타 요구사항을 충족시키지 못해 상당 부분을 재설계하고 이전해야 했다.

- 규정은 대체로 다양한 출처에 근거하기에 때로는 별 관련 없는 결함이나 우려 사항을 다루고, 진행에 필연적으로 불일치하거나 충돌할 수 있다. 서로 다른 기관의 정책과 규정 간의 충돌은 드문 일이 아니다. 설계자는 이러한 상황이 발생하면 프로세스 초기에 다툼의 소지를 파악하고 논의한 다음 관련 규제 기관과 만나 프로젝트 요구사항과 법규, 지침, 표준 및 정책 간의 충돌을 해결해야 한다.
- 관련 기관과 그 역할을 식별하기 위해서는 사이트의 지리적 위치와 역사적 및 현존 조건에 대한 정확한 지식이 필요하다.
- 때로는 관할 구역이 도시, 마을, 자치주(county) 또는 주(예: 도시 구역 법규) 내에 단순한 존재로 설정된다. 다른 경우에는 습지, 계단 경사 또는 멸종 위기종의 존재 여부 같은 규정의 적용 여부를 부동산 자체의 특성에 따라 결정할 수 있다. 프로젝트팀은 적용 가능한 토지 이용, 구역 할당, 유적 보존 및 기타 계획과 관련한 고려사항에 대해 연방, 주, 지역 및 지방 관할 구역의 내용을 확인해야 한다.
- 규제 당국 직원과의 조기 협의를 통해 현지 검토 및 승인을 위한 관련 프로세스와 일정에 대해 완전하게 숙지하고 있어야 한다.
- 프로젝트, 리스크 관리 전략 및 잠재적인 문제와 기회를 논의하기 위한 사전 회의는 매우 유용할 수 있다. 승인 요청서류를 마무리하기 전에 기획 담당관과 프로젝트의 요구에 관한 설명회를 갖는 것은 검토자에게 프로젝트에 대한 더 깊은 이해를 제공한다.

[표 3-3] 규제의 주제, 문제점 및 영향

주제	개발 및 디자인 문제	보안 설계 영향
환경적 특성	특정 유형의 환경 분야는 개발을 금지하거나 제한할 수 있다. 습지, 범람원, 연안 지역, 서식지의 특정 유형, 가파른 경사면 등이 포함된다. 연방정부의 통제에는 EPA(미국 환경부, Environmental Protection Agency)와 DOE(미국 에너지부, Department of Energy)가 관리하는 통제가 포함된다. 주 및 지방 정부기관도 환경 보호 및 보전을 규제한다.	이러한 환경적 특성의 존재는 경계선 장애물, 접근 및 건물의 배치 또는 설계에 영향을 줄 수 있다.
역사적인 보존	국가역사보존법(National Historic Preservation Act, NHPA)은 등록된 역사적 구조물의 철거, 개조 및 수리를 제한한다. 주립 역사보존 보좌관과 지역역사 보존지구 및 부서와 상의해야 한다.	역사지구는 인접한 신축 공사의 설계 및 자재를 통제하는 설계 표준 및 규정을 보유하고 있다. 역사적인 보전 지역은 잘 조직되고 성찰된 이해관계자들에 의해 지역사회 평가 과정에서 인정되어야 한다.
토지이용	토지이용 정책은 구역(district) 디자인 표준과 함께 구역의 위치를 확인하는 것뿐만 아니라 토지이용 유형, 밀도, 편의시설의 가용성 및 용량, 교통 계획을 설정한다. 토지이용은 대개 지역 또는 주 단위로 규제된다.	토지이용 계획 문서는 개발 또는 개발 통제를 위한 향후 방향을 설명한다. 프로젝트 설계 전략에 대한 지침을 제공하고, 지역사회 개발 전략에 부합할 수 있는 기회를 제공한다. 스마트한 성장과 친근하고 보행친화적인 지역사회를 위한 전략은 적당한 공간 및 보안이 강화된 경계선을 위한 보안 전략과 충돌할 수 있다.
구역 설정	구역 설정은 허용된 용도, 개발 관련 통제(높이, 밀도, 적용 범위 또는 바닥 면적 비율), 표지판 규정 및 울타리 등을 설명한다. 지역 구획은 일반적으로 지방 정부의 문제다.	구역 설정은 주차공간, 광장 및 조경을 규정할 수 있다. 또한 건물의 배치 및 외장 개발뿐만 아니라 사이트 경계선을 통제하는 데 사용할 수 있는 최소 공간 및 조경, 울타리 유형을 지정할 수 있다.
경제 개발	경제 개발 프로그램은 지역사회 정책 및 계획 문제를 다룬다.	지역, 주 또는 연방 차원의 경제 개발 프로그램은 프로젝트의 보안 또는 기타 측면을 지원하기 위한 자금 또는 전문 지식을 제공할 수 있다. 연방, 주 또는 지방 자금은 경계선 보안 설계를 지원할 수 있는 도로와 거리 조형물을 재개발하는 데 사용할 수 있다.

주제	개발 및 디자인 문제	보안 설계 영향
디자인 지침	많은 복합 상업지구와 계획된 지역사회에는 디자인 지침, 색상, 건축 자재, 건축 양식 및 세부 설계 방법을 규정하는 비정부 '규제'에 대한 세부적인 내용이 있다.	이 가이드라인은 재료, 색상 및 울타리, 조명 및 간판 설치를 규정하여 수용 가능한 설계 솔루션에 대한 구체적인 정보를 제공한다.
교통	자본 예산 계획(capital improvement programs)은 지역, 주 및 연방 차원에서 권장되고 자금이 공급되는 다년 실시 프로그램이다. 도로, 주차, 인도, 산책로, 자전거도로, 대중교통, 철도 등이 포함될 수 있다.	이러한 프로그램의 실행 및 타이밍은 프로젝트로의 순환 및 프로젝트에 대한 접근에 중요한 영향을 미칠 수 있다. 보안 문제는 곡선 반경, 교통 방향 및 도로 폐쇄 같은 도로 설계에 영향을 미칠 수 있다.
미 교통국(DOTs, Departments of Transportation), 미 토목국(DPWs, Departments of Public Works)	공공사업 또는 교통부에서는 도로 및 보도 기준, 거리 주차 및 계량기, 공급 업체 및 신문 상자, 기타 도로 및 도로변 요소들을 관리한다.	이러한 요소에 대한 표준 및 법규와 이러한 프로그램의 운영은 프로젝트로의 순환 및 프로젝트에 대한 접근에 중요한 영향을 미칠 수 있다. 강화된 거리 조형물 항목을 사용하면 지하 배관·배선, 가로등, 주차 미터 또는 간판기둥에 대한 기존 표준과 충돌이 발생할 수 있다.
소방국장	현장 및 건물 설계에서 매우 구체적인 접근 요건과 소방차를 위한 명확한 구역이 다루어져야 한다. 소방국장은 지역의 주요 공무원이다.	현장에 대한 비상 접근이 보장되어야 한다.
보행자 이동성	지방공공사업 부서는 종종 산책로, 보도 및 자전거도로에 대한 표준을 가지고 있다.	사이트에 포함될 수 있는 보행로, 산책로 및 자전거도로 시스템의 표준은 인접한 도로망과 일치해야 한다. 미국 장애인 법(ADA-연방법)의 요건은 모든 인도 및 보행자 접근 가능 지역에 대해 충족되어야 한다.

[표 3-3]은 보안 솔루션 개발에 영향을 줄 수 있는 지역사회 목표 및 요구사항의 표현인 다양한 지역의 규제사항, 논점과 영향을 식별한다.

사례연구 4는 개별 프로젝트가 아닌 기존 지역을 위해 구축된 보안 솔루션을 보여주는데, 단조로운 경계선을 만들지 않고도 사이트를 강화하기 위해 잘 설계된 다양한 요소를 사용한다. 차량 이동은 도로 설계의 절묘한 수정으로 통제된다.

사례연구 4: 배터리파크시티(Battery Park City)의 거리 조경 프로젝트

* 배터리파크: 미국 뉴욕시 맨해튼(Manhattan)섬 남단의 공원

1.0 머리말

2001년 9월 11일의 공격 이후 정부 청사 및 기타 유명 기관과 조직은 자체의 취약점을 더 잘 알게 되었다. 감지된 위협에 대한 대응은 신속했으나 잘 계획되었거나 실행된 것은 아니며, 그 공간은 한때 개방되어 대중이 접근할 수 있기도 했다.

배터리파크시티는 1976년 세계무역센터(World Trade Center) 및 이웃 지역의 토지를 개발하여 조성되었으며 토지 되메우기를 기반으로 하는 90에이커의 계획된 지역사회로, 맨해튼의 남서쪽 끝을 점유하고 있다. 세계금융센터와 수많은 상업용, 소매용 및 주거용 건물이 밀집한 배터리파크시티는 허드슨강(Hudson River)의 하구(河口)를 따라 서쪽, 북쪽 및 남쪽, 그리고 서쪽 거리에 의해 동쪽으로 경계를 이루고 있다.

로저스 마블 건축사무소(Rogers Marvel Architects)는 배터리파크시티 거리 조경의 기존 조건을 평가하여 해당 지역의 보안을 강화하고 도시 설계 권장 사항을 작성하기 위해 고용되었다. 이 과정에서 그들은 기존에 있던 주변의 전반적인 구성의 일부로 보안 문제를 평가하여 공공 공간을 되찾는 방법을 모색했다. 그 결과 주변 공공 공간의 거리 조경을 손상하지 않는 범위 내에서 바리케이드 장애물을 설치하는 것보다는 거리 조경 계획 내에 잘 표시나지 않게 저지할 수 있는 물체 등을 포함하여 접근 경로와 차량흐름을 재설계함으로써 접근을 통제하는 혁신적인 기술을 도입했다.

이 프로젝트는 AIA(미국건축가협회, American Institute of Architects) 연구소의 지역 및 도시 디자인상을 수상했으며, 2005년 ASLA(미

국조경가협회, American Society of Landscape Architects)의 분석 및 기획상을 수상했다.

1.1 프로젝트 범위

차량의 위협에 대한 대응은 인근 도로상 차량의 특이한 접근과 이동의 연구를 요구하는 배터리파크시티 주변의 특별한 환경을 고려해야 한다. 디자인팀은 미시시피주 빅스버그(Vicksburg)에 있는 미 육군 공병단 기동사단(U. S. Army Corps of Engineers Mobility Division)의 CRADA(협력연구개발계약, Cooperative Research and Development Agreement)를 활용하여 군사 방어 기술과 장애물에 대해 이해했으며, 이 방어 기술과 장애물은 테스트를 거쳐 도시의 거리 상황에 맞도록 다시 조정되었다.

배터리파크시티의 거주자 및 방문객의 삶의 질, 공공 공간의 중요성과 함께 안전에 대한 욕구를 조화롭게 융합시키기 위해 주변 지역을 분석하고 재설계했다. 보안 조치는 지역사회에 이익을 주며 필요하다면 보호를 제공하기를 희망하고 있으므로 공공 도시 공간에 통합되어야 한다. 이 프로젝트는 2006년에 완료되었다.

2.0 디자인 접근법

2.1 해결된 문제

- 교통량이 많은 지역—보행자, 자전거 타는 사람 및 페리 승객 횡단 지역
- 버스 및 택시 대기열
- 상용차 밀집지역
- 세계금융센터에 필요한 최고 수준의 보안
- 길고 중단 없는 차량 접근 방식
- 교통량이 많은 지역의 도로 보안 점검
- 교통수단과 바로 인접한 공원, 벤치 및 놀이터

2.2 보안 전략

1지대 방호

- 차량 속도를 줄이고, 보행자의 안전을 향상시키며, 차량 접근 속도의 위협을 줄이기 위한 다양한 위험 완화 조치

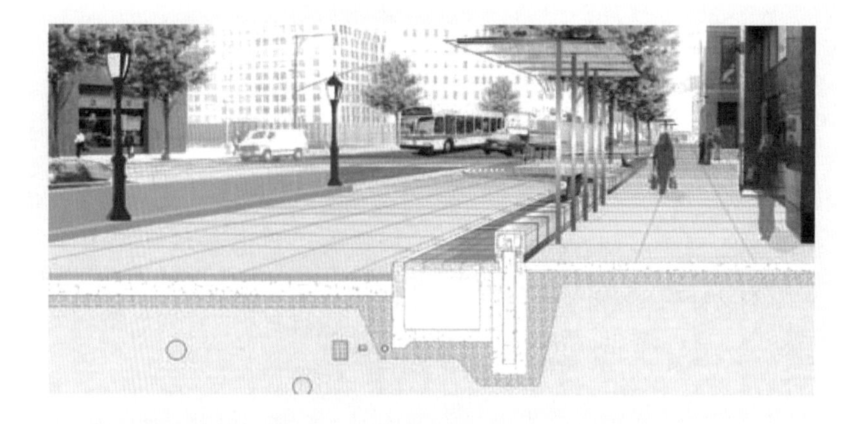

2지대 방호

- 강화된 가림막 구조의 울타리—일반인에게 부가적인 혜택을 주는 적절한 공간
- 타이거 트랩(Tiger Trap)을 사용하여 차량 트랩 만들기

3지대 방호

- 건물을 적절하게 개조하여 사이트와 주민의 전반적인 보안 향상

3.0 주변 환경과의 융합

- 기존 거리의 조경 요소—코블 밴드(cobble band: 보도나 차도용 굵은 자갈 띠)—피트(pit, 구덩이) 트랩 시스템의 분리 덮개로 통합

- 이격거리를 증가시키고, 보행자의 이동을 용이하게 하며, 차량흐름을 체계화하기 위해 도로의 연석라인(緣石線) 조정

4.0 혁신과 모범 사례

- 도시 문제는 주변 도시의 특성과 거주자의 삶의 질을 강조하면서 두 가지를 모두 만족시키는 해결책을 달성하기 위해 보안 요구사항과 함께 검토된다.
- 군사적 방어 기술과 장애물을 연구하고 실험한 다음 도시 조경 상황에 맞도록 다시 조정하고 적용한다.
- 보안에 대한 투자는 공공의 이익을 보호하고 제공하는 이중 목적을 가진다.
- 도심에서 확보하기 어려운 도로부터 건물까지의 공간은 사이트(주요 시설)에서 차량 진입 및 접근 속도의 제어, 종심 방호, 명확하고 일관된 신호체계의 통합을 가능하게 한다.

3.6 결론

프로젝트 설계 전략은 지역사회를 위해 최대의 이익을 추구해야 한다. 프로젝트 설계 및 보안 조치가 지역의 교통, 접근성, 시각, 역사적인 지역 및 휴양지에 어떻게 영향을 미치는지에 대한 고려가 필요하다. 지역사회와 조화를 이루고 지역의 자원에 부가가치를 부여하는 프로젝트는 미래의 임차인 및 구매자에게 더욱 매력적이다.

4. 울타리 중심의 보안 시스템 설계

4.1 개요

울타리 중심의 보안 시스템 구축은 승인받지 않은 차량이 고위험 건물에 접근하거나 침투하는 위협으로부터 직원, 방문자 및 건물 기능과 서비스를 보호하도록 설계한다. 폭발물을 탑재한 차량의 공격으로부터 건물을 보호하기 위한 핵심요소는 위협의 크기와 건물 특성에 따라 적절한 이격거리를 확보하는 것이다. 이는 최소한도의 이격거리를 확보하기 위해 설치한 장애물 보호 시스템으로 가능하다. 도심지에서 이격거리를 확보하는 것이 때로 불가능할 경우라도 반드시 그 대안을 강구해야 한다. 이러한 부분들은 6장에서 논의된다.

울타리 장애물은 시설 소유지 구분선을 따라, 혹은 규모가 큰 시설이나 캠퍼스의 경우 소유지 구분과 무관하게 그 내부에 설치할 수도 있다. 소유지 구분선을 따라 장애물을 설치하면 공적 공간과 사적 공간 사이의 접점이 되며, 도심 미관과 편의성에 상당한 시각적·기능적 영향을 미친다. 장애물이 시설의 내부에 있을 경우 미관상 해당 사이트에 대한 특별한 관심거리가 될 수도 있으며, 접근성에 중대한 영향을 미칠 수 있다.

울타리 중심의 보안 설계는 두 가지 요소를 포함한다. 먼저 울타리 상의 장애물은 허가받지 않은 차량과 보행자의 진입을 차단하며, 또 하나는 차량과 보행자를 검문하고, 필요한 경우 장애물을 통과하기 전에 검색할 수 있는 출입통제 지점의 의미를 갖게 된다. 이

장에서는 장애물 시스템의 설계 및 유형을 설명한다. 출입통제 지점에 대해서는 5.3절 및 6.5절에서 광활한 지역 또는 도심지의 경우에 대해 설명한다.

다음은 울타리 중심 보안 계획의 일부 목표로 제안하는 내용이다.

- 울타리 중심의 보안체계는 민감한 건물과 거주자를 위한 보안과 공공 영역의 활력을 유지해야 할 필요성 사이에서 적절한 균형을 제공해야 한다.
- 보안 시스템은 생뚱맞거나 중복되지 않게 해야 하며, 거리 경관과 공공 영역의 미관을 향상할 수 있도록 설계하고 설치해야 한다.
- 단지 방어적 기능만을 제공하는 저지 장애물이나 볼라드를 연결하는 단조로움을 피하면서 공공 영역을 침범하지 않는 방식으로 우아하고 눈에 띄지 않게 울타리 중심 보안체계를 유지하기 위해서는 넓은 시각에서 구성요소의 조합을 바라보아야 한다(혁신적이지만 눈에 잘 띄지 않는 보안요소인 4.6.2절 참조).
- 특정 소유주나 관할 기관의 필요로 선택된 솔루션보다는 거리 미관의 연속성을 달성하는 데 주안점을 두고, 도로시설과 보안 설비를 조화롭게 설치하는 일관성 있는 전략이 있어야 한다.
- 도시의 상업과 활력을 방해하지 않으면서 경계 보안을 제공하고, 보행자와 차량의 이동성을 과도하게 제한 또는 방해하거나 노변 수목의 생장을 방해하지 않는 방식으로 울타리 중심의 보안체계를 수립해야 한다.

울타리 중심의 보안은 3단계 지대 방호의 모든 영역에 영향을 미친다. 1지대는 출입통제 지점이 소유지 구분선 밖에 있을 때 적용된다. 2지대는 소유지 구분선 내의 건물 주변에 출입통제 지점이 있을 때 적용된다. 3지대는 건물 지하나 광장 밑에 주차장이 있을 때 적용된다(6.4절 참조). 또한 출입통제가 건물 정면에서 이루어질 경우에도 적용된다.

울타리 중심의 방호 시스템은 사이트를 보호하기 위해 다양한 방법의 설계 전략을 통해 구현된다. 다음의 두 절은 장애물 시스템 설계에 대한 광범위한 지침과 현재 사용 중인 장애물의 세부 특성을 제공한다.

4.2 장애물 시스템 설계

4.2.1 장애물 시스템 설계의 논점

사이트 입구 건축물의 구성과 조경은 장애물 프로젝트의 가시적인, 어쩌면 유일한 부분이다. 이를테면 그 사이트의 정체성, 건축 양식과 수준을 보여주고, 환영한다거나 접근을 금지한다는 메시지를 전달한다(그림 4-1).

보도는 가능한 한 보행자의 접근이 용이하고 개방되어 있어야 하며, 보안시설은 특히 혼잡한 장소에서 보행자의 이동을 방해하지 말아야 한다.

[그림 4-1] 건축물과 어울리게 설치한 볼라드

장애물 시스템 설계 시 고려해야 할 논점들은 다음과 같다.

- 요망하는 보호 수준임을 확신하기 위해서는 장애물의 설계와 선택이 직접적으로 설계기반위협(DBT)에 근거해야 할 뿐만 아니라, 가용한 대비책과 리스크를 완화시킬 만한 역량이 있음을 입증해야 한다.
- 보도의 장애물 배치는 일정한 8피트 넓이 또는 보도의 50% 중 넓은 수준으로 유지되어야 한다.
- 뜰이 있는 건물의 경우, 사용 가능한 공간과 이격거리를 고려하여 보안시설물을 뜰의 내부나 가장자리에 설치한다.
- 모든 보안시설은 이동경로를 최대한 방해하지 않도록 설치되어야 한다. 공간상의 이유로 인해 도로변에 보안시설을 설치해야 할 경우에는 대부분의 도로변을 따라 노상 편의시설 공간을 이용해야 한다. 왜냐하면 이 공간은 거리의 조형물이나 가로수를 식재하도록 지정되어 있으며, 통행로의 일부가 아니기 때문이다.
- 도로변의 모든 보안시설물은 차량문의 개폐, 탑승자의 승하차를 용이하게 하기 위해 가능하다면 도로변으로부터 최소한 2피트 정도 떨어져서 설치해야 한다. 가장 이상적인 것은 2피트보다 최대한 더 떨어져야 하는데, 이는 바퀴가 도로변에 부딪히고 장애물을 넘어서기 전까지는 보안 장애물이 접근하는 차량의 엔진과 본체를 막아서게 하기 위함이다. 이상적으로는 탑승객의 하차 지점은 도로가 넓어져 이격거리가 충분한 추월 지점 혹은 정차 지점에 위치해야 한다. 도로와 2피트 이상 떨어진 거리에서는 도로변이 장애물의 높이 요건과 위험을 감소시키는 주요 요인이 될 수 있다.
- 볼라드 차단 장애물이 높이가 낮고 전체적인 울타리 방호 시스템에 자연스럽게 통합되어 있으면 눈에 거슬리지 않는다. 볼라

드의 재질은 건축물과 조화를 이루어야 한다.

[그림 4-2]는 건물 출입구를 보호하는 볼라드를 보여준다. 맞춤으로 설계된 스테인리스 스틸 볼라드는 건축물과 잘 조화를 이룬다.

[그림 4-2] 건물 출입구와 조화를 이룬 스테인리스 스틸 볼라드

- 동일 시설의 단순한 중복은 피해야 한다. 동일한 차단물의 반복은 아무리 매력적이라 하더라도 좋은 디자인을 만들어낼 수 없다(그림 4-3, 그림 4-4). 볼라드 차단 장애물을 100피트 이상 연속적으로 설치해야 할 경우에는 견고한 벤치, 화단, 가로수 같은 다른 시설물을 끼워 넣어야 한다.

[그림 4-3] 동일한 볼라드의 단조로운 반복

[그림 4-4] 벽 같은 느낌의 볼라드
출처: NCPC

- 유압식 차단 장애물, 암 배리어, 경비실 등 전체적인 보안시스템이 미관을 해칠 수 있다. 가능한 경우, 그러한 출입통제 시설들은 접근로와 서비스를 위한 통로상에 위치해야 한다.
- 장애물 유형의 적절한 혼합은 경계선 상의 다양한 환경과 조화롭게 보안성을 강화하는 유연한 방법이다(그림 4-5).

[그림 4-5] 위는 낮은 옹벽과 낮은 볼라드의 조합, 아래 왼편은 넓은 보도에 배치된 커다란 화단과 대형 볼라드의 조합, 아래 오른편은 가로수와 볼라드를 조합한 사례

다양한 볼라드, 공학적으로 설계된 구조물, 견고한 거리 조형물, 낮은 벽, 그리고 주변 환경과 조화를 이룬 조경은 장애물을 매력적으로 보이게 하며 기능을 향상시키는 데 도움이 될 수 있다. 다수의 적절한 울타리 장애물을 전체 사이트 설계에 통합하는 솔루션이야말로 더욱 성공적일 수 있다(그림 4-6).

[그림 4-6] 다양한 위협에 대비한 장애물의 조합(맞춤형 볼라드, 콘크리트 장애물, 펜스, 가로수를 사용하여 차량의 건물 접근을 원천적으로 차단함)
출처: design—LLA
Valle+Bernheimer Architects

[그림 4-7] 거리 조형물의 일부로 변형된 볼라드. 볼라드(왼쪽), 두께는 얇지만 키가 큰 볼라드와 수목. 몇 년 후의 거리 풍경은 울창한 가로수가 주를 이룰 것이다(오른쪽 위). 볼라드, 나무 및 가로등 기둥(오른쪽 아래).

위 그림은 다양한 크기의 볼라드와 다른 형태의 보안시설을 결합하여 길쭉한 도로변 장애물 체계의 단조로움을 희석시키는 효과를 보여준다.

모퉁이는 차량폭탄 공격에 취약한데, 최고속도로 접근이 가능하고, 다수의 접근로가 있으며, 가장 직접적으로 피해를 받는 지역일 수 있다. 폭탄차량을 저지하기 위해 세심하게 설계하지 않는 한, 공격자가 인도로 차량을 운전하여 진입할 수 있고 방해받지 않고 의도한 표적에 도달할 수 있다.

- 모퉁이, 진입로, 비상문(sally ports), 계단 그리고 장애인 전용 경사로에 장애물을 배치하는 데는 세심한 주의가 필요하다.
- 경사면 가장자리에 장애물을 설치할 때는 신중해야 한다.
- 길모퉁이의 장애물, 예컨대 교통신호기, 안내 표지판, 가로등은 눈에 거슬리지 않으면서 효과적인 장애물인 동시에 보행자에게 여유 공간을 제공하기 위해 창의적으로 디자인해야 한다. 따라서 모퉁이는 차량 진입을 방지하면서 보행자의 흐름과 안전을 보장하도록 장애물 설계를 신중하게 고려해야 한다.

모퉁이의 공간은 ① 녹색 신호에서의 보행자 이동, ② 적색 신호에서의 보행자 대기, ③ 코너에서의 차량 회전, ④ 적색 신호에서 보행자의 대기행렬 접근 등 다양한 기능을 섬세하게 고려해야 한다. 따라서 인도의 모퉁이에는 장애물이 없어야 한다. 인도의 모퉁이 공간이 줄어들면 사람들은 노상(路床, roadbed)에서 대기할 것이다. 인도의 모퉁이(인도 가장자리선을 연장하여 생성된 공간으로 정의됨)는 시설물을 설치하지 말아야 하고, 길모퉁이의 연석(curb cut)[1] 부분에 어떠한 보안시설물도 허용되어서는 안 된다.

[1] curb cut: 도로와 인도를 연결하는 삼각형 모양의 조각

- 비상상황에서의 대피와 접근은 중요한 고려사항이다. 울타리 중심 보안의 기본적인 목표는 장애물을 종심(縱深)으로 설치하여 방호력을 제공하는 것이다. 위험한 차량이나 사람의 접근을 거부하면서도 응급 의료요원이 신속하게 건물에 접근하고, 사람들을 급하게 대피시킬 수 있다.
- 조경 소재에 따라 다양한 형태의 장애물 외관이 부드럽고 자연

[그림 4-8] 조경으로 자연스러워진 낮은 벽과 높은 벽

스러워 보이며, 주변 환경과도 잘 어울린다(그림 4-8).

- 가능하면 출입통로와 울타리 펜스는 폭발 시 피해지역의 밖에 위치해야 한다.
- 위험도가 높은 건물의 경우, 기지와 건물 출입구에 장애물을 설치해야 한다. 또한 보안구역 울타리 옆에 차량 주차를 승인해서는 안 된다.
- 위험도가 고조된 경우, 다수의 차량으로 건물의 전면이나 접근로를 틀어막으면 일시적으로는 유용한 물리적 장벽이 될 수 있지만, 장기적인 위험 완화 조치로는 출입을 매우 불편하게 하여 적합하지 않다.

사례연구 5는 워싱턴 D. C.의 주요 정부청사에 대해 설명하고 있는데, 건물 양편을 감싸며 내부 정원을 둘러싸고 있는 초승달 모양의 조형물이 특징적이다. 이 창의적인 보안 장애물은 도심 환경을 더욱더 멋지게 만들어준다.

사례연구 5: 주요 정부청사

1.0 개요

혁신적인 보안 장애물을 포함한 새로운 정부청사는 도심 재개발이 진행 중인 산업지역의 2개 주요 교차로 상에 위치하고 있다. 이 복합단지는 인근의 환승센터 바로 맞은편의 입구와 도로 가장자리를 접하도록 설계되었다. 소매상가가 동편으로 경계를 이루고, 남쪽으로 향한 격자모양의 정원 담장은 울타리 보안을 강화함은 물론 거리에 활력을 불어넣어 준다.

1.1 프로젝트 범위

건축 계획에는 일반 사무실, 훈련장, 실험실, 도서관, 강당, 지하주차장 그리고 서비스 공간이 포함된다. 정원수가 식재되어 있고, 북쪽과 서쪽 경계를 감싸고 있는 3층짜리 아치형 초승달 모양의 건축물이 내부 정원을 둘러싸고 있다. 하역 및 검사장은 건축물과 정원 담장에 통합되어 있다.

1.2 프로젝트팀

Moshe Safdie and Associates with OPX Architecture, Associate Architects

1.3 프로젝트 일정

2007년 완공

2.0 디자인 접근법

2.1 해결해야 할 쟁점들

- 주요 정부청사의 보안 요구사항

- 기존 도심지 내의 제한된 공간

2.2 보안 전략

1지대 방호

- 매력적이며 통합된 보안을 제공하는 울타리 역할을 하는 독특한 형태의 연속적인 아치 건축물(回廊)
- 출입통제 및 검문검색

2지대 방호

- 매력적인 보안 울타리형 담장

3지대 방호

- 위험 완화 조치가 포함된 건축 양식

3.0 주변 환경과의 융합

- 주변의 저층 건물들과 적절히 연결됨
- 아치 형태의 건축물과 조경이 되어 있는 광장은 쾌적한 환경을 제공함

4.0 혁신 및 모범 사례

- 부지와 그 주변 환경을 고려하여 설계된 장애물과 억제방책이 융합되어 있어 다중의 방호를 제공하며, 지역 주민의 생활을 편리하게 한다.
- 보안은 부가적인 고려사항이 아니라 필수적인 구성요소로 건축 설계 미학의 일부다.

4.2.2 장애물 충돌 시험 기준

시설 방호를 제공하기 위한 다양한 설계 방법과 장비들이 있다. 2장에서 논의된 '위험 분석'은 경감되어야 할 위협의 본질에 대한 정보를 제공하며, 설계자는 발생 가능한 다양한 상황에 따라 적절히 선택할 수 있도록 사용 가능한 방법의 상대적인 성과를 이해해야 한다. 이 책은 주로 폭발물 차량으로부터 건물을 보호하는 것과 관련이 있으므로 차량 진입을 막는 효과성은 결정적인 성능 매개변수다.

일반적으로 사용되는 충돌 테스트 표준은 미 국무부(DOS)에서 개발했다. 차량 장애물이 미 국무부 인증을 획득하려면, 미 국무부 표준을 충족하는 독립 충돌 설비 테스트를 통과해야 한다. 이 테스트는 수직 장애물 1만 5천 파운드(6,810*kg*) 디젤트럭으로 지정되어 있다.

처음에는 세 가지 수준의 침입에 대해 미 국무부 표준이 제공된다.

레벨 3: 장애물 앞 36인치(0.91m)까지 차량 진입 허용

레벨 2: 장애물 앞 20피트(6.1m)까지 차량 진입 허용

레벨 1: 장애물 앞 50피트(15.2m)까지 차량 진입 허용

2003년 2월에 표준이 개정되었고, 레벨 1과 2가 삭제되었다. 이 표준은 현재 세 가지 등급의 보호를 위한 인증을 제공한다.

인증 등급	속도(mph)	속도(kph)
K12	50	80
K8	40	65
K4	30	48

1만 5천 파운드(6,810*kg*) 차량이 미 국무부 표준 'K' 등급으로 인증받으려면 K 등급 속도 중 하나에 도달해야 하며, 트럭은 장애물을 36인치(90*cm*) 이상 통과해서는 안 된다. 테스트 차량은 상업용 운전면허증과 신용카드를 소지한 운전자가 구매하거나 빌릴 수 있

[그림 4-9] 장애물 침입 한계 테스트

적재대 앞부분으로 최대 3ft 내 기준

장애물

는 중형 트럭이다. 침입의 정도는 일반적으로 폭발물이 위치하는 트럭 화물칸의 앞부분에서 측정된다(그림 4-9).

이러한 제한된 침입은 미 국무부 표준에 적합한데, 그 이유는 그들의 설비가 일반적으로 이격거리가 없거나 또는 약간 있는 고밀도 밀집지역에 위치해 있기 때문이다. 좀 더 적절한 이격거리가 있는 개활(開豁)한 사이트의 경우 더 깊은 침입이 허용될 수 있으며, 국방부(DoD), 에너지부(DoE) 같은 기관 또는 민간에서 개발 중인 새로운 ASTM[2] 표준으로 더 깊은 침입 수준을 다시 시험할 수 있다. 이격거리가 극히 제한된 지역에서는 폭발력으로부터 한 치 한 치의 거리가 치명적일 수 있다.

[2] ASTM: American Society for Testing and Materials (미국재료시험협회)

장애물에 대해 보편적으로 인정된 시험 및 인증 프로세스가 부족하여 독특하게 설계되고 멋지게 계획한 거리 경관에 적합한 장애물 요소들의 개발을 저해해왔다. 오늘날 전형적인 시험 방법은 유한요소 분석을 통한 컴퓨터 시뮬레이션인데, 이는 통제된 시설에서 실제 충돌 테스트로 검증한다. 컴퓨터 시뮬레이션을 통해 디자인의 상세 내역을 개선하고 전반적인 비용을 절감하는 데 도움이 될 수 있다. 그러나 일반적으로 장애물의 성능을 확인하려면 실제 충돌 테스트가 필요하다.

최근의 경험에 비추어볼 때, 테러리스트들은 첫 번째 차량이 장애물을 뚫고 두 번째 차량이 통과하여 건물 가까이에 접근할 수 있도록 하는 '더블 탭' 전술을 계속 사용하고 있음을 보여주었다. 첫 번째 또는 두 번째 차량이 이격거리 내로 진입하지 못하도록 신중한 설계와 통제가 필요하다.

종종 보안 프로젝트는 한정된 예산에 마감

기한이 짧게 설계되어 있어 시험 평가된 장애물은 거의 없다. 결론적으로, 볼라드 및 콘크리트 장애물 같은 제한된 수의 '기성품'만 사용할 수 있으며 모든 위치에 적합하지 않을 수 있다. 이러한 문제를 방지하려면, 주요 프로젝트의 설계 작업은 계획 수립 프로세스의 초기 단계에서 맞춤형 울타리 중심의 보안요소 설계 및 테스트에 소요되는 시간과 비용이 포함되어야 한다.

장애물 구성요소 시험의 핵심은 효용성을 측정할 수 있는 적절한 표준을 마련하는 것이다. 그 표준은 설계에 많은 융통성을 제공하지 않는다. 국제표준개발기구(ASTM International)는 이를 해결하기 위해 미 국무부의 충돌 시험 표준을 확장하는 새로운 표준(WK2534, 울타리 장애물 및 출입구의 차량 충돌 테스트를 위한 표준 테스트 방법)을 개발했다. 새로운 출동 방어 표준을 사용하는 다양한 그룹의 다양한 요구를 충족하기 위해 표준에 포함된 시험 차량 및 시험 조건을 구체화할 필요가 있으며, 이격거리가 좀 더 충분히 개방된 사이트에서 사용할 수 있도록 더욱 긴 정지거리의 시험도 검토해야 한다.

새로운 표준에는 추가로 차량 크기가 포함된다. 가장 작은 것은 단일 유닛 트럭이나 트랙터 트레일러와 같이 더 크고 무거운 차량을 멈추게 할 볼라드 사이를 통과하여 들어올 수 있는 세단이 될 것이다. 표준에서 고려할 또 다른 차량은 3/4톤(2,000*kg*) 픽업 트럭이다. 가장 큰 차량은 6만 파운드(27톤) 트랙터-트레일러 또는 덤프트럭이며, 장애물의 한계를 테스트할 것이다.

4.2.3 장애물 설계 기준 결정

장애물의 보안 설계 기준은 주로 다음과 같은 위험 평가 프로세스에서 얻어지는 핵심 정보에 의해 결정된다.

① 위협 분석은 다음과 같은 설계기준위협(DBT) 요소를 제공해야

한다(2.2.2절 FEMA 위험 평가 1단계 참조).

- 차량 크기, 무게, 속도
- TNT로 환산한 폭발물의 크기와 최악의 경우에 이격해야 할 거리

② 취약성 분석은 다음 내용을 제공한다.

- 적절한 이격거리 결정에 필요한 건축물의 외양과 구조에 관한 정보, 그리고 취약성 분석을 통한 대체 건축물과 이격거리 간의 균형이 가능하도록 평가와 원가 계산
- 가용한 이격거리에 관한 정보
- 기존 도로 또는 변경이 가능한 접근로에서 차량 속도를 줄일 가능성에 대한 정보
- 지하 배관·배선 등의 매설물로 인한 제한사항
- 장애물 표준에 영향을 미치는 토양 종류에 대한 정보

계획, 건축 및 거리 경관과 관련된 다른 기준은 다음 절에서 설명한다.

4.3 장애물 재료 및 유형

4.3.1 장애물 재료

일반적으로 사용되는 울타리 축성 자재로는 강철, 주철, 철근 콘크리트 및 인조석 블록의 네 가지가 있다. 바위, 나무, 식물 및 흙 같은 천연 물질 또한 장애물에 포함될 수 있다.

- 강철 또는 주철은 거의 모든 디자인에서 사용할 수 있으며, 일반적으로 다른 재료보다 설치하기 쉽다. 강철 및 주철 장애물은

매우 강하여 콘크리트 같은 다른 재료보다 더 작은 크기로도 차량을 멈출 수 있지만, 유지·보수가 좀 더 필요하고 녹슬지 않도록 주기적으로 페인트칠을 해야 한다.

- 철근 콘크리트 장애물은 설치에 더 많은 시간과 인력이 필요하지만 유지·보수가 거의 필요 없으며, 일반적으로 강철 또는 주철보다 저렴하다. 콘크리트 구조물은 일반적으로 도시 환경에서 주로 사용하므로 이러한 재질은 주변 환경과 더 잘 조화를 이룬다. 철근 콘크리트 장애물은 현장에서 타설(打設)하거나 기성제품(precast)으로 설치할 수 있다.
- 돌 또는 화강암 재질은 강철 또는 철근 콘크리트 요소보다 커야 하며, 밀폐된 흙벽이나 벤치로 자주 사용된다. 화강암은 매우 견고하고 매력적이어서 많은 건축물의 보완재로 사용된다.

4.3.2 장애물 유형

장애물에는 수동형(고정식)과 능동형(작동 가능)의 두 가지 기본적인 방식이 있다.

수동형 장애물은 일정 위치에 고정되어 있어서 차량 진입을 허용하지 않으며, 차량 접근 지점부터 경계선 방호를 제공하는 데 사용된다. 그리고 관할구역의 목적성에 따라 일반적으로 다음과 같은 네 가지 유형으로 분류할 수 있다.

- 건물 소유지 내의 설비는 일반적으로 관할 도심에 적용되는 법령에 구애되지 않는다.
- 공공의 통행로에 설치되는 설비는 관할 도시계획과 교통 법령의 적용을 받는다.
- 사유지 내의 광장 같은 공적 공간에 설치된 장애물 설비는 사적으로 관리하지만, 일반적으로 지방행정관서가 관할한다.
- 일반적으로 연방 및 주 정부기관이 지역 행정관서와 협력하지

만, 연방 및 주 정부 소유지에 설치된 장애물 설비는 지역 법령을 준수할 필요가 없다.

수동형 장애물은 다음과 같다.

- 담장, 둔덕(berms)[그림 4-10] 그리고 ha-ha 장애물(ha-ha wall)[3] [그림 4-11]
- 설계된 화단
- 고정 볼라드, 대형 장애물, 강화된 거리 조형물, 비품 및 나무
- 수로 장애물
- 고정 및 고정 설비의 저지 장애물
- 울타리

[3] ha-ha 장애물은 오목한 지역에 수직 벽을 설치하여 경관의 방해를 받지 않고 침입자의 접근을 차단한다.

위의 수동 장애물 유형은 일반적인 충격 등급을 기준으로 가장

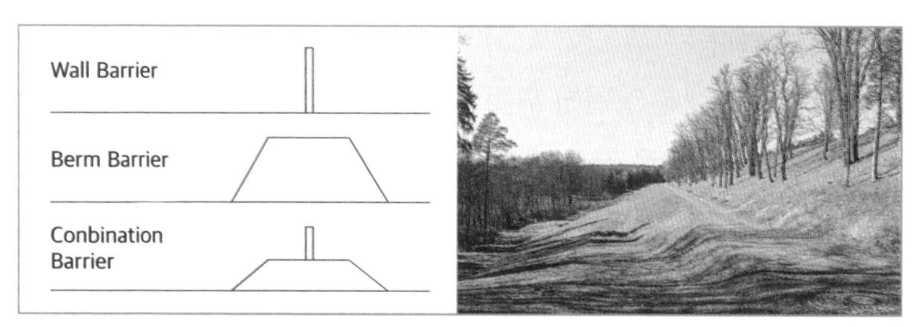

[그림 4-10] 둔덕

[그림 4-11] ha-ha 장애물

높은 것부터 대략적인 순서로 나열되어 있다. 설치된 장애물에 대한 충돌 등급의 예는 아래의 유형 설명에 나와 있다.

능동형 장애물은 울타리 중심 방호 시스템 내의 차량 출입통제 지점 또는 차량을 검문검색한 후 차량 출입을 허용할 수 있는 장애물을 건물 내의 주차장 또는 주차 구조물 같은 시설 내의 특정 건물로 출입하는 곳에서 사용된다. 목록들은 다양한 수준의 충격을 견딜 수 있는 만큼 미 국무부의 등급이 주어질 수 있다. 시스템의 용어는 제조업체마다 다르다.

[4] 웨지(wedge): 한쪽 끝은 뾰족하고 반대쪽은 넓은 모서리가 있어 두 물체 사이를 고정시키기 위해 밀어넣는 모서리 형태의 도구

- 회전식 웨지[4] 시스템(rotating wedge systems)[그림 4-12]
- 돌출식 바리케이드(rising-wedge barricades)[그림 4-13]
- 개폐식 볼라드(retractable bollards)[그림 4-14]
- 충돌 빔(crash beam)[그림 4-15]
- 충돌 게이트(crash gate)[그림 4-16]
- 돌출식 웨지 패널(surface-mounted wedges and plates) [그림 4-17]

[그림 4-12] 회전식 웨지 시스템(예)

[그림 4-13] 돌출식 바리케이드(예)

[그림 4-14]
개폐식 볼라드(예)

[그림 4-15] 충돌 빔(예)

[그림 4-16]
충돌 게이트(예)

[그림 4-17] 돌출식
웨지 패널(예)

위의 능동 장애물 유형은 일반적인 충격 등급을 기준으로 가장 높은 것부터 대략적인 순서로 나열되어 있다. 설치된 장애물에 대한 충돌 등급의 예는 아래의 유형 설명에 나와 있다.

능동형 장애물은 여러 특수 제조업체에서 생산되는 기계 장치다. 설계자에게 전형적인 특성을 보여주기 위해 각 유형의 예가 아래에 나와 있다. 능동 장애물은 표지판, 신호등, 경비실 및 보안요원과 병행해서 사용해야 한다. 이 장애물들은 건물 및 부지와 조화를 이루는 통합된 건축물 설계를 어렵게 하지만, 설계 및 비용 관련 요구에 부응하여 일부 혁신적인 시스템이 개발되기도 했다. 여기에는 능동 및 수동 장애물 설비가 모두 포함된다.

- 출입통제 체계(the NO GO system)
- 타이거 트랩(tiger trap): 4.6.2절에서 설명
- 회전식 설비(the turntable)[그림 4-18]

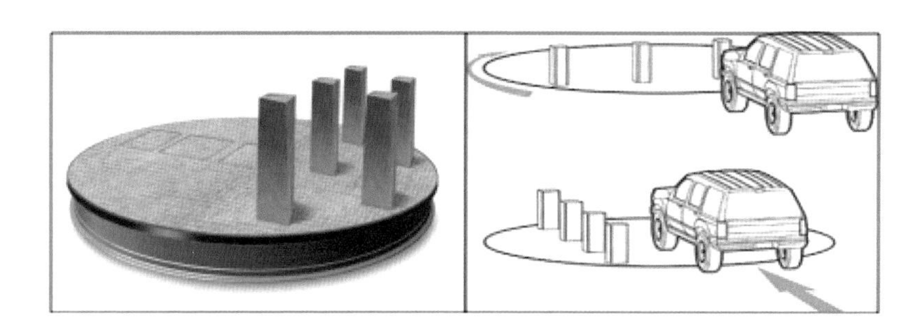

[그림 4-18]
회전식 설비(예)

4.4 수동형 장애물들

4.4.1 담장, 함정(excavations), 작은 둔덕, 도랑 및 ha-ha 장애물

목적 및 성능

강화되었거나 설치된 담장에는 옹벽(retaining wall)과 자립벽(free-standing wall)이 포함된다. 이것들은 보강된 또는 대량의 콘크리트, 콘크리트 벽돌로 쌓은 벽, 벽돌 및 자연석, 또는 일반적으로 스틸 재질로 보강된 다른 재료로 만들 수 있다. 벽은 보안 요구사항을 만족시키면서 외관을 개선하기 위해 구멍이 난 벽 또는 불연속 벽 부분을 포함하도록 설계할 수 있다.

[그림 4-21]은 벽면에 예술 작품이 설치된 철근 콘크리트 장벽을 보여주며, [그림 4-22]는 도심지에서 건축물 단면의 장벽 기능을 보여준다.

[그림 4-19] 옹벽(왼쪽)
[그림 4-20] 자립벽
(오른쪽)

[그림 4-21] 예술 작품으로 설치된 철근 콘크리트 장벽

[그림 4-22] 에딘버러, 스코틀랜드 의회 건축물의 장벽 기능

벽체는 원하는 수준의 성능이 발휘되도록 설계된다. 폭발로 인해 콘크리트가 인체와 재산에 심각한 피해를 줄 수 있는 파편이 될 수 있음에 유의해야 한다.

작은 둔덕, 함정 및 도랑은 차량이 제한구역으로 진입하는 것을 효과적으로 막을 수 있다. 삼각형 도랑과 언덕을 잘라서 만든 둔덕은 건설하기 쉽고 광범위한 차량 유형에 효과적일 수 있다. 언덕의 측면을 잘라서 만든 둔덕은 삼각형 도랑의 변형이며, 삼각형 도랑과 동일한 장점 및 제한사항을 갖고 있다. 이러한 유형의 구조에서는 차량의 앞 차축이 도랑에 들어가고 차량 하부가 도랑의 앞쪽 가장자리에 닿게 되면 차량이 움직일 수 없게 된다. 직접 시험해보지는 않았지만 토양과 암석은 많은 양의 운동 에너지를 흡수할 수 있다. 일반적인 형상과 치수는 [그림 4-23]에 나와 있다. 침입이 예상되는 차량의 유형과 원하는 수준의 보호와 관련한 형상과 치수를 주의 깊게 조사해야 한다.

ha-ha 장애물은 17세기 영국에서 미적 목적을 위해 창안된 장애물의 하나다. 이 장애물은 가축들이 시골의 저택까지 들어오는 것

[그림 4-23] 함정, 작은 둔덕 및 도랑
출처: after DoD Handbook: Selection and application of vehicle barriers

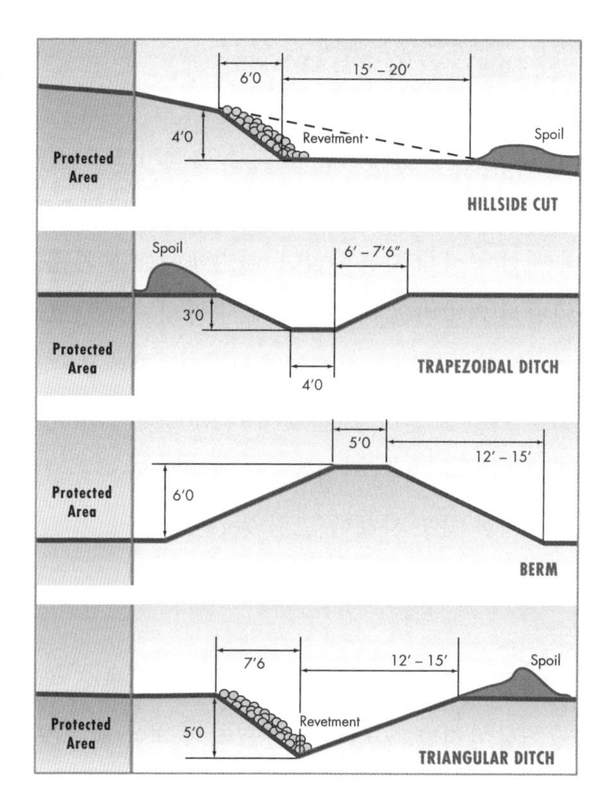

[그림 4-24] 맨 위: ha-ha 장애물 개념도, 가운데 왼쪽: 워싱턴 기념비의 저지 장애물, 가운데 오른쪽 및 아래쪽: 워싱턴 기념비에 적용된 ha-ha 장애물
출처: NCPC

을 막는 동시에, 저택에서는 장애물 벽체가 보이지 않게 만들어졌다. 이러한 방법이 보안 장애물 설치에 적용되었으며, 특히 워싱턴 기념비 개선 공사에 사용되었다. 여기에서는 보기 흉한 장애물 곡선을 숨기면서 기념비의 바닥 높이에서 방해받지 않고 주변 경관을 볼 수 있다. 사이트 외부의 아래쪽에서 보면, 장애물은 보이지 않고 우아한 석조 벽만 보인다. 마운트버넌(Mount Vernon)에 있는 워싱턴의 생가가 미적 목적을 위해 ha-ha 장애물을 사용했다는 것은 역사적으로 유쾌한 참조 사례다(그림 4-24).

설치

ha-ha 장애물과 같이 커다란 바위나 벽돌을 쌓아 만든 벽체는 효과적인 장애물이지만, 일반적인 콘크리트 벽은 철근으로 강화되어야 한다. [그림 4-25]는 낮은 충돌 방어벽의 일반적인 설계 세부사항과 효과적으로 성능을 발휘하기 위해 필요한 치수와 보강 방법을 보여 준다.

설계 시사점

장애물은 신중하게 설계하여 설치하지 않으면 주위 환경에 거슬릴 수 있다. 가능한 한 반드시 필요한 곳에 설치해야 하며, 부정적인 영향을 줄이기 위한 설계와 자재 선택에 신중을 기해야 한다. ha-ha 장애물은 주변 경관에 어울리면서 거슬리지 않는 효과적인 장애물의 예다.

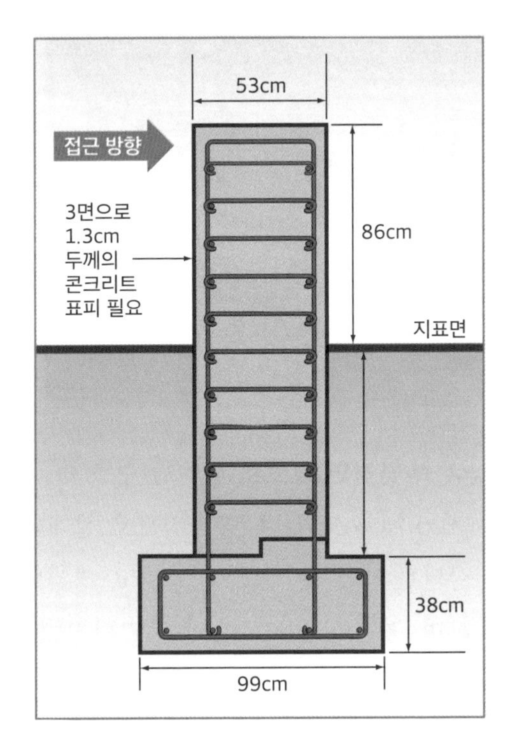

[그림 4-25] 충돌 방어벽 설계 세부사항. 치수 및 보강 방법은 다양하다.
출처: DOS

4.4.2 공학적으로 설계된 화단

목적 및 성능

제대로 설계된 화단은 효과적인 차량 장애물이 될 수 있다. 지표면에 설치된 화단은 마찰력에 의해 차량을 정지 혹은 저지시키며, 중

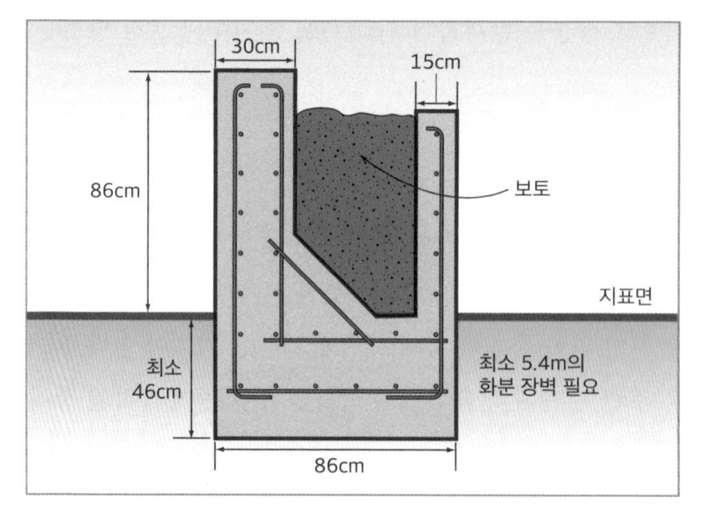

[그림 4-26] 미 국무부 K12 표준으로 강화된 화단의 일반적인 설계 세부사항. 치수 및 보강 방법은 다양하다. 출처: DOS

[그림 4-27] 볼라드가 설치되어 있는 화단

량이 무겁거나 과속 차량과 부딪히면 옆으로 밀려날 수 있다. 튕겨나간 화단은 위험한 발사체가 될 수도 있다. 공학적으로 설계된 화단이 효과를 발휘하려면 상당한 양의 철근으로 강화되고, 경사면 이하의 깊이로 설치되어야 하며, 경관 설계 시 고정물체로 자리매김해야 한다. [그림 4-26]의 화단은 미 국무부 표준 K12를 보여준다.

화단 안에 충돌력을 시험한 볼라드를 설치하면 방호 역량이 강화될 수 있다(그림 4-27).

설치

화단형 보안 시설을 설치하는 데 관련된 보안 지침은 다음과 같다.

- 직사각형 모양의 화단은 폭이 2피트를 넘지 말아야 하며, 원형 화분은 3피트 이내가 좋다. 직사각형 모양의 화분 길이는 6피트를 넘지 말아야 한다. 그러나 이들은 식물 재배에 적합한 크기는 아니다.
- 예측되는 교통량에 따라 달라지겠지만, 화단과 여타의 영구적인 도로 설비 간에는 최대 4피트의 거리를 유지해야 한다. 도로 설비란 한정되는 것은 아니지만 소화전, 가로등 기둥, 우체통, 나무 등을 말한다. 그 간격이 더 멀어지면 수백 파운드의 폭발물을 탑재한 작은 차량이 지나갈 수도 있다.
- 화단형 시설은 차도 및 인도의 경계석(緣石, 연석)이나 보행자의 주된 흐름과 평행한 방향으로 설치되어야 한다. 화분 또는 화단형 시설을 차도 및 인도의 경계석과 직각으로 연속해서 설치해서는 안 된다.
- 화분을 활용한 조경은 잎이 많이 필요한 특별한 경우를 제외하고는 2.5피트 이하로 유지해야 한다(그림 4-28). 또한 6인치 두께의 서류 가방이나 배낭을 숨길 수 있을 정도로 화분에 식물을 식재하지 말아야 한다.

[그림 4-28] 장벽 기능의 대형 화분. 작은 화분은 옥외 레스토랑의 공간을 좁히지 않으며, 대형 화분을 설치해도 보도 폭은 충분히 넓다.

- 화분에 식재되어 있는 식물을 지속적으로 관리해야 하고, 정기적으로 쓰레기와 이물질 등을 청소해야 한다.
- 화분은 보행자의 통행이 잦은 지역에서는 사용하지 말아야 한다. 이러한 지역에는 볼라드 또는 눈에 덜 거슬리는 다른 조형물을 사용하는 것이 좋다.
- 화단형 시설의 설계, 설치 및 유지관리를 통해 식물들이 건강하게 자랄 수 있다. 여기에는 적절한 급수, 관개, 토질 및 화분에서 재배하기에 적합한 식물의 선택이 포함된다. 계절 특성과 식물의 최대 크기도 고려해야 한다.

설계 시사점

화분이 보행자가 효과적으로 사용할 수 있는 보도의 일부인 유효 보도 폭을 줄이는 것은 보행자의 움직임에 큰 영향을 줄 수 있으며, 유효 보도 폭은 보도의 너비에서 장애물의 너비를 뺀 값으로 정의하기도 하고 장애물로부터 떨어져 있는 사람까지의 거리로 정의되기도 한다. 그러나 잘 설계되어 배치된 화분은 여러 기능을 수행하며, 도심을 쾌적하게 하는 시설이기도 하다.

4.4.3 고정된 볼라드

목적 및 성능

볼라드(bollard)는 차량은 통과하지 못하고 보행자나 자전거는 출입이 가능하도록 지표면에 설치되며, 콘크리트로 채워진 강철 실린더로 구성된 차량충돌 방지 장애물이다. 볼라드의 소재는 강철과 철근콘크리트다. 충돌 방지 볼라드는 가능한 한 차량과 적재된 화물의 진입을 효과적으로 저지하고, 뒤따르는 차량의 진입도 막을 수 있도록 설계되어야 한다.

전형적인 고정식 충돌 방지 볼라드는 직경이 8인치(20㎝)이고 1/2인치(1.2㎝) 두께의 스틸 파이프로 제작되며, 약 30인치(76㎝)가

[그림 4-29] 전형적인 볼라드의 도표. 단지 개념을 설명하기 위함이며, 치수와 보강 방법은 다양함
출처: DOS

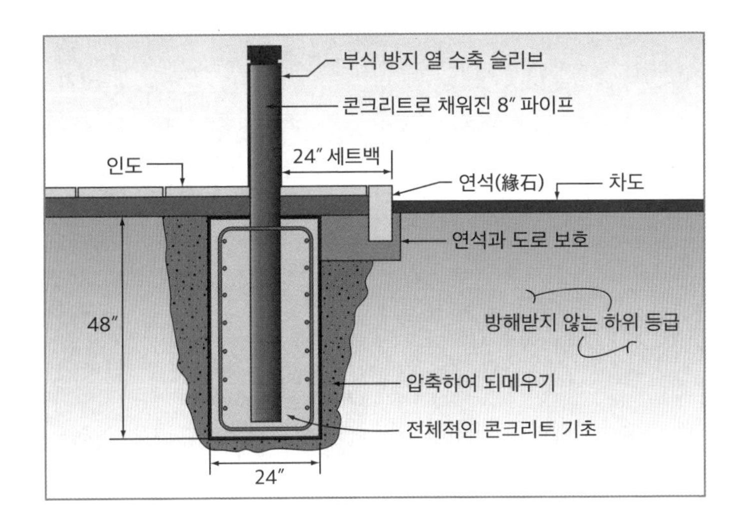

지표면 위에 돌출되지만 약 48인치(122㎝)는 땅속에 묻혀 있다.

[그림 4-29]에 제시된 볼라드는 시속 30마일(48㎞/h)로 주행하는 4,500파운드(2,040㎏)의 차량을 저지할 수 있다. 지정된 볼라드는 미 국무부 K12 표준까지 보호할 수 있다.

볼라드에 직접 부착된 장식용 스틸 마감 재료나 외부를 감싸는 알루미늄, 철 또는 청동의 주조물을 활용하여 특성화할 수 있다. 볼라드는 내식성(耐蝕性, corrosion resistance)이 뛰어나야 하고, 내부에 조명을 장착하여 가시성을 높일 수 있다. [그림 4-30]은 고성능 등급의 장식용 볼라드를 보여준다. 볼라드는 건물의 재료 및 형태와 조화를 이루도록 개별 프로젝트에 맞춤 설계될 수 있지만, 적절한 방호를 보장하기 위해 독립적인 실험실에서 테스트해야 한다(그림 4-31).

기초공사를 깊게 하지 않은 일반적인 장식용 볼라드는 건축물을 보호하는 억제효과는 있겠지만, 충돌 저지 능력은 없다.

설치

볼라드를 몇 피트의 깊이로 땅속에 설치하려 할 경우 매설 위치가 확실하게 알려지지 않은 지하 배관·배선에 문제를 일으킬 수 있다

[그림 4-30] 고성능의 장식용 볼라드
출처: 위 왼쪽과 오른쪽: SecureUSA, Inc. 아래 왼쪽: Delta Scientific Corp.

[그림 4-31] 건축물에 어울리는 맞춤형 강철 볼라드

(그림 4-32).

지하의 배관·배선이 볼라드 기초공사를 어렵게 할 경우, 기초는 얇은 대신 폭을 넓히고, 차량의 전복에도 지탱할 수 있도록 노면 아래 볼라드 기둥을 체계화하는 해결책이 있다(그림 4-33).

설계 시사점

볼라드는 자연스럽게 거리의 조경물이 된다. 볼라드 체계가 시각적으로 눈에 거슬리지 않게 하기 위해서는 울타리 중심의 보안과 거리 풍경에 최대한 융화되도록 매우 신중하게 설계되어야 한다.

[그림 4-32] 고정형 볼라드 설치(굴착의 깊이와 크기에 주목)
출처: SecureUSA, Inc.

[그림 4-33] 깊이가 얕은 대신 폭이 넓은 기초공사와 빔을 활용한 볼라드의 예
출처: RSA Protective Technologies

볼라드의 높이를 2피트 6인치(0.8m) 이하로 제한함으로써 눈에 거슬리는 것을 줄일 수 있다. 도로 경계석의 상대적인 높이와 위치가 볼라드 높이 결정에 영향을 준다. 도로 표면 등급 같은 모든 사이트의 특정 조건은 볼라드를 시각적으로 눈에 덜 띄게 하여 볼라드 체계를 효과적으로 유지하는 데 도움이 될 수 있다. 또한 저지해야 할 차량의 크기와 속도 같은 설계 기준 위협은 볼라드 높이 결정에 영향을 미친다. 볼라드는 장식 부분을 포함하여 38인치(97㎝)를 초과하지 않아야 한다.

보행자 구역의 유효 보도 폭은 볼라드 폭[일반적으로 24인치

(61㎝)]만큼 줄어든다. 도심 중앙의 상가지역과 같이 보행자는 많고 인도는 좁은 경우, 인도의 폭을 효과적으로 줄이는 것이 매우 중요할 수 있다.

볼라드 설계에 관한 기타 지침은 다음과 같다.

- 예상되는 교통량과 유모차, 휠체어와 노약자 등 보행자의 요구를 반영하여 36인치(96㎝)에서 48인치(122㎝) 사이의 간격을 고려해야 한다.
- 장애물 체계가 긴 거리에서는 강화된 벤치, 가로등 지주 또는 장식용 화분 등 거리의 다른 조형물과 함께 적절히 배치해야 한다.
- 볼라드는 ADA[5] 접근 램프와 교차로의 코너 사분면과 떨어져서 설치해야 한다.
- 볼라드의 중심선은 기존 거리의 중심선과 평행한 선형 방식으로 배열되어야 한다.

[5] ADA: Americans with Disabilities Act(장애인법)

4.4.4 무거운 물체와 나무

목적 및 성능

대형 조각품, 거대한 바위, 경사도를 극복하기 어려운 흙이나 콘크리트 둔덕, 빽빽하게 식재된 식물과 나무는 보행자나 자전거의 통행은 허용하면서 차량 통행을 방지하는 볼라드의 용도로 비슷하게 이용될 수 있다. 이러한 장애물이 위협 수준을 효과적으로 감소시킬 수 있게 하기 위해서는 공학적인 설계와 평가가 필요하다. 예를 들어 기존의 무성한 나무들과 잡목 숲을 울타리 방호 시스템에 연계할 수 있다(그림 4-34).

실용적이고 미적인 목적을 위해 특별히 설계된 물체는 효과적인 장애물로 사용될 수 있다(그림 4-35, 4-36, 4-37, 4-38).

[그림 4-39]는 커다란 바위와 조화롭게 배치한 맞춤형 볼라드를 보여준다. 암석은 공간 조경의 일부로서 상징적인 의미를 가지지만, 장애물로도 설계된 것이다.

[그림 4-34] 차량 침입을 저지할 수 있는 야자나무 숲
출처: Phoenix Police Department, Arizona Center, Rouse Development co.

[그림 4-35] 장애물 기능을 하는 낮은 옹벽과 조각품의 조합

[그림 4-36] 미, 피닉스 Civic Plaza 오벨리스크 장식
출처: Phoenix, Arizona, Police Dept., Todd White(왼쪽)

[그림 4-37] 공학적으로 제작된 장애물들
출처: Phoenix, Arizona, Police Dept., Todd White(오른쪽)

[그림 4-38] 바위들을 이용한 효과적인 장애물

[그림 4-39] 장애물로 설계된 바위 및 맞춤형 볼라드

설치

장애물로 사용되는 물체는 무게, 차지하는 공간, 종횡비(너비 대비 높이)에 따라 다양한 수준의 매립 및 보강이 필요하다.

설계 시사점

암석 같은 자연 조형물이나 조각품 같은 인공물의 사용은 시각적 환경을 향상시키고, 보행자의 통로를 효과적으로 알려주며, 공공 영역과 사적 공간을 명확히 구분하면서 눈에 거슬리지 않는 방식으로 방호를 제공하는 창의적인 장애물이라 할 수 있다.

4.4.5 물을 활용한 장애물

목적 및 성능

사이트 보안 설계의 가장 오래된 형태 중 하나는 물을 이용한 것이다. 인공 또는 천연 호수, 연못, 강 및 분수의 형태로 사용되는 물은 장애물로서도 효과적이고 아름다운 경관을 제공해준다. 수로의 배열을 효과적인 전차호(戰車壕, tank trap)같이 할 수도 있고, 연못의 벽체나 분수대를 차량 진입을 저지하도록 설계할 수 있다. 물을 완만하게 흐르게 하거나 폭포 또는 분수 같은 다양한 방식으로 설계할 수도 있다. 물을 활용한 시설은 일반적으로 필터, 펌프, 청소 등의 유지관리가 필요하다(그림 4-40).

도심에서 물을 이용한 장애물의 예는 6.4절 [그림 6-19]에도 나와 있다.

[그림 4-40] 워싱턴 기념비 부지는 물을 장애물로 하여 재설계되었으며, 구불구불한 운하는 기능적일 뿐만 아니라 매우 아름답다.
출처: Michael Van Vandenburgh and Associates

4.4.6 저지 장애물(Jersey Barriers)

목적 및 성능

저지 장애물은 원래 1940년대와 1950년대에 캘리포니아주, 뉴저지주, 그리고 또 다른 주에서 주행 차량이 반대편 차선으로 넘어가지 못하게 하는 중앙 장애물로 개발된 표준화된 기성 콘크리트 제품이다. 뉴저지 장애물이 가장 널리 사용되어 일반 장애물 형태에 '저지(Jersey)'라는 이름을 부여했다. 그 이후 고속도로나 다른 건설현장에서 일시적인 방호를 위해 널리 사용되었으며, 2001년 9·11 이후에는 테러 공격의 방지를 위한 교통통제 장애물로 널리 사용되었다.

저지 장애물을 설치할 때는 신중해야 한다. 왜냐하면 표준 길이가 12.5피트(3.8m)와 20피트(6.1m)로 되어 있어 사용하기에 다소 융통성이 없다. 설치 간에 겹치는 부분이 발생하면 통행이 불가능한 공간이 발생하여 보도가 줄어들 수 있다(그림 4-41).

저지 장애물은 12피트(3.7m) 길이와 약 5,700파운드(2,600㎏)의 무게로 방호력을 제공한다고 생각되었지만, 도로 표면에 올려놓으면 차량 공격에 효과적이지 않다. 효과적이기 위해서는 기초부터 수직으로 고정하고, 강철로 보강하여 매립해야 할 필요가 있다.

[그림 4-42]에 표시된 저지 장애물은 시간당 50마일(80㎞/h)의 속도와 4천 파운드(1,800㎏) 무게로 주행하는 차량을 멈출 수 있으며, 시간당 25마일(40㎞/h)의 속도 및 1만 2천 파운드(5,400㎏) 무게의 주행하는 차량을 멈출 수 있다. 장애물은 약 12인치(30㎝) 깊이에 매립되어 있고, 철근으로 강화된 콘크리트에 고정되어 있다. 이

[그림 4-41]
백악관(왼쪽)과 워싱턴 거리(오른쪽)에 있는 저지 장애물의 보행 방해 모습

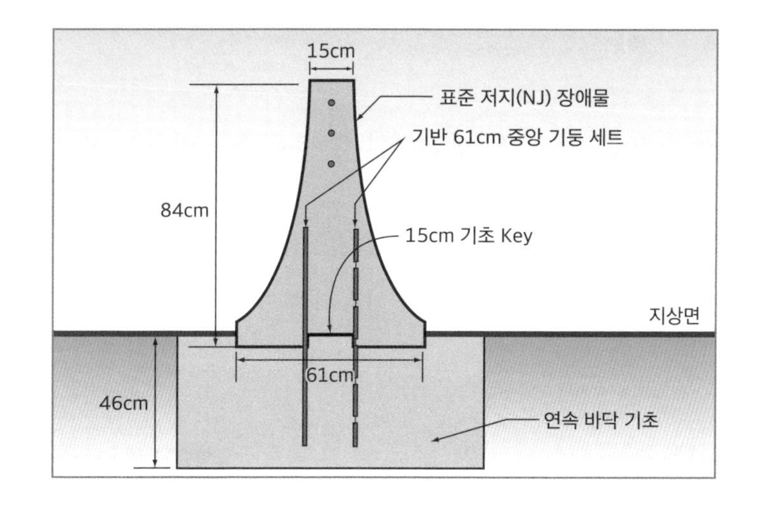

[그림 4-42] 높은 보호 등급용 저지 장애물의 규격과 설치 방법
출처: DoD Handbook: Selection and application of vehicle barriers, MIL-HDBK-1013/14, 1999

렇게 설치한 장애물은 영구적으로 사용할 수 있다(그림 4-42).

설치

저지 장애물을 보도에 설치할 경우, 유효 보도 폭을 3.5피트(10.7m) 감소시키고, 더불어 도로 경계석까지의 거리도 줄어든다. 저지 장애물은 설치 방법에 따라 긴급 대피 시 위험할 수도 있다. 예컨대 여러 개의 저지 장애물이 끊김 없이 연결되어 있는 경우 보행자가 쉽게 통과할 수 없다.

설계 시사점

비교적 저렴하고 쉽게 활용할 수 있는 저지 장애물은 워싱턴, 뉴욕 및 기타 지역의 공공건물과 기념물을 보호하기 위해 보편적으로 사용되었다. 그러나 종종 부자연스러운 설치는 도시의 미관을 저해하고, 차도와 인도에서의 출입과 이동을 방해한다. 가장 효과적인 것은 임시로 사용하는 것이다.

4.4.7 울타리

목적 및 성능

울타리는 보안 장애물의 전통적인 형태다. 주로 침입을 저지하기나 지연시키며, 어느 정도 떨어진 거리에서의 공격 무기(예: 로켓추진식 수류탄)나 수류탄 혹은 화염폭탄 같은 투척무기에 대한 장애물 기능을 제공한다. 일반적으로 사용하는 울타리의 유형은 다음과 같다.

- 쇠고리형 울타리
- 기념비형 울타리(금속)
- 월책(越柵) 방지 울타리(CPTED)
- 철조망(철책, 가시철조망 또는 윤형철조망, 3중 표준 윤형철조망)

[그림 4-43] 기념비형 울타리(예)

이러한 펜스 유형에 대한 설명은 FEMA 426, 2.4.1절에 나와 있다.

이러한 울타리 유형은 주로 침입을 지연시키기 위한 것이다. 충돌 등급에 따라 특별히 설계되지 않는 한 차량에 대한 방호는 제한적이다.

울타리는 보안요원에게 침입자에 대한 경고를 전달하는 다양한 유형의 감지 장치를 통합할 수 있다. 매립형 제품과 센서 케이블을 합체하여 눈에 잘 띄지 않는 침입 감지 시스템도 있다.

또한 울타리는 충돌 방지 시스템으로 제작할 수 있다. 일반적인 솔루션은 차량을 저지하기 위해 케이블의 저항력을 이용하는 것이다. 케이블은 수목 안에 매립하여 펜스의 범퍼 높이에 설치할 수 있다. 케이블은 볼라드를 사용하여 적당한 높이로 당겨지고, 끝단은 지면의 고정 장치에 연결되어야 한다(그림 4-44).

높은 등급의 보안 케이블 울타리는 미 국무부 표준 방호력

[그림 4-44] 울타리 또는 수목과 연계된 케이블 장애물의 설치도
출처: DoD Handbook: Selection and application of vehicle barriers, MIL-HDBK-1013/14, 1999

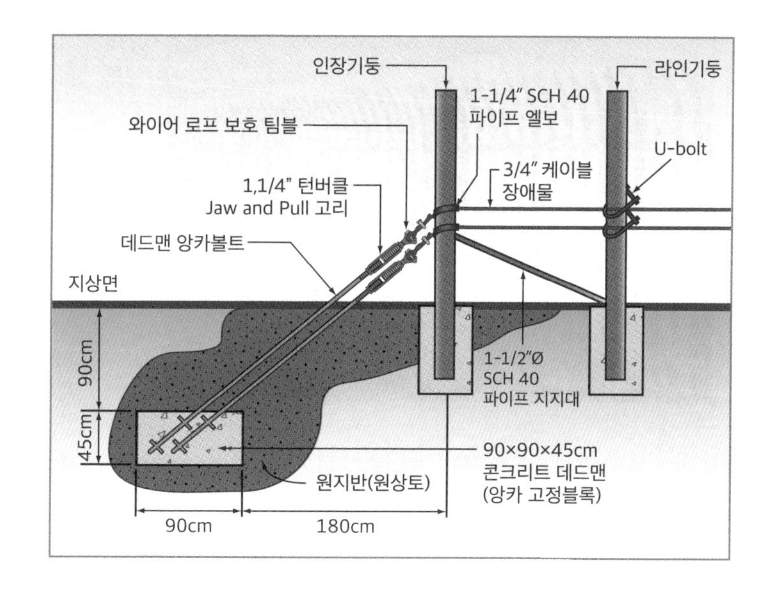

인 L1 등급[20~50피트(6.1~15.2m) 침투] 또는 L2 등급[3~20피트(0.9~6.1m) 침투]을 제공할 수 있다.

설치

케이블 시스템 울타리는 차량이 정지하기 전까지 상당한 이완을 허용하므로 차량의 저항력이 발생하기 전에 부분적으로 사이트를 침범할 수 있다. 이완 길이는 실제로 'deadman'[6] 사이, 일반적으로 약 200피트(61m)를 기준으로 한다. 결과적으로, 케이블 시스템을 포함하는 울타리와 출입문의 부지 선정 요건은 다른 유형의 벽체나 울타리와 약간 다르다. 설계자는 케이블 유형의 시스템을 고려할 때 이러한 사실을 반영해야 한다. 한편 충돌 등급이 있는 재래식 울타리도 설치될 수 있다(그림 4-45).

[6] deadman: (제어 장치 따위가) 손을 떼면 자동 정지하는

설계 시사점

자산 보호를 위한 울타리는 오랜 역사를 가지고 있으며, 종종 미적으로 중요한 부분이었다. 현대의 울타리는 기능과 비용에 더 많은 영향을 받지만, 다양한 울타리 디자인을 통해 역사적으로 중요한 건

[그림 4-45] 충돌 등급이 있는 울타리
출처: Ameristar Fence Products Inc.

물의 장애물로도 사용되었다. 매력적이지 못한 울타리의 외관은 수목으로 보완할 수 있다.

4.4.8 보안을 위해 보강된 거리 조형물 및 고정시설

목적 및 성능

일반적인 거리 조형물은 충돌 방지 장애물 역할을 하도록 보강할 수 있다. 이러한 조형물은 편의시설과 건축물의 물리보안 구성요소로서 기능하도록 설계 간에 '강화'할 수 있다. 물리보안 구성요소의 구조적 디자인, 간격, 모양 및 세부사항은 특정 건물에 요구되는 방호수준을 충족하도록 설계해야 한다. 이 접근법에 도움이 되는 전형적인 조형물로는 강화된 거리 가구, 울타리 또는 울타리 벽, 낮은 옹벽, 볼라드, 화분, 가로등 기둥, 버스정류장 등이 있다(그림 4-46).

지금까지 볼라드는 보편적으로 울타리 중심의 보안 장애물로 사용되어왔다. 보안설비 제조업체에는 능동형 및 수동형 볼라드의 개발 및 테스트가 가능할 만큼 충분한 수요가 있었다. 또한 외장을 크게 개선하기 위해 다양한 재질의 장식용 커버를 제작하여 설계 요구에 부응했지만, 장애물 시스템 설계에서는 여전히 다양성을 요구한다. 이러한 다양성은 보안이 강화된 거리 조경물을 사용하여 충족될 수 있지만, 이 접근법은 시험과 인증된 사례가 없어 제한적이었다는 평가를 받아왔다. 그러한 시설물의 개발은 매력적이고 안전한 도시 환경을 설계하는 데 중요하다. 2개의 벤치 사이에 충돌 등급 볼라드가 숨겨진 개선된 해법 사례는 아래 사진과 같다(그림 4-47).

가로등 기둥, 버스정류장 및 간이매점 같은 강화된 거리 조형물과 더불어 볼라드를 보강하면, 지역 환경에 부합하는 물리보안 설

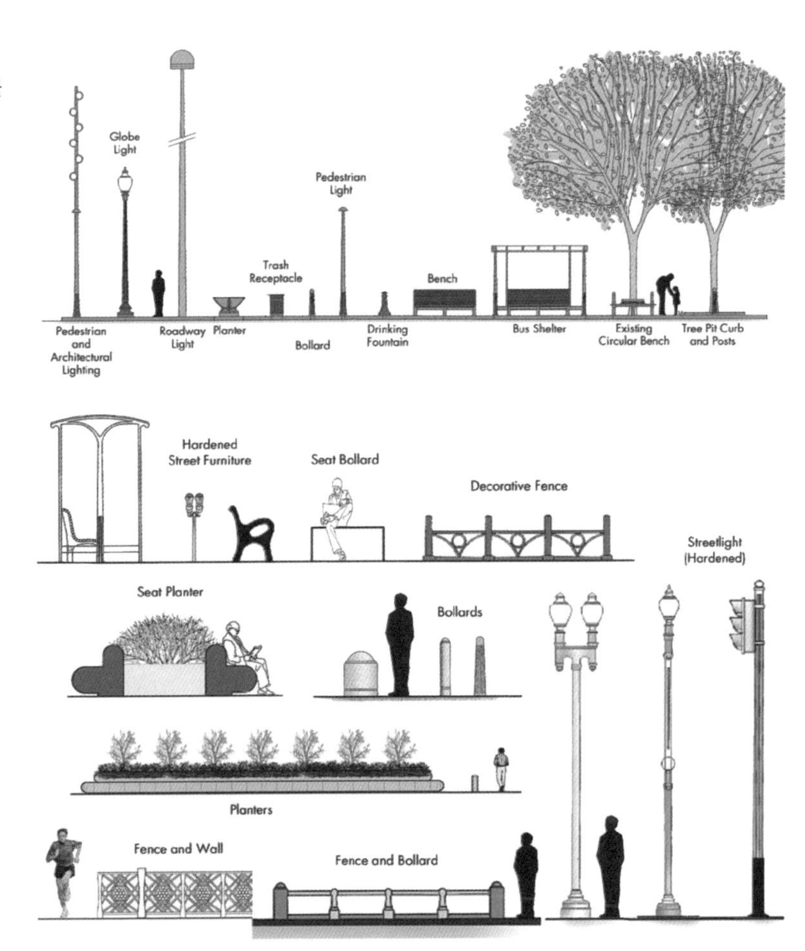

[그림 4-46] 물리보안 요소로 강화된 거리 조형물
출처: NCPC

[그림 4-47] 숨겨진 볼라드로 강화된 야외 벤치
출처: SecureUSA, Inc.

[그림 4-48]
거리의 맞춤형
보안 시설물

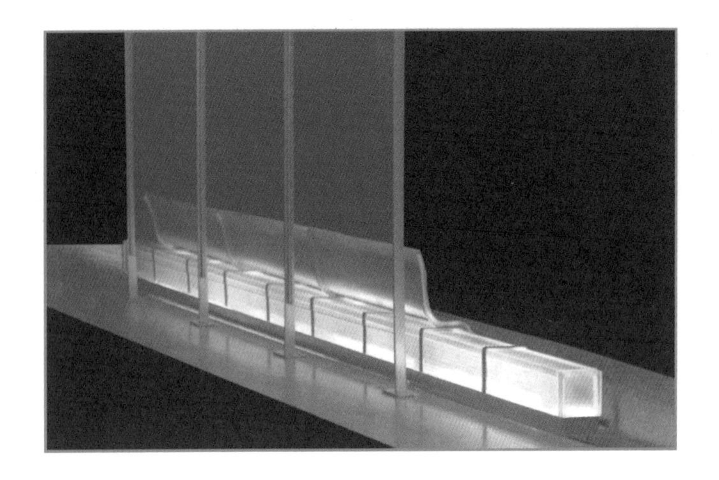

[그림 4-49] 강화되고 조명이 있는 유리 벤치 모델
출처: Rogers Marvel Architects, LLC

계가 가능하다. 그러한 시설물은 요구 성능을 보장하도록 시험평가가 필요하겠지만, 맞춤 설계된 시설물을 사용하면 거리 경관은 물론이고 일상의 교통사고로부터 보행자의 안전 수준을 향상시킬 수 있다. 다음 그림은 이러한 응용 프로그램의 몇 가지 사례를 제시한 것이다.

맞춤형으로 설계된 거리 조형물의 예로는 유리 재질의 강화된 긴 의자가 있는데, 매력적이면서도 상당한 수준의 방호를 제공하고, 버스정류장 같은 곳에서는 야간의 안전을 위해 조명을 제공한다(그림 4-49).

4.5 능동형 장애물들

4.5.1 개폐식 볼라드

목적 및 성능

개폐식 볼라드 체계는 각각 조작 가능할 수 있는 하나 이상의 볼라드로 구성되거나, 둘 이상의 묶음으로 조작되기도 한다. 볼라드는 기초 구조물과 무거운 원통형의 볼라드가 지표면 아래에 매립되어 있는 조립체로, 유압 또는 공압식 전원 장치로 들어 올리거나 내

[그림 4-50]
입구(왼쪽)와 주차장 (오른쪽)에 설치되어 있는 전형적인 개폐식 볼라드 시스템. 개폐식 볼라드의 양끝에는 고정형 볼라드가 설치됨

릴 수 있으며, 출입통제 장치로 원격 제어할 수 있다. 수동으로 작동되는 시스템도 있는데, 이러한 시스템은 균형을 잡아줘야 하고, 위 또는 아래로 정지시켜놓는다. 일반적인 개폐식 볼라드는 직경 12~13인치(30~33㎝), 높이 35인치(89㎝)까지이며, 일반적으로 교통량에 따라 약 3피트 정도 떨어뜨려 설치한다. [그림 4-50]은 개폐식 볼라드의 일반적인 모습을 보여주는데, 배열의 양끝에는 고정형 볼라드가 설치되어 있다.

개폐식 볼라드는 교통량이 많은 출입구의 차선에 사용되는데, 차량 검색이 필요하거나 시설 입구, 주차장 및 건물 관리가 필요한 곳에 설치한다. 돌출되거나 회전하는 웨지형 장애물이 아니라면, 보행자는 볼라드가 올라와 있을 때라도 입구에 자유롭게 접근할 수 있다.

일반 볼라드의 작동 속도는 현장에서 조절할 수 있으며, 3~10초 사이이다. 비상 운영체제에 들어가면 볼라드를 1.5초 내에 맨 아래에서 방호태세까지 들어 올릴 수 있다.

개폐식 볼라드는 미 국무부 K12 표준 충돌 등급을 적용받는다.

설치

개폐식 볼라드는 볼라드와 작동 장비를 매립하기 위해 깊고 넓은 지역을 굴착해야 하므로 비용이 많이 든다. [그림 4-51]은 단일 볼라드 설치 및 집합 볼라드 설치 요구사항을 보여준다.

[그림 4-51] 개폐식 볼라드 설치(상단) 및 집합 볼라드 전원 및 제어를 위한 설치 요구사항(하단)
출처: Delta Scientific Corp.

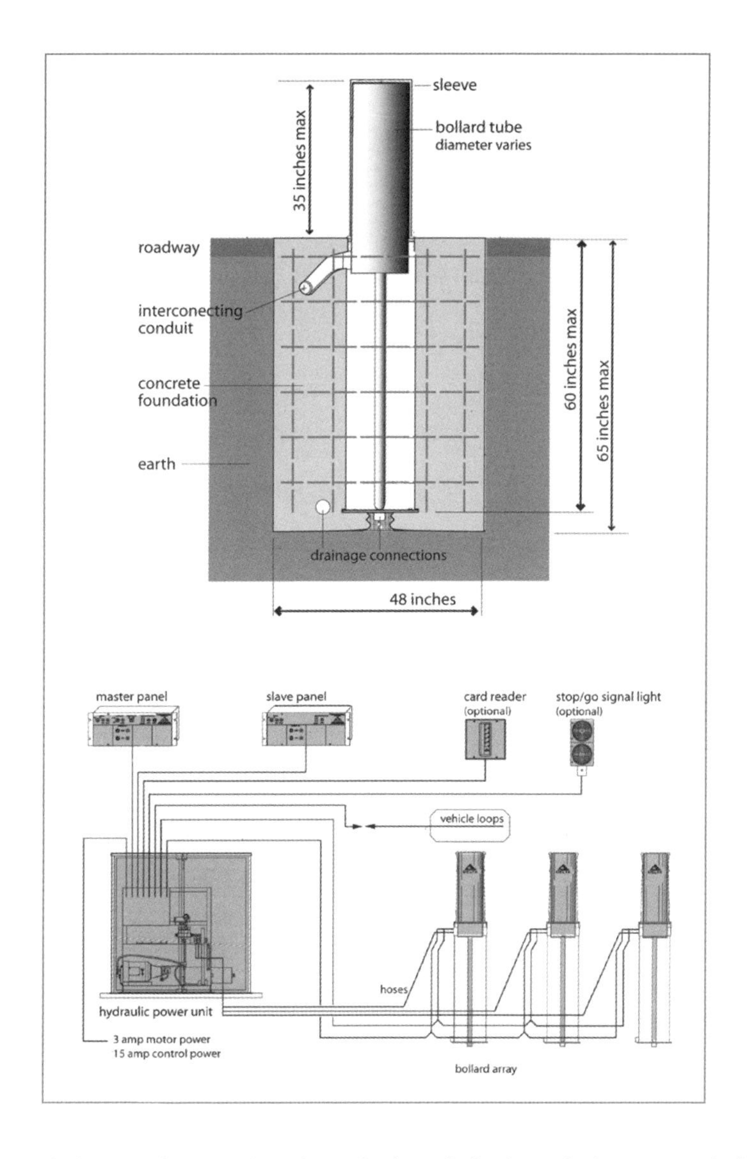

- 개폐식 볼라드는 비교적 눈에 거슬리지 않는 장애물로, 고위험 상황에서는 돌출된 채로 두어야겠지만, 보통 때는 검문검색이 필요한 경우에만 돌출시켜놓는다. 볼라드는 다양한 장식용 슬리브와 함께 설치할 수 있다. 개폐식 볼라드는 일반적으로 양쪽에 고정 볼라드가 함께 설치되며, 보안인력을 위한 통제 초소가 필요하다.

4.5.2 상승형 웨지(wedge) 장애물

목적 및 성능

'회전판 장애물'이라고도 불리는 웨지 장애물은 도로상의 철제 경사판으로 설치되며, 일반적으로 부스 내의 보안요원이 올리고 내릴 수 있어 도로를 통해 접근하는 차량을 통제한다. 이러한 장애물은 충돌 등급을 매길 수 있으며, 차량을 효과적으로 정지시킬 수 있다. 주된 목적은 차량이 접근하는 모든 구역을 차단하는 것이 아니라 제한 구역을 만들어 차량 접근을 통제하는 것이다. 기초가 얕은 시스템은 미 국무부 K12 표준을 사용할 수 있다. 장애물의 돌출된 높이는 약 21~38인치(53~97㎝)이며, 표준 너비는 10피트(3m)다. 무거운 강철 경사판은 낮춰진 높이에서 허용되는 모든 운송 차량의 부하를 견딘다. 상승형 웨지 장애물은 유압 또는 공기압 시스템에 의해 올리고 내린다(그림 4-52).

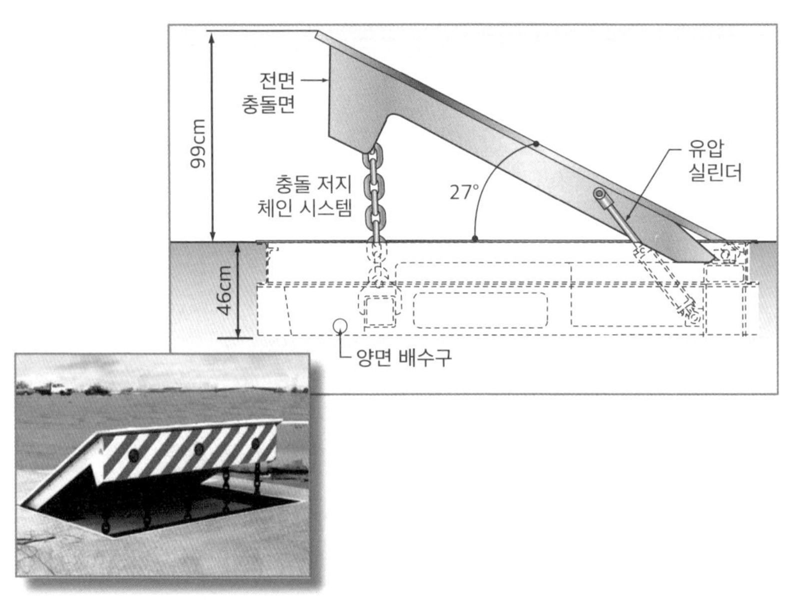

[그림 4-52]
상승형 웨지 장애물
출처: Delta Scientific Corp.

설치

웨지 장애물은 도로 표면에 올려놓거나 약 18인치(46㎝) 깊이로 얕게 굴착한 후에 설치할 수 있다. 후자의 경우, 철제 경사판은 내렸을 때 노면과 같은 평면을 이루게 된다. 전원 장치는 하나 이상의 장애물 강철판을 작동하도록 구성할 수 있으며, 다양한 원격 제어장치로 작동할 수 있다. 지표면에 설치할 경우에는 콘크리트 표면을 절단하거나 굴착할 필요가 없다.

중형 트럭으로 15분 내에 옮길 수 있는 상승형 웨지 장애물도 있는데, 이는 위협이 고조될 경우 임시로 효과적인 장애물을 설치하는 방안이다(그림 4-53).

[그림 4-53]
이동형 웨지 장애물
출처: Delta Scientific Corp.

설계 시사점

상승형 웨지 장애물은 초기에 능동 장애물의 하나로 개발되었는데, 개폐식 볼라드나 회전형 웨지 시스템에 비해 외관상으로도 좀 더 실용적이다.

이러한 장애물은 위치 이동을 통해 차량 통행을 효과적으로 차단하지만, 확인된 자전거 및 자동차, 긴급한 차량 통행에 대한 제한을 최소화하도록 주의를 기울여야 한다. 모든 능동 장애물과 마찬가지로 이동형 웨지 장애물도 항상 고려해야 한다.

4.5.3 회전형 웨지 시스템

목적 및 성능

이 시스템은 4.5.2절에 요약된 상승형 웨지 장애물과 비슷하지만, 전면이 구부러져 있으며, 외관상 보기가 좋고, 더 깊게 매립한다. 장애물 높이는 24~28인치(61~71㎝)이며, 표준 너비는 10피트(3m)다. 장애물은 견고한 피스톤에 의해 유압식으로 작동되는데, 한 동작에 소요되는 시간은 약 3초다(그림 4-54).

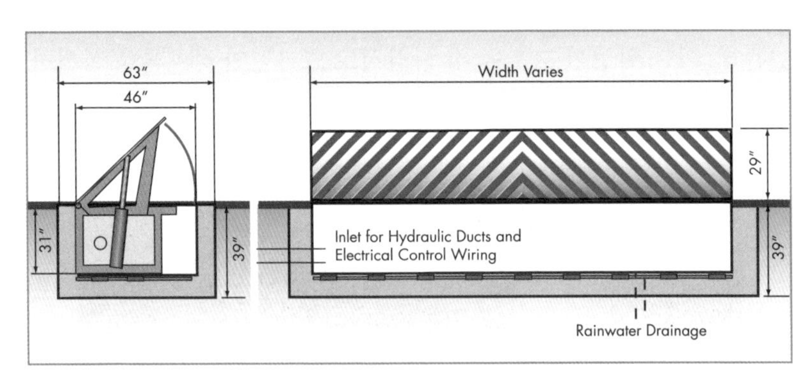

[그림 4-54] 일반적인 회전형 웨지 장애물의 규격과 설치 요구사항
출처: Delta Scientific Corp.

설치

시스템을 설치할 구덩이의 폭은 약 5피트(1.5m), 깊이는 약 40인치(101㎝)로, 장애물 너비보다 약 6인치(15㎝) 넓다. 유압 장치는 장애물에서 최대 50피트(15m) 떨어진 곳에 설치할 수 있다.

[그림 4-55] 일반적인 제조업체에서 제작된 재즈 패턴(jazz pattern: 왼쪽)의 회전형 웨지 시스템. 멋있게 설계된 낮은 고정식 볼라드와 조화로운 스톱 신호의 회전형 경사판 장애물(오른쪽)

설계 시사점

외관은 고정 장애물, 통제 부스 배치와 디자인, 작동하는 버팀목의

디자인, 장애물의 색상 및 패턴에 따라 달라진다(그림 4-55).

4.5.4 강화된 암 배리어

목적 및 성능

위아래로 작동하는 강화된 암 배리어는 주차장 등에서 익숙한 장애물을 크게 강화한 것이다. 강화된 암 배리어를 만들기 위한 전체적인 구성은 철제 암 배리어, 지지대 조립체, 콘크리트 타설대(打設臺), 그리고 잠금 및 고정 기계장치로 구성된다. 또한 암 배리어 내에는 고강도 강철 케이블이 들어 있어 암 배리어가 아래쪽에 있을 때 2개의 버팀목에 붙는다. 확실하게 열리는 범위는 약 10~24피트(3~7.8m)다. 암 배리어는 유압식 또는 공압식 시스템을 사용하거나, 평행을 유지하게 하여 수동으로 올리거나 내린다(그림 4-56).

[그림 4-56] 강화된 암 배리어

4.5.5 충돌 방지 게이트

목적 및 성능

지면과 접촉하지 않고 작동하는 충돌 방지 등급을 가진 게이트를 설치할 수 있으며, V자형 홈을 통해 톱니바퀴와 톱니막대가 맞물려 돌아가는 방식의 게이트도 있다. 좌우로 흔드는 버전도 사용할 수 있다. 확실하게 열리는 범위는 약 12~30피트(3.6~9.1m)이며, 일반적

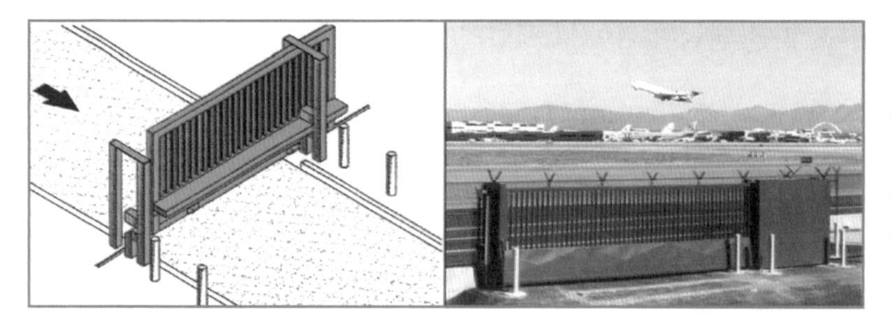

[그림 4-57] 일반적인 게이트(왼쪽), K12 등급의 슬라이딩 게이트(오른쪽) 출처: Delta Scientific Corp.

인 높이는 7~9피트(2.1~2.7㎝)다(그림 4-57). 미 국무부 표준 K12까지 충돌 방지 등급을 얻을 수 있다.

4.5.6 지표면에 설치하는 회전 경사판

목적 및 성능

지표면에 설치하는 웨지와 경사판은 모든 부품이 지상에 장착되는 모듈형 볼트 고정식 장애물 체계이며, 모든 부품을 지표면에 설치하므로 콘크리트 지면을 절삭하거나 굴착할 필요가 없다. 이동식 경사판이나 웨지는 유압식, 공압식 또는 전기 기계식 드라이브로 들어 올리고 내린다. 일반적인 장치는 경사로 폭이 10피트(3m)이고 높이가 21~28인치(53~71㎝)인 단일 지지대로 구성된다. 이 중 지지대 시스템의 너비는 약 18피트(5.5m)다. 이러한 시스템은 신속하게 설치하고 쉽게 제거할 수 있다. 일부 시스템은 안전을 위해 차단 봉(arm)과 더불어 신호등을 함께 설치한다(그림 4-58).

[그림 4-58] 표면 장착 웨지. 조명이 있는 단일 지지대(왼쪽), 차단 봉(드롭 암)이 포함된 이중 지지대(오른쪽) 출처: SecureUSA, Inc.

일반적인 작동시간은 3~4초이며, 1.5초의 비상주기로 운영이 가능하다. 고성능 시스템은 미 국무부 표준 K4 등급이 가능하다.

4.6 혁신적인 장애물 시스템

설계자들은 2001년 9월 11일 이후 전통적인 보안 업계의 틀을 벗어나 더 나은 외관과 경우에 따라 더 낮은 비용으로 추가적인 기능을 결합한 시스템을 개발하기 시작했다. 4.4.1절에서 설명한 ha-ha 장애물은 현대적이면서도 매우 다른 필요를 충족시키기 위해 창의적이라 평가받는 전통적인 장애물의 한 예다. 세 가지 혁신적인 시스템으로 'NO GO 장애물'과 '타이거 트랩(tiger trap)'은 수동형 시스템이며, '턴테이블'은 능동형 장애물이다.

4.6.1 NO GO 장애물

원래 뉴욕시의 월가 지역용으로 설계된 NO GO 장애물은 효과적인 차량 장애물 사례로, 시각적으로 매력적이며, 기댈 수 있고, 모여서 이야기를 나누거나 식사를 즐길 수 있으며, 거리 경관에도 긍정적이

[그림 4-59] 청동으로 조각된 NO GO 장애물들
출처: Rogers Marvel Architects, LLC

다. NO GO 장애물은 부분 보안 장치이며, 공공 예술 객체의 일부이고, 뉴욕 현대미술관에 전시되었다. 볼라드보다 비싸지만, 이 단순하지만 미묘하고도 아름다운 청동 소재는 거리 경관에 지속적인 아름다움을 제공한다(그림 4-59). 턴테이블(4.6.3절 참조)과 결합한 NO GO 장애물 또한 적극적인 충돌 방지(anti-ram) 시스템의 일부가 될 수 있다.

4.6.2 타이거 트랩

타이거 트랩은 고도의 보안태세를 유지하는 동안 공공 영역에서의 물리적 불편함을 줄이기 위해 고안되었는데, 인도 설치와 조경용 식재가 가능한 시스템이다. 타이거 트랩은 지표면상의 포장 또는 식물이 심어져 있는 아래에 설치하며, 접을 수 있는 재료를 사용한다. 이 시스템은 보행자의 통행량을 감당하도록 설계되었지만, 적재된 차량의 무게는 버틸 수 없다. 그러한 이유로 접근하는 공격 차량의 차체를 낮추어 설치된 벤치나 지면 아래의 기초 벽면으로도 공격 차량을 방어할 수 있다. 이 시스템은 일반적으로 활주로의 오버런 구역(overrun section) 끝부분에 사용되어온 그물망 대신 항공기 이탈 저지 시스템으로 개발된 콘크리트 압축 기술을 사용한 것이다.

이 시스템은 상당한 공간이 있는 사이트에서 사용하도록 설계되었다. 타이거 트랩은 미 육군 공병단에 의해 충돌 테스트를 받았으며, 미 국무부 K12 표준과 거의 동일함이 입증되었다.

이 시스템은 골프 카트나 전동 휠체어 같은 가벼운 차량은 차단하지 않고, 설계 시 위협 차량에 효과적으로 대처할 수 있도록 신중

[그림 4-60] 항공기 이탈 저지 시스템

해야 하며, 효과적인 저지를 위해서는 상당한 공간이 필요하다(그림 4-61, 4-62).

[그림 4-61] 타이거 트랩 개념도
출처: Rock 12 Security Architecture

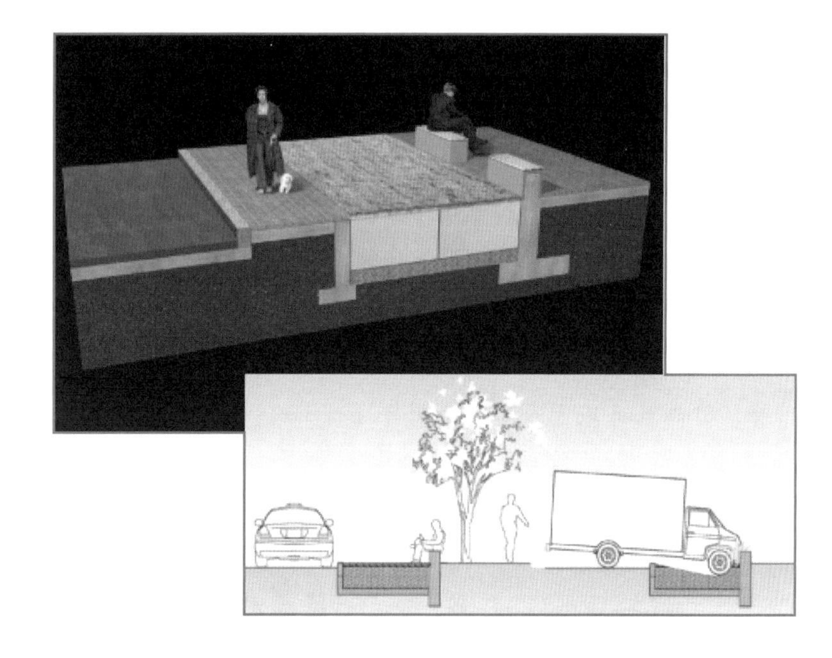

[그림 4-62] 벤치 뒤의 타이거 트랩
출처: Rock 12 Security Architecture

4.6.3 턴테이블 차량 장애물

턴테이블 장애물(turntable barrier)은 원활한 보행 환경을 조성하면서 최첨단 충돌 방지 장치를 사용하여 도심지에서 장애물 설치의 어려움을 극복할 수 있도록 특별하게 설계되었다(그림 4-63).

턴테이블 차량 장애물은 기초를 깊게 파지 않고도 개폐식 볼라드의 기능을 제공하도록 설치된 장치다. 2.5피트(0.8m) 미만의 깊이에 기초함으로써 대부분의 지하 배관·배선 시설물들 위에 설치한다. 턴테이블은 운영 및 유지·보수에 어려움이 많은 유압장치를 배제하고, 국제적으로 회전 구조물에 사용되는 입증된 기술인 비유압식 마찰 휠 구동 시스템을 사용한다. 회전 운동은 보안 목적으로는 충분히 빠르지만, 보행자의 위험을 초래하지는 않는다.

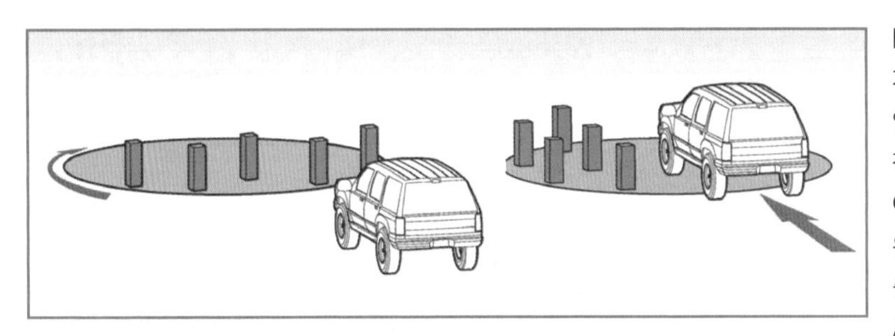

[그림 4-63] 턴테이블은 지하의 배관·배선 등 얽힌 인프라들로 인해 보안 장치를 쉽게 설치하기 어려운 조건을 극복하기 위해 설계됨
출처: Rock 12 Security Architecture

[그림 4-64] 턴테이블의 기초가 얕아 지하 배관·배선 시설을 피할 수 있음. 충돌 방지 기둥은 보행자의 이동을 용이하게 하며(위), 건축물과 조화를 이루고, 도로 포장 재료를 사용함(아래)
출처: Rock 12 Security Architecture

턴테이블은 인증을 얻기 위해 광범위한 충돌 테스트 프로그램을 진행해야 한다.

턴테이블의 표면은 주변 환경과 조화를 이루도록 도로 포장 재료를 사용하며, 충돌 방지 기둥은 건축용 금속, 벽 또는 화분 같은 모양과 크기로 만들 수 있다(그림 4-64).

4.7 결론

경계선 장애물 시스템의 설계는 건물 방호에 매우 중요한 요소 중 하나다. 설계와 시공은 급하게 저지 장애물을 설치한 9·11 이후부터 오늘날의 모범 사례를 대표하는 잘 설계된 시스템으로 빠르게 발전해왔다.

최근의 모범 사례를 보면, 물리보안 요구와 사이트 편의시설 및 일상 기능 간의 균형을 이루려는 시도에서 전통적 관점과 새로운 개념, 그리고 재료 선택을 창의적으로 혼용하고 있음을 종종 발견할 수 있다. 이는 초기 솔루션에서 확인된 단점에 대해 보완 및 개선하는 방향으로 발전되어왔다. 이러한 솔루션은 너무도 자주 일시적인 것으로 인식되어 겨우 수년 동안 사용되었으며, 일부만 영구적인 것으로 평가되었다. 이런 일이 벌어지고 있는 한, 그리고 우리의 환경이 시각적으로나 기능적 품질 면에서 비인간화되어왔다면, 테러리스트가 승리했다고 할 수도 있을 것이다.

출입통제 지점은 울타리 중심의 보안을 취약하게 하는 요소이므로 신중하게 설계하고 위치를 선정해야 한다. 출구 지점이 경찰 작전, 폭발물 제거 활동 또는 기타 사고로 폐쇄될 경우, 또 다른 두 번째 출구가 필요하다.

이 책의 사례들은 장애물 체계의 창의적인 설계와 시공이 공공 영역과 사적 공간을 명확하게 정의하고, 도시 거주자들을 일상적인 교통의 위험으로부터 더 잘 보호함으로써 도심환경을 긍정적으로 변화시킬 수 있음을 보여준다. 또한, 장애물 설계의 혁신은 위험성이 높고 역사적인 뉴욕 금융지구 같은 특수한 상황의 요구에 부응하여 촉진되고 있다. 물리적 보안 시스템의 목표는 안전하고 매력적인 도심의 풍광 속에서 눈에 거슬리지 않는 방호 설비로 건축물을 보호하는 것이다.

5. 개방된 사이트의 보안 설계

5.1 개요

개방된 사이트의 특성은 이미 언급한 바와 같이 울타리와 특정 건물 혹은 건물군 사이에 차량과 보행자의 순환, 주차장과 시설의 여타 기능들을 위한 의미 있는 공간을 가지고 있다는 점이다. 개방된 사이트는 대개 도시 외곽, 지방 혹은 지방과 유사한 장소에 위치하는 것이 일반적이다. 대학캠퍼스는 여러 건물, 예컨대 단과대학, 종합대학, 대학병원, 정부기관, 민간산업 혹은 유료공원 등을 포함하는 개방된 대단지 사이트라 할 수 있다.

개방된 사이트의 보안 설계는 '이격거리'를 띄울 만큼 여유 공간이 가용한지, 보안시설물 설치에 조화로운지 등의 요건을 포함한다. 전통적인 시설 설계와 보안요소 설계 간에 가끔 충돌이 발생한다는 사실을 인정하는 것이 중요하다. 예컨대 순환을 위해 개방된 공간은 전통적인 설계에서는 바람직할지 몰라도 보안 측면에서는 위해 가능성을 높인다. 설계자들은 바람직한 설계 관행과 보안을 위한 우선사항 간에 균형을 유지해야 한다.

보안 설계의 중심개념은 시설의 다른 요구사항에 대한 방해 없이 보안 목표를 구현하는 것이다. 이는 프로젝트 목표의 가능한 범위 내에서 보안요소를 현실적으로 수용할 수 있어야 한다는 의미다. 프로젝트 설계를 거친 후에도 사이트와 특정 건물로의 접근이 매력적인 것은 엄격한 출입통제에도 불구하고 기능적 서비스를 제공하기 때문이다.

이 장에서는 잠재적인 공격목표가 위치한 개방된 사이트의 보안 대책을 설명하는데, 3지대의 종심 방호, 출입지점, 차량 진입방향 통제, 검문소, 검색에 필요한 주요 보안요소를 제시하고, 표지판, 주차장, 하역장, 서비스 접근로, 물리보안 조명과 편의시설 등 일반적인 시설 설계의 방향을 논의한다.

5.2 개방된 사이트의 방호 지대

일반적인 '방호 지대'의 개념은 방어하고 있는 건물에 차량 접근이 가능한 넓은 구역을 가정한다. 방어 울타리는 지적도상 소유지 구분선에 위치할 수도 있고, 그렇지 않을 수도 있다. 각각의 사이트는 평가 과정을 통해 보호에 필요한 장애물의 위치와 형태를 결정한다. 전형적으로 장애물은 건물 주변으로부터 '이격거리'를 두고 설치되어야 한다. 가능하면 권장된 최소거리를 충족해야 하고, 사이트의 공간이 허용된다면 더 넓게 여유를 줘야 한다. 방호 지대에서 수집된 정보는 중요하므로 출입구와 울타리 주변에 카메라와 센서를 설치해야 한다.

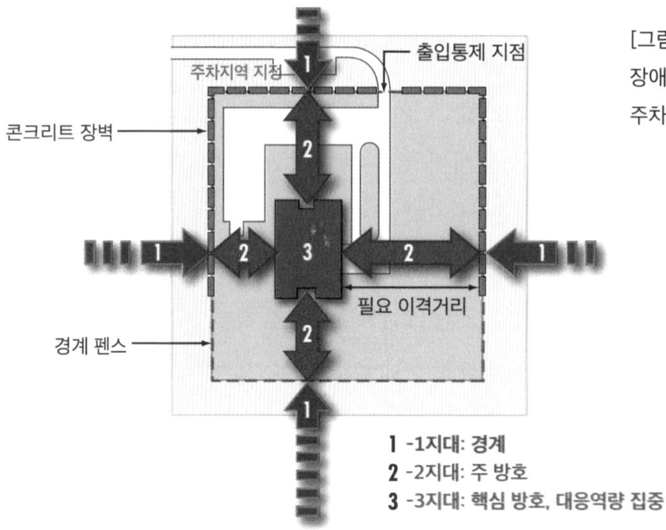

[그림 5-1] 소유 지대에 설치된 방호 장애물이 요구된 이격거리를 충족하고, 주차장도 보호지역 안에 위치함

[그림 5-1]은 완벽하게 보호된 사이트를 보여준다. 울타리 장애물들은 소유지 구분선에 위치해 있다. 사례와 같이 사이트 내의 주차장은 2지대 내부에 위치한다. 충돌을 감안한 보안요소들은 침입한 차량공격에 취약한 사이트에 사용된다. [그림 5-1]의 도면을 보면 사이트 후면으로는 차량 접근이 불가능하다. 장애물 강도가 차량 충돌을 감안했다지만, 침입자를 억제하기 위한 펜스에 불과하다. 넉넉한 이격거리는 때로 쉽게 충족될 수 있다.

대안적 방법으로 사이트 내에 장애물을 설치하면, 설치해야 할 장애물 길이가 감소한다. 사이트 내 주차장을 출입통제 지역 밖에 설치하면, 최소한의 이격거리를 확보할 수 있게 된다(그림 5-2).

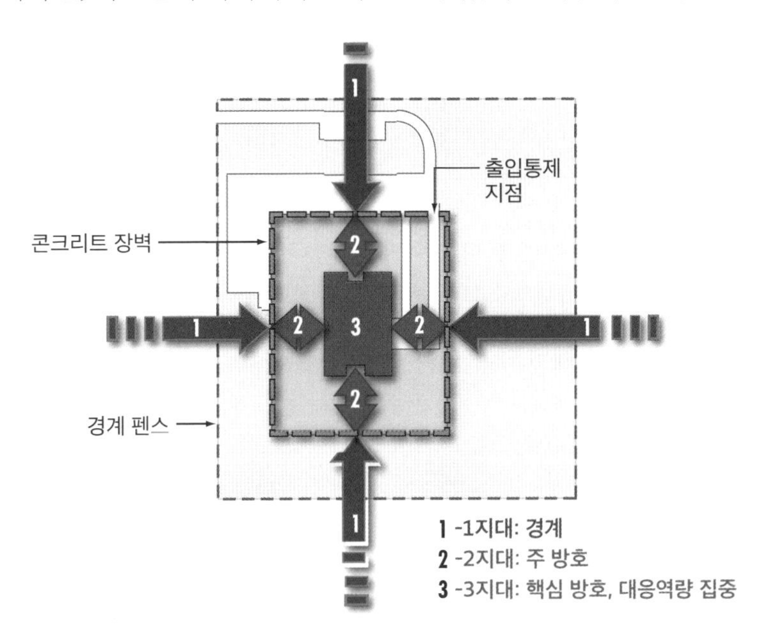

[그림 5-2] 구역 내에 설치한 방호용 장애물은 최소한의 이격거리 제공

캠퍼스용 방호 지대는 몇 가지 형태를 취할 수 있고, 이는 전체적으로 캠퍼스와 각 건물에 대한 위협수준에 근거한다. [그림 5-3]의 캠퍼스는 소유지 외곽선을 따라 제1 방호 지대를 형성하고, 캠퍼스의 대부분 구역은 하나 혹은 더 많은 고위험 건물군을 위한 완전한 수준의 방어 장벽 밖으로 1지대와 2지대의 기능을 감당한다고 추론해볼 수 있다.

이러한 예와 같이 캠퍼스는 산업단지처럼 출입지점이 공개되어 있고, 각각의 건물들은 최소한의 출입통제로부터 고위험 건물군 주변의 완전한 3중 방어 형태에 이르기까지 다양할 수 있다. 캠퍼스의 대부분 지역은 고위험 건물군의 1지대와 2지대 방호 계층 기능을 수행한다. 캠퍼스 방호의 또 다른 변수는 다음과 같다.

- 캠퍼스는 제한된 수준으로 출입을 통제할 수 있는데, 이는 종합대학의 진입지점에서 정보를 제공하고 주차를 허용하며 일반적인 범죄 행위를 방지하는 정도다. 캠퍼스 내의 특별한 고위험 건물들은 완전한 3중 방호 계층(선)을 구축할 수 있다.
- 캠퍼스 전체가 군사시설, 핵심 산업시설, 민감한 정부연구소 같은 고위험 구역일 수도 있다. 이런 캠퍼스는 완전한 울타리 장벽과 출입통제, 그리고 울타리 내에 2지대 방호 수단을 취할 수 있다. 특별한 고위험 건물들은 3지대 방호 수단을 요구할 수 있다. 전형적으로 캠퍼스는 권장된 이격거리를 두어 방호하기에 충분한 면적을 가지고 있다. 하지만 도심지 내의 캠퍼스는 개방된 공간이 제한되어 있어 예외가 될 수 있다.

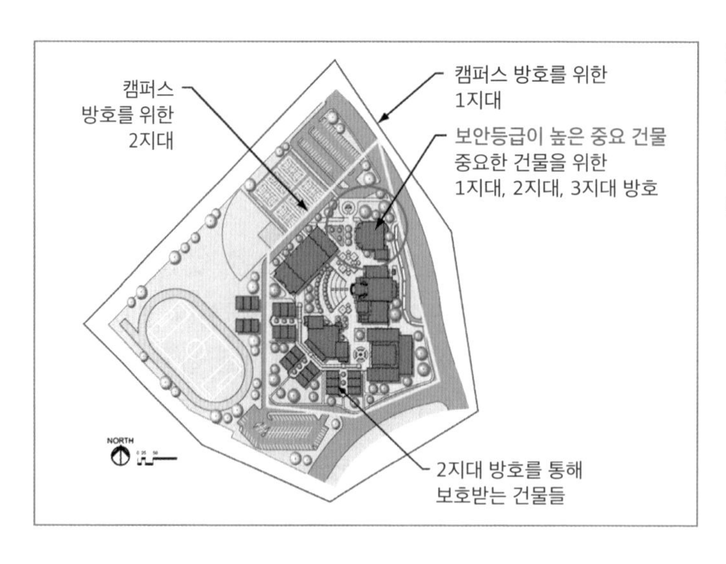

[그림 5-3] 캠퍼스 유형의 구역에 대한 방호 계층들
출처: U. S. Air Force, Installation entry control facilities design guide

캠퍼스와 '개별 건물 보호'라는 정밀한 조합을 신중하게 평가함으로써 통합된 방어 전략을 달성할 수 있어야 한다.

이 절의 나머지 부분들에서는 개방된 사이트를 위한 주요 보안요소들을 설명한다. 대부분의 방책은 고위험과 중위험 수준의 건물에 관한 것들이다. 이러한 보안요소들은 환경 디자인을 통한 범죄 예방(CPTED)[1]으로 구축될 수 있다. CPTED는 제한된 물리적 설계수단을 통해 자연적 감시와 출입통제로 범죄 예방 노력을 증진하며, 잠재적 범죄자로 인한 리스크 탐지 가능성을 높이고, 보안지침(compliance)의 결함이나 방문자, 거주자 혹은 직원들의 부적절한 행동을 억제한다. CPTED는 부록 A에서 좀 더 자세하게 설명한다.

[1] CPTED: Crime Prevention Through Environmental Design. 환경설계를 통해 범죄를 예방하려는 건축설계 기법

5.3 출입통제소

출입통제소는 인가되지 않은 인원의 출입을 차단하는 동시에 차량과 보행자의 통행을 원활하게 할 목적으로 인가된 출입자(직원, 방문자, 서비스 제공자 등)를 위해 지정된 장소다. 방호 울타리선상의 출입통제소는 일반적으로 1지대 방호와 2지대 방호 사이에서 운용되면서 접근, 통제된 진입과 대기지역(queuing area)을 관찰한다. 통제초소 등의 구조물과 능동형 장애물, 통신망, CCTV 등의 장비가 출입절차를 관장할 수 있도록 배치되는데, 이는 출입통제소의 역할을 안전하게 보호하기 위함이다. 이러한 보안시설물들은 보통 소유지 내에 위치하지만, 진입은 일반 도로로부터 시작되므로 출입통제는 1지대 방호 기능을 수행한다.

출입통제소의 설계에 대한 구체적인 지침은 US Navy ITG 03-03을 참고하라[U. S. Navy (NAVFAC) publication ITG 03-03, *Interim Technical Guidance (ITG) Entry Control Facilities*, Atlantic Division, Norfolk, Virginia)].

출입통제소 및 안전검사 지역의 위치는 미확인 차량의 폭발이

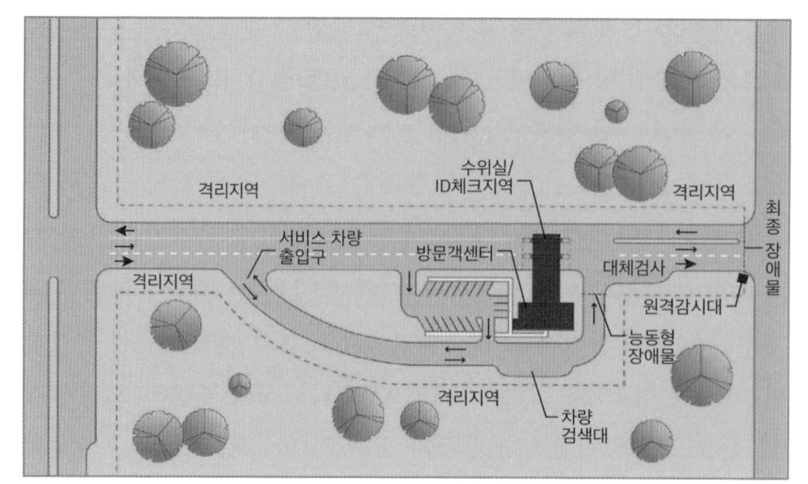

[그림 5-4] 전형적인 출입통제소 구성도
출처: U. S. Air Force, Installation entry control facilities design guide

인근 건물에 영향을 미치지 않고 심각한 피해를 입히지 않을 만큼 충분한 이격거리를 두어야 한다. [그림 5-4]는 보호 장벽이 설치된 지역 내에서 보안이 강화된 차량통제소와 출입통제구역의 일반적인 배치를 보여준다.

출입통제 지점 설계의 논점은 방문객센터에서의 주차와 차량 검색 시 차량의 위치와 방향이다. 폭발로 인해 차축이나 엔진이 균열될 수 있어 주차 차량의 전면이나 후면이 인근 건물이나 초소를 향하지 않도록 해야 한다.

비즈니스, 서비스 및 배달차량을 위한 지정된 출입통제소가 있다면, 고위험 건물로부터 가능한 한 멀리 떨어져 있어야 한다. 능동형 울타리를 활용한 출입통제소가 지정되어 있어야 보안요원이 불필요하게 지체됨 없이 온전하게 통제할 수 있다. 이는 충분한 수의 진입경로가 있어야 가장 번잡한 시점에도 행인과 차량을 감당할 수 있으며, 빠르고 효율적인 검문검색을 위해 적절한 신호체계도 필요하다.

사이트의 출입통제소 수는 통제된 구역 내의 잠재적인 위험요소를 감안하여 최소화하고, 건축과 인력 운용의 비용도 고려되어야 한다. 그럼에도 차량폭파 혹은 다른 원인에 의해 1개의 출입구가 폐쇄될 경우를 감안하여 최소 2개의 출입구는 확보해야 한다.

FEMA 426, 2.5절은 출입통제소 설계 시 고려해야 할 요소(설계 기준)를 기술하고 있다. 이는 모두 보안적 요구사항에 의해 정의되고, 사이트 설계에 중요한 결정사항이다.

5.4 차량 진입속도 통제

차량 공격의 위협은 차량 속도를 통제하고 건물과의 직접 충돌 가능성을 제거함으로써 크게 줄일 수 있다. 차량 속도가 느려져 낮은 각도로 장벽에 충돌하면 충격력이 감소되고, 결과적으로 장애물의 성능 등급을 낮추어 설계할 수도 있다.

사이트나 건물 진입로 설계를 통해 차량의 속도를 줄일 수 있다. 진입차량의 직접적인 접근이나 차량의 속도를 올릴 수 있는 직선 형태의 진입로를 제공하지 않는 방식으로 설계되어야 한다. 또한 사이트 지형의 적절한 변화 및 조경과 더불어 진입로를 우회시키면 더 자연스럽게 주변 환경과 조화를 이루게 할 수 있다. 조경이나 또 다른 방법으로 건축물의 외관을 재구성함으로써 진입 시 느낄 미적인 매력을 더할 수 있다.

[그림 5-5]는 대형 시설물 접근로의 곡률과 배치를 결정하는 데 사용되는 위험요소 분석의 구성을 보여준다. 이러한 분석에 근거하여 시설에 접근하는 차량의 속도를 제한하도록 설계할 수 있다. 또

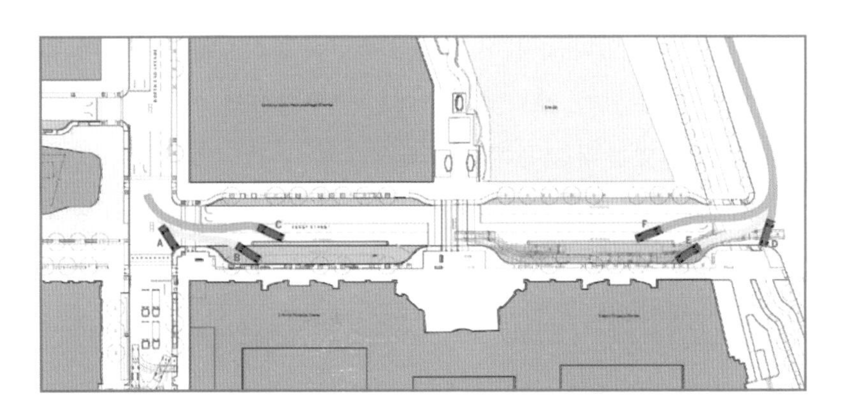

[그림 5-5] 위협 연구의 목적은 차량 속도를 줄이고 낮은 각도로 장애물과 충돌하도록 유도하기 위함
출처: Rogers Marvel Architects, LLC

한 이런 방법이 사이트 전반의 도시설계, 환경설계를 향상시킬 기회를 제공하고 보행자의 안전을 향상시킬 수 있게 된다.

차량 속도를 줄이기 위해 사용되는 특별한 장비와 설계기법은 아래와 같다.

- 원형 교차로(로터리)
- 곡선 도로
- 스피드 범프와 스피드 테이블
- 횡단보도의 과속방지턱
- 보행자 도로
- 도로에서 차량 이탈 방지를 위한 둔덕, 높은 곡률과 나무 사용

[그림 5-6] 스피드 범프 및 스피드 테이블

이런 접근법의 몇몇은 [그림 5-7]에 제시되어 있다.

또한 검문소에 접근하는 차량들의 속도를 제어하는 것이 중요하다. 위에 나열된 장치 및 설계 방법 중 일부는 출입통제소에 접근할 때 사용할 수 있다. 더불어 검문소 주변에 볼라드를 사용하여 접근로를 좁힐 수 있다. 트럭 출입구에는 능동형 또는 이동형 볼라드를 설치할 수 있는 더 넓은 차선이 필요하다.

접근 도로가 정면충돌을 허용하지 않도록 함으로써 직접 충돌 위험을 줄일 수 있다. 공간이 허용된다면 도로는 건물 외관과 평행한 접근 방식이 되도록 설계해야 한다.

[그림 5-7]
차량 감속 방법

소형 원형 교차로(로터리)
곡선 진입 도로
빌딩으로의 간접 진입을 위한 대형 교차로

5.5 수위실(gatehouse)과 보안 검색

수위실에서의 보안 검색은 인력에 의한 출입통제를 필요로 한다. 출입통제소의 설계는 교통, 접근제어 그리고 차량의 방향, 진입대기, 안전검사 요원을 지원하기 위해 보안과 관련된 많은 기능을 갖추어야 한다. 통제소의 위치는 차선, 출입문, 경비초소, 방문객센터와 더불어 모든 보안요구사항을 고려하여 조정되어야 한다.

5.5.1 수위실

수위실 설계에 필요한 고려요소의 지침은 아래와 같다.

- 수위실은 설계기반위협(DBT)을 기반으로 강화되어야 하며, 위험요소로부터 보호되어야 한다.
- 수위실은 배달과 대기행렬을 관리할 중요한 역할을 담당할 수

있다.

- 차선 사이에서 신분증 확인이 필요하다면 적대적인 공격에 대한 보호조치가 제공되어야 한다.
- 수위실과 로비, 경비초소는 접근하는 차량과 사람에 대해 선명한 시야가 확보되어야 한다.
- 방문자가 건물 진입을 기다리는 동안 대기공간은 필수다. 대기공간은 건물진입로 외부의 방문자를 검문검색하기 위한 부속건물에 있어야 하고, 보호되어야 할 주요 시설물로부터 어느 정도 거리를 두어야 한다.
- 능동형 차량충격 장애물들은 차량의 진입을 막고, 경비원이 허용되지 않는 행위에 대응할 시간을 벌어준다. 대응할 시간이란 위험이 감지되었을 때 능동형 차량충격 장애물이 충분히 작동하게 하기 위해 필요한 시간을 의미하며, 경비원이 위협에 대응하고 장애물 시스템을 구동(驅動)하는 데 걸리는 시간, 구동된 장애물 시스템이 충분히 활성화되어 도로를 차단하는 데 걸리는 시간을 포함한다.

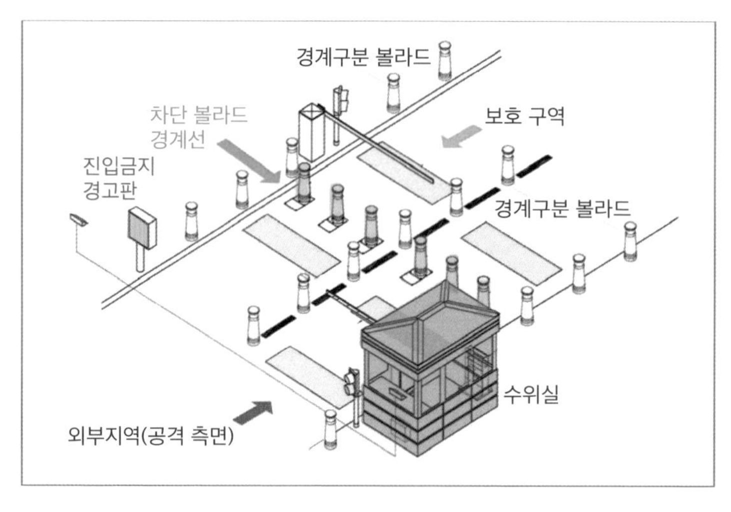

[그림 5-8] 전형적인 차량진입 통제초소와 수위실의 특징들
출처: Delta Scientific Corp.

[그림 5-9] 일반적인 차량진입 통제초소와 중앙 수위실의 특징들
출처: Delta Scientific Corp.

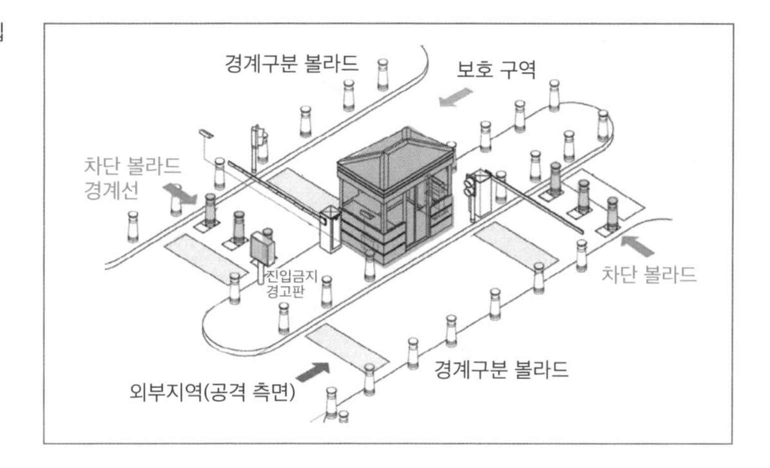

[그림 5-10] 수위실은 전체 설계와 조화로워야 한다. 고급 철문이 있는 단순하고도 작은 건물은 본관의 고전적인 건축양식을 반영한 것이다.

[그림 5-8]과 [그림 5-9]는 두 가지 종류의 검문소와 장애물 시스템의 상세한 기본 배치를 보여준다.

이 도면들은 일반적인 금속 조립식 수위실을 보여준다. 건축물과 조화를 이룬 수위실의 설계는 훨씬 매력적이다(그림 5-10).

[2] sally port: 사람이 들어가면 등 뒤의 문이 닫히고 나서야 앞의 문이 열리는 구조의 이중문

5.5.2 샐리 포트(sally ports)[2]

고위험 상황이라면 이중 장애물을 사용하여 샐리 포트를 설계한다. 샐리 포트는 9·11 사태 이전에 교도소에서만 거의 독점적으로 사용

[그림 5-11] 2개의 능동 장애물이 있는 샐리 포트 설치. 측면 진입금지(NO GO) 장애물에 주의하라(4.6.1절 참조).

되었다. 샐리 포트는 전기로 작동하는 2개의 장애물로 구성되어 있으며, 한 번에 하나의 장애물(문)만 열리도록 설계되어 있다. 첫 번째 장애물(문)은 출입인가가 떨어지면 열리고, 두 번째 장애물(문)은 안전검사가 끝나야 열린다. 이는 뒤따르는 차량이 안전검사 없이 선행차량의 꼬리를 물고 진입하는 것을 막아준다. [그림 5-11]은 차량 입구에 사용되는 샐리 포트를 보여준다.

5.5.3 지정된 안전검사 지역에서의 검색

검색(screening) 또는 지정된 안전검사 지역은 일반적으로 검색이 필요한 차량의 접근에 대한 예상 수요 평가를 반영한다. 차량흐름의 기점과 종점 분석은 주변 도로망의 교통량 처리 능력, 처리 가능한 확장용량의 필요성 및 추가적인 교통량 처리를 포함하여 수행한다. 이러한 분석은 주, 지방 교통부서, 공공사업 부서 그리고 경찰과 조율해야 한다.

필요한 경우, 안전검사 지역은 가능한 한 주목을 끌지 않도록 설계해야 하고, 주변 환경과 조화를 이루도록 해야 한다.

적절한 조경수, 담장, 장벽 혹은 창의적인 건축 조형물이 도움을 줄 수 있다. 안전검사 지역에서의 검색은 검사절차를 쉽게 관측할 수 없도록 해야 한다. 정상적인 차량흐름을 방해하지 않고 보행자와 차량을 검색하기 위해서는 적당한 공간이 필요하다.

접근도로와 안전검사를 고려할 때, 보안 설계자는 다음과 같은 사항을 염두에 두어야 한다.

- 사이트 접근에 대한 설계는 주변 도로망의 차량흐름을 저해하지 않으면서도 최대 교통 수요를 수용할 수 있도록 해야 한다.
- 사이트 진입지점의 일시정지선에서 사이트로의 진입을 허가하기 전에 차량의 최초 안전점검이 가능해야 한다.
- 차량 검색을 위한 대기 또는 격리 지역(containment area)은 경계선 외부로 적당히 떨어지게 하여 구축되어야 한다. 이러한 구역의 적절한 선정은 사이트의 기능과 효과, 그리고 프로젝트의 전반적인 평면구성에 중요하다.
- 안전점검 지역은 최소 1대의 차량과 예비 차선을 수용할 수 있어야 한다(그림 5-12). 또한 엄폐되어야 하고, 차량 하부와 상부의 검사 장비를 운용할 수 있는 공간이 확보되어야 한다. 악천후 시에도 안전검사 장비와 직원을 보호할 수 있는 안전검사 격실(inspection bay)을 구축하는 것이 좋다.

[그림 5-12] 일시 정지를 위한 예비차선(pill-out lane)

- 검색 이후라도 건물에 너무 가까운 차량 주차는 피해야 한다.
- 사용 가능한 모든 검사 장비(예: 차량 상부 검사 시스템, 하부 검사 시스템, 이온 스캐너, X-ray 장비 등)를 조사하여 안전검사 지역의 크기를 결정하고 나서 설계해야 한다.
- 보행 방문자를 위한 별도의 피난 구조물들은 로비공간이 협소할 경우 매우 좋은 해결책이 된다. 이는 또한 구조물 외부에서 작은 크기의 폭발물 검사를 할 수 있도록 한다(그림 5-13, 5-14).

[그림 5-13] 건물 출입구의 방문객을 위한 별도의 부속건물. 잘 설계된 구조물은 사이트의 다른 건축물과 조화를 이루고, 주변 환경의 특성을 유지한다.

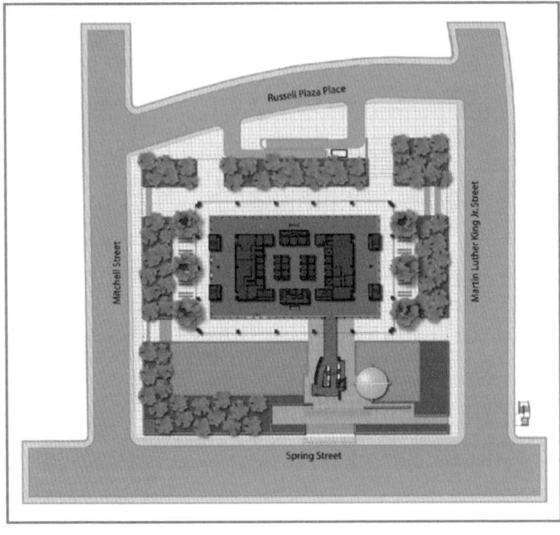

[그림 5-14] 검문검색 지역의 설계 계획

보안 수준이 높은 건물의 경우 허가받지 않은 차량이 사이트에 들어오는 것을 막기 위해 최초 검색을 거친 후 최종 거부 장벽이 필요하다. 무단으로 진입하려고 하는 대부분의 개인은 길을 잃거나, 혼동하거나, 부주의한 경우이지만, 출입구를 뛰어서 지나가려고 하는 사람들도 있다. 적절하게 고안된 최종 거부 장벽은 실수로 진입한 사람들을 막거나 적대적인 의도를 가진 사람들을 저지할 수 있다.

최종 거부 장벽의 배치는 화기 사용을 위한 소요시간과 주어진 절차에 필요한 반응시간에 근거한다. 예를 들어 신분증 확인지점의 정지구역에서 가속하는 고성능의 차량을 저지하기 위해 8초의 반응시간이 필요하다면, 능동형 장애물(active barrier)은 출입통제소에서 약 330피트(100m) 떨어진 곳에 설치해야 차량 도착 이전에 작동될 수 있다(그림 5-15).

[그림 5-15] 최종 장애물(장벽)

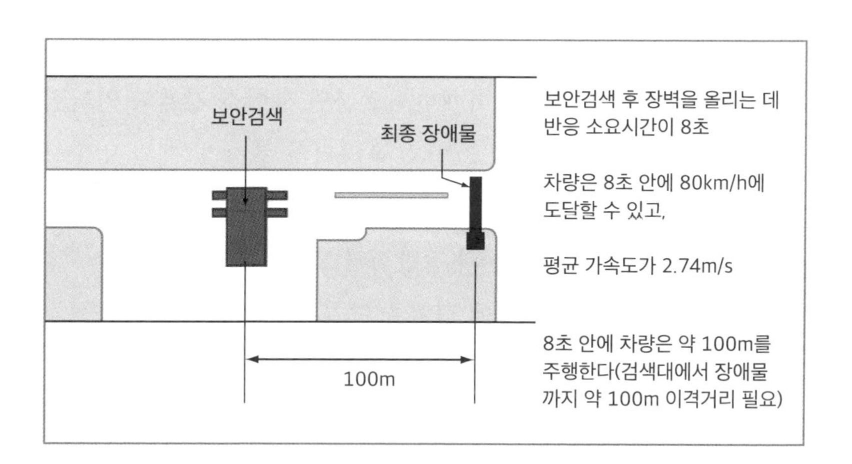

5.6 사이트 설계 작업(방법)

사이트 설계의 근본적인 목적은 건물, 주차구역, 다른 필요한 구조물들을 기능적으로 효과적이고 역학적으로 만족할 만하게 배치하는 것이다. 보안의 필요성은 고려해야 할 다른 국면을 추가하는 것

[그림 5-16] 잘 설계된 사이트는 안전하고 미적으로도 즐거움을 준다. 맞춤형 볼라드, 나무 및 벤치는 도시의 광장에 안전하고 조용한 장소를 만들어준다.
출처: Peter Walker and Partners

이다(그림 5-16).

건축 계획 및 배치에 대한 아래의 12가지 내용은 보안 설계에 영향을 줄 수 있다.

- 전체 가용 토지와 관련된 건물의 청사진
- 건물의 위치(들), 만약 미개발되었다면 사이트 경계와 인접한 토지의 이용 현황, 그리고 방호 울타리와 부지 밖 개발지역 사이의 가용한 거리를 고려한 적당한 건물의 위치(들)
- 사이트에 위치할 구조물의 전반적인 크기와 숫자
- 조망, 시야 그리고 검색에 영향을 미칠지도 모를 건물의 볼륨감과 배치
- 보행로, 도로, 철도, 수로, 항공을 통한 접근
- 응급상황에 대응할 수 있는 소방서, 경찰서, 병원, 피난처 그 외 다른 주요 시설들에 대한 접근성
- 인공폭포, 조밀한 초목 및 출입통제와 차폐(遮蔽)를 제공할 수 있는 지형 같은 자연적인 물리적 방호물의 존재 또는 그러한 지형지물의 융합을 위한 사이트의 적합성
- 화학무기 및 다른 무기의 효과에 영향을 미칠 수 있는 지역 및

기상학적 특징들

- 건물에 인접한 초목은 숨어서 하는 행동을 확실하게 가려주지 않는다는 사실을 포함하여 사이트 외곽선에서의 시계에 대한 관리
- 방문자와 직원 출입구, 하역장 등 출입 지점의 수를 제한하는 기능
- 내부 차량의 동선(운행로, 지상 주차구역)과 보행자 동선(보행로, 터널과 교량 등)
- 출입통제, 높은 수준의 보안, 그리고 사이트의 요구사항을 충족해야 할 고위험 지역에서의 건축물 내 사용 및 작동 위치

5.6.1 사이트의 측량, 땅 고르기와 배수관

건물과 사이트의 기능을 돕기 위해 지형을 골라야 할 뿐만 아니라, 사이트의 취약한 구조물을 통제하거나 폭발로부터 멀리 떨어지게 할 수도 있으며, 시야를 개방하거나 차단할 수도 있다. 기본적인 땅 고르기에 필요한 사항은 건물, 주차장, 도로의 적절한 경사도를 유지하고, 수목의 식재와 적절한 배수뿐만 아니라 균형 잡힌 터파기와 되메우기가 포함된다. 보안 관련 동향은 다음과 같다.

- 지표면의 배수 관리지역(storm water management)은 저류(貯留) 여부와 관계없이 사이트의 지형지물로 설계할 수 있다. 이러한 지역의 배치와 설계는 이격지역(stand-off zones)의 효과를 향상시킬 수 있다. 현지 규정(혹은 법규)은 이러한 지역의 최소 요구사항을 설정하고 있다. 이러한 강화요소들은 적절한 수목 혹은 야생식물을 지원하거나 인접한 보행로와 관측 지역을 제공하기 위한 우수(雨水) 관리 요구사항 이상의 분지 형태를 포함할 수도 있다. 표층수 지역은 사이트로의 접근을 제한하기 위해 신중하게 설계 및 배치할 수 있다(그림 5-17).

[그림 5-17] 대형 공장 사이트의 지표수(地表水)는 매력적인 습지대를 만든다. 비록 보안 장애물로 의도하지 않았더라도 건물의 위협지역에 차량 접근을 제한한다.
출처: Michael van Valkenburgh Associates, Inc.

- 배수 습지(drainage swales)의 낮은 지대가 은폐 장소로 사용되는 것을 방지하도록 주의 깊게 설계하고 나서 배치해야 한다.
- 공기보다 무거운 가스가 머무를 수 있거나 생화학물질의 확산을 지연할 수 있는 저지대를 최소화해야 한다. 비교적 높은 곳은 대피지역 혹은 피난지역으로 적합하다.
- 여러 가지 방법으로 보안 설계 요구사항을 지원하기 위해 토목공사는 경계 장벽 역할을 할 수 있도록 설계할 수 있다(4.4.1절 참조). 지반 조성 및 기존 지형의 변형, 예를 들면 둔덕, 골짜기, 가파른 경사면 또는 물웅덩이 등은 접근을 제한하기 위해 조성될 수 있다. 이러한 토목공사는 벽이나 장벽 구조물보다 비용을 절약할 수 있는 솔루션이 되거나 여러 가지를 함께 사용할 수도 있다. 토목공사는 가용한 공개용지(generous land area)가 있는 대형 사이트에 가장 효과적이다.

구조물을 포함하는 토양의 상태와 지하 기반시설은 폭발효과에 영향을 줄 수 있으므로 설계 시 감안해야 한다. 약한 토양(모래 또는 미세토)은 쉽게 주저앉지만, 폭발효과를 먼 거리로 전달하는 것은 막을 수 있다. 강한 토양(점토)이나 단단한 암석은 쉽게 부서지지는 않지만, 더 먼 거리에서도 폭발효과를 감지할 수 있다.

마찬가지로 토양은 생화학 및 방사능 공격(CBR: Chemical, Biological, Radiological)의 전달에 영향을 미친다. 다공성의 토양은 공기보다 가벼운 매체가 표면 위로 올라갈 수 있게 하고, 밀도가 높은 토양은 생활배관을 따라 CBR 매체가 건물로 유입되게 한다.

사이트의 최대 및 최소 수위는 건물 양쪽의 지면 높이에 비례하여 설정되어야 한다. 지하수는 지하 기반시설 및 인근 건물에 부정적이거나 예기치 못한 영향을 미칠 수 있다. 습한 토양에서 폭발 압력의 감쇠는 건조한 토양에서보다 훨씬 낮다. 폭발 압력이 지하수 표면에 반사되어 바닥에서 건물을 강타함으로써 건물 전체 또는 부분을 들어 올려 수직으로 전달되는 바람직하지 않은 폭발파동을 만든다.

5.6.2 새로운 건물의 배치

사이트에서 건물의 배치와 방향은 매우 중요한 고려요소다. 건물의 배치는 이격거리를 염두에 두고 인근 도로와 건물과의 관계, 실내주차장 및 하역장으로의 접근뿐만 아니라 편의시설, 도로, 지상주차장의 위치 지정 등과 균형을 이루어야 한다. 사이트 설계자는 사이트 및 건물 설계 고려사항을 통합하기 위해 건물 설계팀과 긴밀히 협력해야 한다. 사이트에서 건물(들)의 위치 선정을 위한 초기 개념은 적절한 이격거리를 설정하고 보안 경계를 상세히 묘사할 수 있는 첫 번째 기회를 제공한다.

만약 위험성이 높은 사이트가 아니라면, 건축과 운영효율을 고려한 건물의 배치가 발생 가능성이 희박할지도 모를 보안사고에 대응하기 위한 요구사항보다 더 중요할 수 있다.

5.6.3 출입통제구역

출입통제구역은 건물의 효과적인 배치를 결정할 때 핵심요소 중 하나다. 설계자는 설계 또는 보호해야 할 건물을 전용 출입구역 또는 공용 출입구역으로 할지 결정할 수 있다(그림 5-18 참조).

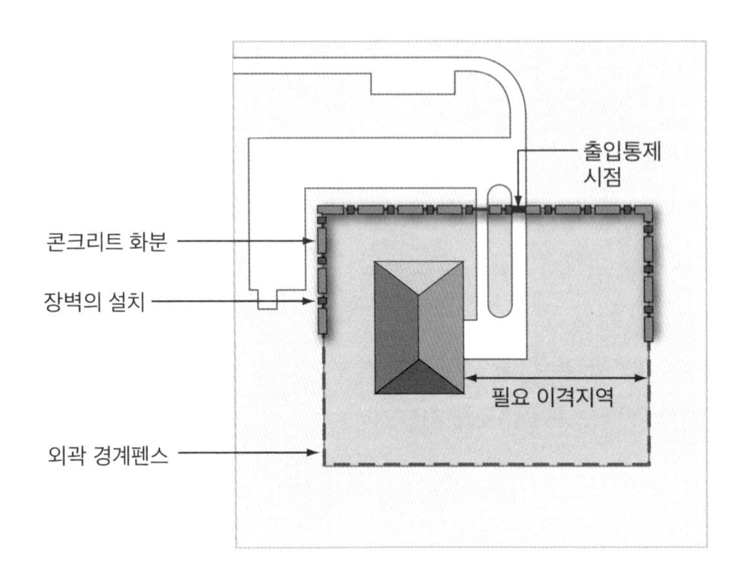

[그림 5-18] 전용 출입구역 및 공용 출입구역
출처: U. S. Air Force, *Installation Force protection guide*

전용 구역이란 소유자나 특정 사용자에게만 허용된 단일 건물 또는 건물 단지를 둘러싼 지역을 말한다. 전용 구역에 출입하는 모든 사람은 건물과 관련이 있어야 한다. 공용 지역은 광장, 보행로 및 도심 건물을 둘러싼 거리 등 공공에 개방된 길 또는 접근이 개방된 산업단지 같은 여러 건물과 관련된 영역일 수 있다. 이는 완전한 물리적인 경계 장애물(완전한 통제)로부터 상대적으로 최소한의 차량 방호 수단을 제공하면서 전체 보행자의 접근이 가능한 경우, 전자적인 수단으로 경계지역을 단순히 모니터링만 하는 것까지 다양할 수 있다. 공용 지역에 들어가는 사람은 해당 지역 내의 모든 건물로 향할 수 있다.

일부 프로젝트의 경우 보행자와 자전거의 통제가 필요할 경우도 있다. 이런 경우에 보행 접근로와 보행자 출입용 회전문(ADA 규정에 따른) 설치가 고려되어야 한다. 해당 사이트의 인구가 충분할 경우, 자전거 전용도로를 제공할 수 있다.

5.6.4 집중형 또는 분산형 건물 단지

교외 및 시골 지역에서는 캠퍼스 또는 업무 지구(office park) 같은 대규모 사이트에서 여러 건물을 건축할 수 있다. 건물은 사이트 특성, 사용자의 요구사항 및 기타 요소에 따라 한 지역에 밀집되거나 사이트 전체에 분산될 수 있다. 두 가지 형태 모두 강점과 약점이 있다.

사람, 재산 및 운영이 한 곳에 집중되면 공격의 목표가 될 풍부한 환경이 조성되며, 어느 한 건물이 다른 건물과 근접해 있어 연쇄반응 위험을 증가시킬 수 있다. 또한 분산된 형태에 비해 집중형 설계는 건물 단지 전체의 가능을 마비시킬 수도 있는 단일 취약점이 발생할 가능성이 높다.

반면에 위험도가 높은 활동, 인력 집중, 중요한 기능을 묶어서 그룹화하면 경계지역으로부터의 이격지역을 극대화하고 '방어 가능한 공간'을 더욱더 효과적으로 만들 수 있다. 이는 또한 접근로와 감시 포인트 수를 줄이는 데 도움이 되며, 시설 보호에 필요한 경계지역의 크기를 줄이는 데도 도움이 된다.

이와 달리 사이트 전체에 건물, 사람 및 운영이 분산되면 사이트의 특정 부분에 대한 공격이 다른 부분에 영향을 줄 위험이 줄어든다. 그러나 이는 기능적 또는 사회적 고립 효과를 가져오며, 사이트 감시의 효율성을 감소시키고, 보안 시스템과 응급상황에 대한 대응의 복잡성을 증가시키며, 방어하기 어려운 공간을 형성할 수 있다

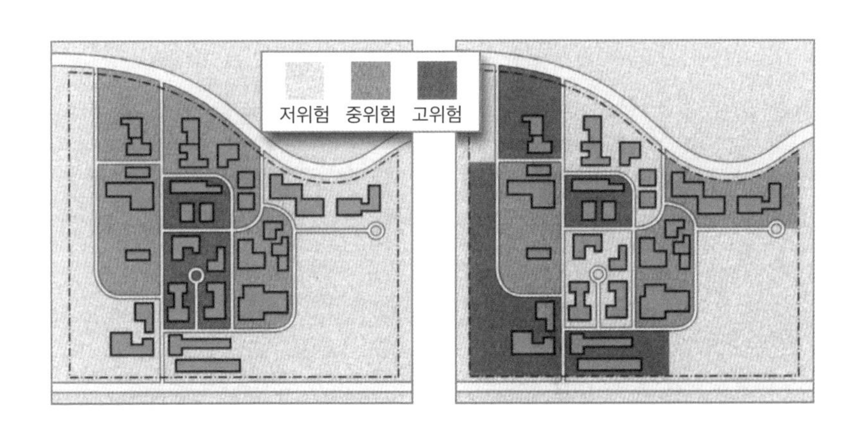

[그림 5-19] 집중형 시설(왼쪽)과 분산형 시설(오른쪽)
출처: U. S. Air Force, *Installation Force protection guide*

(그림 5-19).

5.6.5 건물의 방향

건물의 방향 혹은 물리적 위치는 보안과 관련하여 주요 결정요소가 될 수 있다. 이 책의 목적상 '방향(orientation)'이라는 용어는 세 가지 서로 다른 의미를 가지고 있다. 사이트에서 건물과 건물의 공간적 관계, 일조권과 관련된 건물의 방향, 지표면에 대한 수직과 수평적 관계다. 주변 환경과 관련된 구조물의 방향은 해당 지역과의 관계를 의미한다. 미학적인 면에서 보면, 건물은 주변 지역에 대해 같은 방향일 수도 있고 반대 방향으로 건축될 수도 있다. 달리 말하면 외부에 대해 공개적일 수도 있고, 방어적으로 폐쇄적일 수도 있다. 만약 생화학 및 방사능 공격(이하 CBR)이 고려되어야 한다면, 건물의 방향은 건물 주위에 주로 부는 바람의 방향과 관련해서도 주요한 이슈가 될 수 있다.

햇빛을 기준으로 건물의 위치를 최적화함으로써 온도조절과 조명에 관한 요구사항들이 충족될 수 있고, 전력 소비를 줄일 수 있다. 마찬가지로 햇빛 반사판(light shelves), 자연조명, 높은 창들(clerestories)[3] 및 아트리움(atria)[4]은 조명의 요구사항을 충족시킬 수 있고, 에너지 사용량을 줄일 수 있다. 그러나 이러한 에너지 절약 기술들은 보안적 관점에서 주요한 이슈를 발생시킨다. 예를 들어 자연환기는 효과적이고 오랜 시간 검증되어온 기술이지만, 여과되지 않은 외부공기의 유입은 대기살포형(aerosolized) CBR 매체의 유입을 가능하게 하고, 위험물질의 외부유출을 가능하게 하는 커다란 취약성이 있다. 또한 차양막(awning)은 폭발사고 시 파편처럼 작용할 수도 있고, 개폐가 가능한 유리창의 경우 고정 유리창에 비해 폭발에 대해 안전성이 떨어질 수 있다.

[3] clerestory: 고측창(고딕식 교회에서 높은 창이 일렬로 달린 부분)

[4] atria(atrium): 아트리움(현대식 건물 중앙의 높은 곳에 보통 유리로 지붕을 덮은 넓은 공간)

5.6.6 시선(視線, sight lines)

건물의 부지 선정은 해당 프로젝트로 통제할 수 없는 영역에서 관찰할 수 있는 부분까지 신중히 고려해야 한다. 설계는 현장 외부지역에서의 관찰로부터 내부를 차단하고, 현장 경계선(울타리)의 내부 감시가 최대화되도록 해야 한다. 지형, 상대 높이, 벽 및 울타리는 시야에 보이게 하거나 보이지 않게 할 수 있는 디자인 요소다. 식물은 보안 목적뿐만 아니라 아름다움, 여행객들이 길을 찾을 수 있게 하는 표지판 또는 상징물의 보조로 시야를 확보하거나 차단할 수 있다. 경험과 상식을 기준으로 식물을 매우 높게 또는 낮게 배치하여 시야를 확보해야 한다. 사람이나 폭발물이 시야에서 가려지지 않도록 건물과 구조물 바닥의 식생을 설계하고 유지해야 한다.

건물 형태, 배치 및 조경은 원래 공간에서의 '가시선'에 의해 결정되며, 적대적인 감시 위협의 관리는 인명과 재산 보호를 위한 고려사항이다. 공격자들에게 사이트 내·외부에서 잠재적 목표물에 대한 '가시선'을 확보하지 못하게 하는 것은 공격자가 직사화기를 사용하여 민감한 정보와 시설을 직접 관측할 수 없게 하므로 사이트의 보호능력을 높여준다. 다양한 차단 방법들과 더불어 감시 방지 조치(건물 방향, 조경, 차단 구조물 및 지형)를 사용하여 시선을 차단할 수 있다(그림 5-20 및 5-21).

상황에 따라 둔덕 같은 지형은 대감시(對監視, anti-surveillance)에 유리하거나 불리할 수 있다. 경사진 지역은 내부에서 주변 지역의 감시를 강화할 수 있지만, 침입자 또는 적군에게 아측(我側) 현장

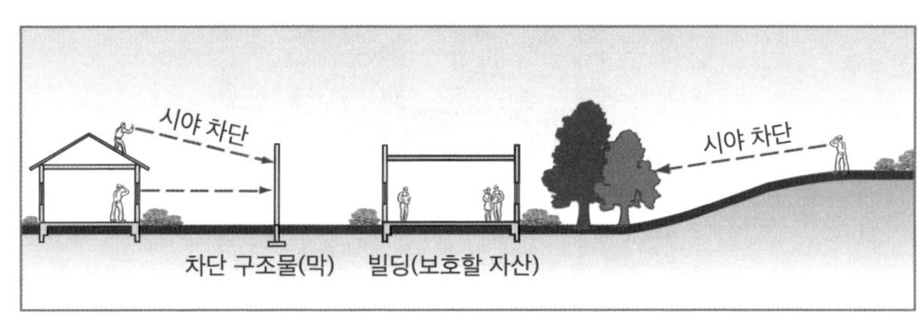

[그림 5-20] 인접한 높은 건물에서 볼 수 있는 건물. 차단막은 보호된 건물에서 볼 수 있음. 출처: U. S. Air Force, *Installation Force protection guide*

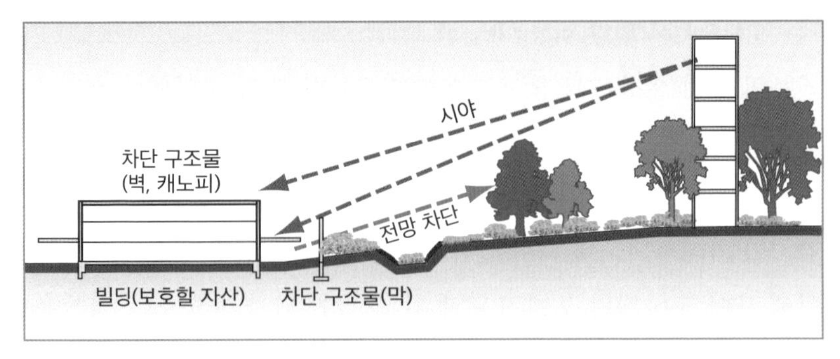

[그림 5-21] 나무와 차단막에 의한 사이트의 가시선 차단
출처: U. S. Air Force, *Installation Force protection guide*

에 대한 조사가 가능하게 할 수도 있다. 건물은 주변의 더 높은 지형에 지나치게 인접해서는 안 된다(낯선 자가 소유한 안전하지 않은 건물; 식물, 배수로, 도랑, 능선; 은폐를 제공할 수 있는 배수관).

특별 관리 건물의 경우 시설을 숨길 수 있는 시각 장애물이나 조경이 없는 구조 바로 옆에 클리어 존(clear zone)을 만들어 추가적인 보호를 제공할 수 있다(그림 5-22). 따라서 매우 낮거나 높은 식물만 허용될 수 있다.

클리어 존은 공격(그리고 일상적인 범죄자의 접근)에 대해 시각적인 탐지와 즉각적인 모니터링을 용이하게 한다. 클리어 존 내의 산책로 및 기타 시설은 건물이 보행자 및 차량의 시야를 가리지 않

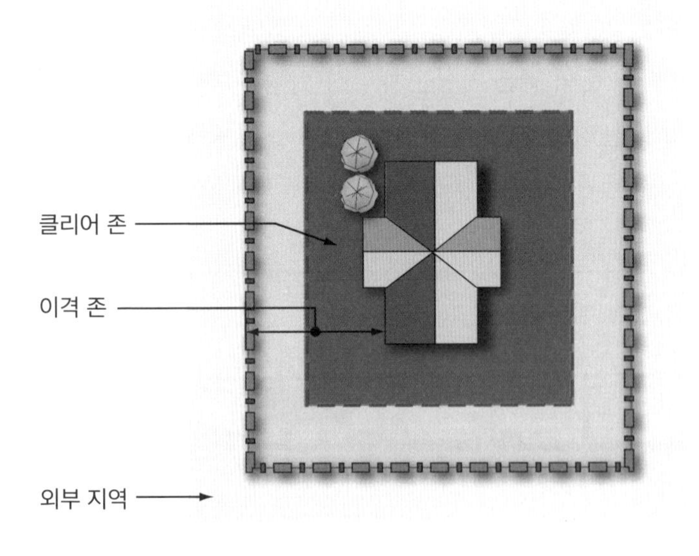

[그림 5-22] 가로막는 것이 없는 클리어 존

도록 배치해야 한다. 클리어 존이 구축되면 감시를 당하지 않는 또 다른 대책을 수립하는 것이 필요할 수도 있다.

5.7 표지판(signage)

차량 및 보행자를 위한 표지판은 보안의 중요한 요소다. 표지판은 보행자, 직원, 방문객, 배달 및 서비스에 대한 출입 및 경로를 명확히 할 수 있으며, 각기 다른 기능적인 목적 및 보안 요구사항을 충족해야 한다. 표지판은 침입자로부터 제한된 구역을 보호하기 위해 설계될 수 있지만, 표지가 부적합하면 혼란이 생기고 본래의 목적을 희석시킬 수 있다. 교통 순환, 주차 및 입구 위치에 대한 혼동은 해당 지역의 보안을 약화시키는 원인이 될 수 있다. 필요할 경우를 제외하고 표지판은 민감한 지역을 드러나게 해서는 안 되며, 외부 및 입구에 설치해야 한다.

종합적인 표지판 설계 계획에는 다음 내용이 포함되어야 한다.

- 각각의 출입통제 지점에 대한 표지판 제공
- 운전자와 보행자에게 현재의 출입 절차를 설명하는 출입통제 절차 안내 표지판
- 특정 지점으로 차량을 유도하고 차량흐름을 제어하는 교통 표지판 및 방향 표지판
- 사이트 내부의 상세한 설명 정보 대신 거리 주소 또는 건물 번호 사용 고려
- 특별관리 건물을 식별하는 표지판의 최소화
- 침입자에게 제한된 출입 지역이라는 것을 인지시키는 명확한 경고 표지의 위치
- 중요한 편의시설 단지를 식별하는 표지판의 최소화(예: 발전소 및 정수 처리 설비)

- 권한이 없는 인력이 중요한 시설 설치지역으로의 우발적인 출입을 최소화하기 위해 명확한 표지판 설치
- 2개 이상의 언어가 일반적으로 사용되는 지역에서는 2개 국어(또는 그 이상)의 경고 표지판 설치. 표지판의 문구는 제한구역에 대한 경고 표시. 표지판은 100피트(30m) 이하의 간격으로 설치해야 하며, 침입 탐지 장비가 설치된 울타리에 설치해서는 안 된다. 또한 경고 표지판은 제한구역, 통제구역 및 출입금지구역 등의 모든 출입구에 설치해야 한다.
- 특별한 내용 및 경계선 안쪽 깊숙이 있는 방문객에게 정보를 제공하는 가변 전광판의 위치

5.8 주차

주차는 차량과 보행자 시스템을 서로 연결해주는 역할을 한다. 주차 지역은 두 가지 운송 모드를 안전하고 효과적으로 수용할 수 있도록 설계되어야 하며, 전체 사이트 설계 전략과 일치해야 한다.

직원, 방문객, 거주자 등을 위해 주차공간을 제공하는 다섯 가지 방안이 있다.

- 공공 거리 주차 차선
- 지상주차장
- 독립형 주차장
- 지하주차장
- 건물에 포함된 주차장

공개된 지역에서는 일반적으로 지상이나 주차장 건물에 주차한다. 건물 내부 주차장 또는 지하주차장은 밀집된 비즈니스 지역에서 흔히 볼 수 있으며, 6.7절에서 논의된다. 도로상의 주차 차선은 모

든 지역에서 발생할 수 있지만, 도시 지역의 특징이며 6장에서도 논의된다.

공개된 지역에 있는 모든 주차공간은 특별관리 건물을 위한 건물과 도로 사이의 이격지역 밖에 위치해야 한다. 단속 및 수수료 징수를 위해 주차장 입구에서 통제가 필요할 수 있다. 현장에 외곽 장벽이 있는 경우, 현장 출입통제 지점에서 현장 출입 권한 및 필요한 검문검색이 이루어지므로 주차장에서는 추가적인 통제가 거의 필요하지 않다.

특별관리 및 중간 수준 위험 구조물의 경고 표지판은 이해하기 쉽도록 각각의 출입구와 물리적인 장벽을 따라 설치해야 한다. 중요한 설계 목표는 보행자와 차량을 위해 명확한 경로가 있는 내부 순환로 제공과 주차공간의 효율적 배치다. 주차 제한은 건물에서 잠재적인 위협을 제거하는 데 도움이 된다. 주차공간에 진입하는 차량을 검문검색하는 조치가 필요할 수도 있다.

설계자가 위험이 높은 건물에 대한 안전한 주차 대책을 구현할 경우, 다음과 같은 고려사항이 도움이 될 수 있다.

- 건물과 이격지역에 한해서 검사를 완료한 차량 주차를 허용하고, 하차지역(drop-off zones)을 제한하거나 없애야 한다.
- 보호가 필요한 건물의 주차장은 적절한 세트백(setback)[5]을 제공해야 한다. 새로운 디자인에서는 인접한 건물의 적절한 세트백을 위해 건물의 위치를 조정할 수 있다.
- 가능하다면 예기치 않은 방문객이나 일반 주차는 사이트 자체 또는 이격지역 밖에 하도록 해야 한다.
- 잠재적인 차량폭탄의 2차적인 폭발 영향을 최소화하기 위해 특별관리 건물에서 멀리 떨어진 곳에 주차장을 설치해야 한다.
- 일반인은 보안 위험이 가장 적은 지역에 주차할 수 있도록 한다.

[5] setback: 도로 경계선이나 대지 경계선에서 일정 거리 떨어진 구역의 안쪽에 건축을 규제하는 것

- 가능하다면, 잠재적인 침입자에 대한 모니터링을 용이하게 하기 위해 일방통행 순환이 되도록 주차장을 설계해야 한다.
- 건물의 관점에서 주차장의 위치를 결정해야 한다. 자동차의 시각적 영향을 줄이면서 보행자를 관찰할 수 있도록 주차장 구조물과 주변 식물을 신중하게 선택해야 한다. 지형, 현재 상태 또는 미적 목적을 달성하기 어렵거나 바람직하지 않을 수 있으며, CCTV 감시카메라로 대체할 수 있다.
- 모든 독립형, 지상 주차 구조물의 경우 주차장 안팎의 감시에 대한 가시성을 극대화해야 한다.
- 미검사 차량이 전용(배타적) 구역 또는 2지대 방호 구역에 주차하는 것을 허용하지 말아야 한다. 건물 내 주차는 매우 바람직하지 않지만, 피할 수 없는 경우 다음 제한사항을 적용해야 한다.
  - ▷ 출입증(신분증)이 있는 방문객의 주차
  - ▷ 회사 차량 및 건물 내 근무 직원만 주차
  - ▷ 특별히 필요 사항이 있는 직원 또는 방문자(예: 장애인) 주차
  - ▷ 모든 승객과 차량의 전체 검문검색
- 개별 건물 사이의 주차를 제한해야 한다.
- 주차장을 설치할 때 보안요원과 직접 연락할 수 있도록 쉽게 식별되고, 조명이 잘되고, CCTV 카메라로 모니터링을 할 수 있는 위치에 비상 통신 시스템(예: 인터콤, 전화 등)을 제공해야 한다.
- 주차장에는 보안 시스템에 연결된 CCTV 카메라와 해당 지역에서의 활동을 볼 수 있고 녹화할 수 있는 적절한 조명을 제공해야 한다.

주차장에서는 다음 사항을 피해야 한다.

- 주차장 이용자는 안내 표지 또는 구조물(ramp 등)을 활용하여 평평한 곳에 주차를 하도록 한다.
- 막다른 골목뿐만 아니라 막다른 곳의 주차공간도 피한다.

5.9 하역장 및 서비스 지역 접근

하역장 및 서비스 지역 접근은 일반적으로 건물에 필요하며, 가능한 한 보이지 않도록 유지해야 한다. 이러한 이유로 바람직하지 않은 침입자를 피하기 위한 서비스 영역에 특별한 주의를 기울여야 한다. 설계자는 다음 사항을 고려해야 한다.

- 하역장 진입을 허용하기 전에 현장 외부 또는 하역장으로부터 먼 거리에 있는 검사지역에 차단막을 제공한다.
- 다용도실, 주요 배관 및 서비스 출입구(전기, 전화/데이터, 화재감지/경보 시스템, 화재 진압용 급수관, 냉난방 포함)로부터 어느 방향에 있더라도 하역장 및 선적장은 최소 50피트 이상 분리해야 한다.
- 건물 내부 또는 아래에 진입로를 설치해서는 안 된다.
- 배달을 위한 별도의 출입구를 명확하게 표시하는 표지판을 제공한다.
- 하역장의 벽과 천장에 대한 구조적 손상은 하역장에 인접한 지역이 심한 구조적 손상이나 붕괴가 발생하지 않는 한 견딜 수 있다. 이는 하역장이 설치된 지역의 손상을 제한하고 폭발력이 건물 외부로 배출되도록 하는 적절한 구조 설계를 제공함으로써 달성할 수 있다. 하역장 바닥은 아래 구역이 점유되지 않았거나 중요한 배관들이 포함되어 있지 않은 경우 폭발을 견디기

위한 설계를 할 필요가 없다.

5.10 물리적 보안을 위한 조명, 보안등 설치

보안 직원이 어둠속에서도 육안으로 관찰할 수 있도록 전체 사이트, 건물 및 경계지역 보안을 위한 조명을 제공해야 한다. 조명은 지속적이고 주기적인 관찰을 위한 정신적 인내력을 제공하는 데 도움을 줄 수 있다. 조명은 상대적으로 유지비용이 저렴하며, 잠재적인 공격자가 숨어들거나 기습할 기회를 감소시킴으로써 보안요원의 필요성을 줄일 수 있다. 조명은 부두 및 독(dock, 항구에서 선박 수리나 물품 보관 등을 위한 구역), 중요한 건물, 저장소 또는 통신, 전력 및 배수 시스템의 취약한 통제 지점 같은 사이트의 민감한 영역에 특히 적합하다. 미승인 인력의 탐지를 가능하게 하고, 공격자의 침입을 더욱 어렵게 만든다.

출입통제 지점의 최소 4촉광(燭光) 표면 평균 조명은 보행자, 도로 안전지역(traffic island) 및 경비원에게 적절한 조명을 제공하는 데 도움이 된다. 가능하다면, 더 넓고 자연스러운 조명을 제공하고, 기둥의 수량을 줄이며(운전자의 위험성 축소), 표준 조명보다 미적으로도 우수하므로 높은 곳에서의 조명을 권장한다. 출입통제 지점의 조명은 운전자에게 출입통제소가 잘 보이게 하며, 경비요원에게는 해당 지역의 차량이 잘 보이도록 해준다.

사이트의 조명 시스템 유형은 사이트 및 건물의 전반적인 요구사항에 따라 다르다. 보안을 위한 조명 시스템에는 네 가지 유형이 있다.

- 연속 조명은 가장 일반적인 보안을 위한 조명 시스템을 말한다. 어둠속에서 원뿔 형태로 겹쳐진 빛이 해당 지역을 연속해서 비추도록 고정적으로 배치된 조명이다. 연속 조명을 사용하는 두

가지 주요 방법은 눈부심 방지(glare projection) 및 제어 가능한 조명이다.

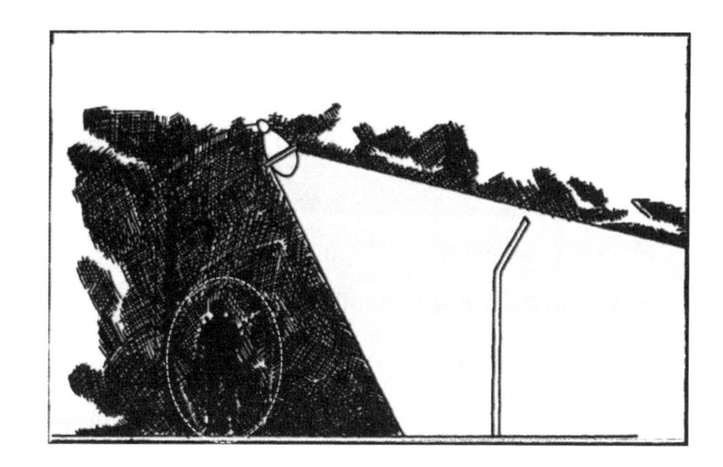

[그림 5-23] 눈부심 방지 보안등(경계등)

[그림 5-24] 제어등(인접 자산 근처의 경계등)

▷ 눈부심 방지 보안의 조명 방법은 지정된 지역 주변에 고휘도(高輝度)의 조명을 제공한다. 이는 잠재적인 침입자에 대해 강한 경각심을 일깨운다. 왜냐하면 보안 영역 내부를 보는 것을 어렵게 만드는 반면에, 침입자를 매우 잘 보이게

하기 때문이다. 경비원은 상당히 떨어진 거리에서도 침입자를 관찰할 수 있으며, 자신은 비교적 어두운 곳에 있어서 안전하다. 이 방법은 해당 빛이 인접한 지역의 보안 운용을 방해하거나 방해할 우려가 있는 경우에는 사용하지 말아야 한다.

▷ 제어 가능한 조명 방식은 고속도로와 같이 도로 주변의 바깥쪽으로 조명 구간을 한정했을 때 가장 좋다. 조명이 적용된 스트립(strip)[6]의 너비는 요구사항에 맞게 조정된다. 이 조명 방법은 보안요원을 비추어 보이게 하거나 실루엣으로 표현할 수 있다.

[6] strip: (천 · 널빤지 등의) 가늘고 긴 조각, 좁고 긴 땅

- 대기(standby) 조명은 연속 조명과 비슷하게 배치한다. 연속 조명과 달리 지속적으로 켜져 있지는 않지만, 보안 직원이나 경보 시스템에 의심스러운 활동이 감지되거나 의심되는 경우 자동 또는 수동으로 켜진다.
- 이동식 조명은 어둠이 일정 시간 지속되거나 필요할 때 켜지는 이동식 서치라이트 또는 수동으로 작동되는 조명 시스템으로 구성된다. 시스템은 일반적으로 연속 또는 대기 조명을 보완하는 데 사용된다. 이동식 조명은 임시 및 영구 차량검사 구역에서 차량검사를 돕기 위해 사용된다.
- 비상 조명은 위에서 언급한 시스템 중 일부 또는 전부를 대체할 수 있는 백업 시스템이다. 비상 조명의 사용은 정전 또는 기타 비상사태로 정상적인 시스템 작동이 불가능한 시간으로 제한된다. 휴대용 발전기 또는 배터리 같은 대체 전원을 이용한다. 보안을 위한 조명은 비상 백업 전원을 고려해야 한다.

5.11 화학, 생물학 및 방사능 관련 논점

주요 관심사는 CBR[7] 위협에 대한 건물의 취약성이다. 다음 설명은 사이트 설계 및 건물 배치 시 CBR에 대한 방호 측면에 국한된다. 도시 지역과 관련된 문제는 6.10절에서 다룬다. CBR 위협의 본질과 건물을 보호하기 위한 방호 대책 및 조치에 대한 좀 더 자세한 내용은 FEMA 426, 5.1~5.7절에서 제공된다.

[7] CBR: Chemical, Biological, Radiological(화학, 생물학, 방사능)

CBR에 대한 주요 보호 대책은 다음과 같다.

- 대피(evacuation)
- 피난처
- 공기 여과(air filtration) 및 가압(pressurization)
- 배기(exhaustion) 및 정화(purging)
- 개인 보호 장비

이러한 조치 중 '대피'는 집결 및 대기 지역에 대한 준비의 필요성 때문에 대형 오픈 사이트 설계에 영향을 미칠 수 있다. 임시 대피 시설은 건물 설계의 한 부분이며, 공기 여과 및 배기는 건물의 난방, 공조(HVAC)[8] 시스템과 관련이 있다. 도시 환경에서 공기 흡입은 공공 보도 부근에서 이루어질 수 있어 공기 흡입 위치와 보호가 중요하다. 개인 보호란 숙련자가 사용하는 인공호흡기, 보호두건, CBR 탐지기, 오염 제거 장비 등을 의미한다.

[8] HVAC(공조): Heating Ventilation and Air Conditioning

CBR에는 테러 및 유해물질(산업재해)의 두 가지 구성요소가 있다. 화학적 테러는 특정 장소 또는 건물을 대상으로 고농축 오염물질을 활용할 수 있으며, 테러 가능성은 낮지만 많은 피해를 발생시킬 수 있다. 건물이나 장소가 직접적인 표적이 아니므로 위험 물질 사고는 그 반대일 수 있다. 발생 가능성은 높지만 피해 결과는 다소 낮을 수 있다.

옥외에서 발생한 위험은 일반적으로 실내에서 발생하여 공기를 통해 전파되는 위험보다 덜 심각하다. 건물에 특별한 방호 시스템이 없어도 실외에서 발생하여 공기를 통해 전파되는 위험에 대해 다양한 방법으로 방호력을 제공할 수 있다. 실내의 위험에 대해서는 건물의 HVAC가 오염물질의 침투지점 및 분배 시스템이 될 수 있어 특별히 주의를 기울여야 한다. 건물은 실내와 실외 사이에서 제한된 공기 흡입/배출만 허용하므로 내부에 오염물질이 있을 때 더 높은 농도가 발생할 수 있을 뿐만 아니라 위험 또한 실내에서 더 오래 지속될 수 있다.

아래와 같은 사이트 설계 및 디자인의 세 가지 측면은 CBR에 대한 방호와 관련이 있다.

- 실외 방출 시 실제 풍향 및 속도가 건물에 직접적으로 영향을 주더라도 새로운 건물의 배치 및 방향은 일반적인 바람의 방향 및 속도를 고려해야 한다.
- 주변 지형이 CBR의 방향을 사이트 및 건물 쪽으로 흘려보낼 수 있다.
- CBR 물질이 분산되면서 지면에 낮게 깔리는데, 공기보다 무거운 오염물질은 저지대 지역에 더 큰 영향을 미치므로 건물 높이와 관련이 있다. 대부분의 CBR 물질은 공기보다 무거우므로 건물에 있는 공기 흡입을 늘리는 것이 가장 합리적인 조치다.

공기보다 가벼운 CBR 물질이 바람을 타고 공기 흡입구로 향하게 되어 오염물질이 건물 안으로 들어오면 HVAC 시스템이 계속 작동하고 있어 상황이 더 심각해진다. 일반적인 바람 방향과 거리가 먼 쪽에 공기 흡입구를 배치하여 건물 안으로 유입되는 오염물질의 양을 줄여야 한다.

5.11.1 CBR 공격 시 대피를 위한 대기 지역

CBR 공격으로 건물 거주자가 영향을 받거나 오염되지 않도록 할 수 있지만, 확산을 방지하고 영향을 받은 지역의 오염을 제거하기 위해 건물을 비울 필요가 있다.

건물에서 대피할 경우 피난 시 직원이 모이는 집결 및 대기 지역을 지정하는 것이 중요하다. 사전 대피 계획 시 가능한 경우 4개의 집결 지점을 지정해야 한다(바람의 상태를 고려할 수 있도록 건물의 각 방향에 하나씩). 공격을 받으면 집결 지점을 선택해야 한다. 방문객 및 공급 업체 같은 직원 외의 인원수를 확인하고 대응 방안도 고려해야 한다.

집결 및 대기 지역은 여러 기능을 수용해야 한다. 대기 지역의 특성 및 요구사항 중 일부는 아래에 설명되어 있다. 공격받은 이후 절차에 대한 전체적인 설명과 대기 지역에 대한 요구사항은 FEMA 453(Safe Rooms and Shelters, Protecting People Against Terrorist Attacks) 1.9절 및 1.10절에 나와 있다. 다음은 몇 가지 고려사항에 대한 간략한 설명이다. 집결 구역은 3개의 구역으로 나누어진다.

- 고농도 존(Hot Zone) - 오염물질이 고농도로 노출되는 영역으로, 일반적으로 오염물질이 퍼지는 지역에서 바람 방향으로 연장되는 타원형 또는 원뿔형 영역
- 저농도 존(Warm Zone) - 오염물질이 저농도 또는 최소 노출(일반적으로 위의 바람 방향으로 반원 모양)되는 영역
- 클리어 존(Cold Zone) - 오염물질에 노출되지 않은 고농도 존 및 저농도 존의 바깥 구역

[그림 5-25]는 대규모 캠퍼스 사이트 등에서 발생할 수 있는 대형 사건을 처리할 수 있는 집결 지역의 특성을 보여준다. 그러한 지역을 어떻게 수용할 것인지에 대한 계획과 설계 시 고려해야 할 사

향이 있다. 그림에서 제시한 치수는 단지 설명을 위한 것이며 사건의 성격과 크기, 사상자 수, 사이트의 지형과 크기에 따라 달라질 수 있다.

CBR 공격 시 거주지를 떠나는 피난민은 CBR 오염이 더 큰 지역으로 확산되지 않도록 여러 곳의 대기 지역을 통과해야 한다. CBR 물질의 잠재적인 확산을 통제하고 피해자들과 초기 대응인력의 안전을 보장하기 위해 3개의 주요 존을 위한 여러 대기 지역과 출입 및 접근 지점을 지정해야 한다.

- 환자 대기 지역(PSA, Patient Staging Area). PSA는 클리어 존에 위치하고 있으며, 피해자들이 상급 의료 시설로 이동하거나 사망자가 영안실로 운송되는 데 안전한 지역이다. PSA는 헬리콥터 운영 및 구급차 수용을 위해 충분히 커야 한다.
- 오염 통제 지역(CCA, Contamination Control Area). CCA는 클리어 존과 저농도 존의 경계에 위치하고 있으며, 구조요원 및 오염 제거 요원의 저농도 존 출입 시 사용된다. 대량 살상자 오염 제거(소독)는 저농도 존에서 시행한다.
- 안전 피난 지역(SRA, Safe Refuge Area). SRA는 저농도 존에 위치하고 있으며, 부상당하지 않고 최소한의 의학적 처치 및 오염 제거가 필요한 생존자와 증인을 집결시키기 위해 사용된다. 경찰과 FBI 요원은 SRA에서 면담을 실시하고 증거를 수집할 수 있다.

또한 [그림 5-25]는 사상자 집결 지점(CCP, Casualty Collection Point)의 위치를 보여준다. CCP는 저농도 존에 위치하고 있으며, 일반적으로 [그림 5-25]와 같이 3개의 처리 단계를 거친다.

[그림 5-25]
3개의 집결 지역 및 대기 지역
출처: FEMA 453

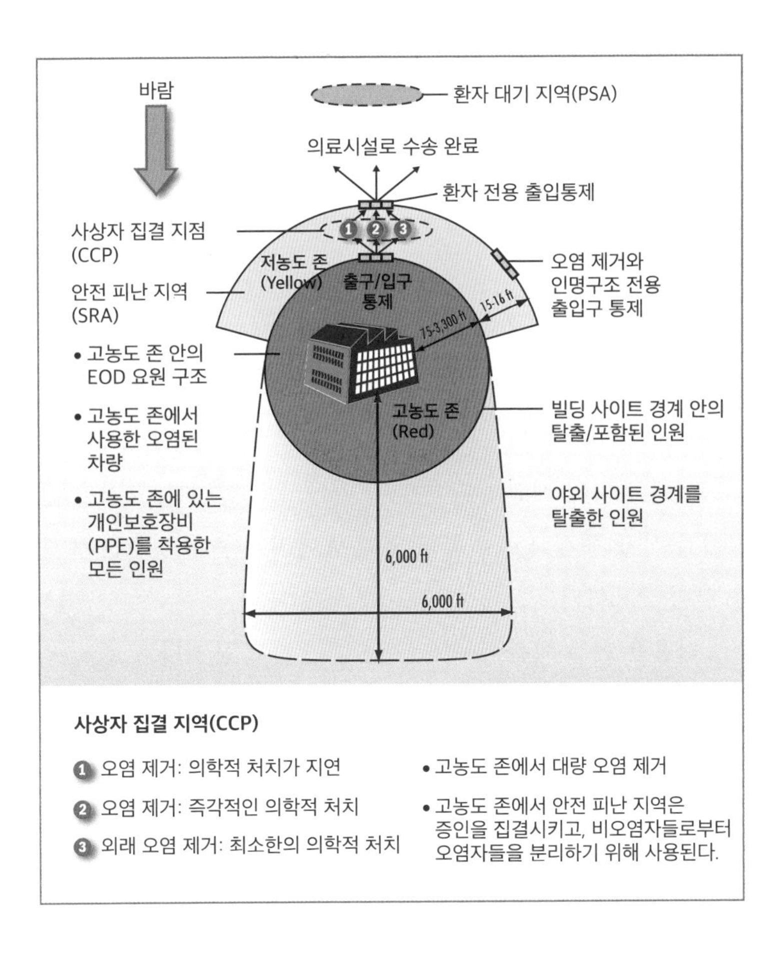

5.12 기반시설과 배관

지중 기반시설은 다음 중 하나일 수 있다.

- 물, 가스, 증기, 하수도, 빗물, 전기통신 등과 같은 표준 생활 배관
- 지하철, 터널, 역, 대형 하수도, 수도 터널, 파이프와 같이 사람이 사용할 수 있는 모든 구조물
- 건물 또는 지중 기반시설에 공급하는 환기용 배관

이러한 기반시설 체계는 운영, 건물, 거주자 및 기타 자산을 지원하므로 해당 시설 수준으로 보호되어야 하며, 자산의 입구와 내부, 건축물의 입구를 통해 공적이든 사적이든 통행이 이루어질 수밖에 없어 3지대 종심 방호는 취약성이 내재한다.

터널 및 배관들의 통로가 건물 가까이에 있거나 건축물에 연결되어 있는 기반시설의 일부가 고장 나면 전체적인 구조물에 영향을 줄 수 있으며, 하나의 시스템 장애로 인해 다른 시스템의 고장을 유발할 수 있다.

설계 초기에 배관들이 건물에 얼마나 근접한지, 그리고 건축물에서 수직 및 수평으로 얼마나 멀리 떨어져 있는지 정확하게 파악하는 것이 중요하다.

다음은 현장 배관 및 기반시설 관련 주요 문제다.

- 대형 하수도 같은 생활배관의 크기에 따라 사이트 또는 건축물에 접근할 수 있으며, 건축물에 대한 편의 서비스를 위한 출입구의 크기에 따라 침입자 또는 CBR 물질이 유입될 수 있다. 대형 출입구는 무단출입을 할 수 없도록 폐쇄해야 한다.
- 기반시설은 통로, 지하철, 터널, 연결 계단, 출입구, 통풍배관 및 생활배관을 통해 건물과 연결될 수 있다.
- 천연 가스 파이프 같은 주변의 생활배관은 건물에 연결되지 않았더라도 여전히 위협적일 수 있다.
- 저수조(산업용 또는 화재 진압용), 연료 저장소 및 비상 발전기 같은 예비 자원을 확인해야 한다. 각각의 편의 시스템에 대한 부지 선정, 예비 및 안전성에 대한 요구사항이 관철되어야 한다.
- 변압기와 개폐 장치는 울타리 또는 방호 구조물로 보호해야 한다. 수원지, 변전소, 상업용 송전 및 송유관, 열 및 전력 발전소 같은 편의시설 지역은 인체에 대한 영향과 안전을 이유로 경계

장벽을 설치해야 하며, 경계 장벽은 고위험 보안 강화 지역으로 지정할 수도 있다.

- 모든 기반시설이 울타리, 담장 또는 기타 구조물을 포함하여 시설의 경계선을 통과한다면, 사람이 통과하기에 충분한 크기의 빈틈은 봉인되거나 보안조치를 해야 한다. 일반적인 침투는 빗물 배수관, 수도, 전기 또는 기타 편의시설 공간을 이용할 수 있다.
- 기반시설의 유지·보수를 위해 출입이 필요한 경우, 출입통로가 침입자의 접근을 허용하지 않도록 차단막, 쇠창살, 격자 또는 기타 유사한 장치로 보안조치를 해야 한다. 보안상 민감한 자산은 침입 탐지 센서를 설치하고, 공개적 또는 은밀한 영상감시체계를 고려해볼 수 있다.
- 경계선을 통과하며 단면적이 96평방인치(620㎠)를 초과하고 최소 치수가 6인치(15㎝)를 초과하는 배수 도랑, 배수구, 통풍구, 덕트 및 기타 공간은 쇠창살을 용접하여 보호해야 한다. 대안으로, 배수 구조물은 직경이 10인치(25㎝) 이하인 수개의 파이프로 차단할 수 있다. 이러한 크기의 다중 파이프를 배수구의 유입 지점에 설치하여 그 구역으로의 침입을 방지할 수 있다. 배수구 또는 기타 배수 구조물에 격자나 파이프를 추가로 설치하면 유량의 변화와 유지·보수 소요가 증가할 것이므로 설계를 보완해야 한다.
- 안전한 맨홀은 직경이 10인치(25㎝) 이상인데, 자물쇠로 고정할 수 있고, 용접을 하거나 프레임에 적절하게 볼트로 고정할 수 있다. 걸쇠, 자물쇠 및 볼트가 부식에 견딜 수 있는 재질로 되어 있는지 확인해야 한다. 열쇠가 내장되어 있는 볼트(승인되지 않은 인력에 의한 제거가 더 어려워짐)도 가능하다. 매우 높은 안전성이 요구되는 경우, 침입자가 인위적으로 '동결'시킨 후 산산조각 내어 침입하는 것을 방지하는 맨홀 덮개를 고려해

야 한다.

- 빗물 하수도, 가스 송전선, 전기 송전선 및 경계지역을 가로지르는 기타 배관을 포함하여 사이트의 모든 배관에 대한 취약성 평가를 준비해야 한다.
- 사이트의 석유, 원유 및 윤활유 저장 탱크 및 조정실은 다른 모든 건물의 경사면 아래에 위치해야 한다. 운영 건물이나 플랜트보다 낮은 높이에 연료 탱크를 설치해야 하며, 건물에서 최소 100피트(30m) 떨어진 곳에 배치해야 한다.
- 특히 전기설비의 경우 사이트의 보안, 생활안전 및 구조 기능을 지원하는 이중화가 필요하다.
- 다른 요구사항이나 기준에 따라 이중 배관이 필요한 경우, 이들 배관이 제대로 적용되었는지 확인해야 한다. 이는 두 가지 배관이 하나의 사건에 의해 부정적인 영향을 받을 가능성을 최소화한다.
- 가능한 한 사이트의 통신 자원을 분산해야 한다. 다중 통신망 사용은 테러리스트의 공격에 대한 통신 시스템의 방호 능력을 강화할 수 있기 때문이다.
- 비상 백업 시스템이 필요한 곳에서는 백업을 제공하는 시스템과 멀리 떨어져 있어야 한다.

5.13 조경 식재의 선택 및 설계

조경 디자인은 시간 경과에 따른 기후 변화와 크기 및 질량의 변화에 반응하는 생생한 팔레트(palette, 색조)를 사용한다(그림 5-26).

안전을 위해 적절한 식물 재료의 선택은 중요한 작업이다. 보안을 위한 식목은 제한된 관수(觀樹), 좁은 공간과 화단, 도로 및 인도에서 나오는 화학물질 유출 같은 가혹한 환경 조건으로 고통을 겪는다. 이러한 조건은 식물이 건강하게 자라는 데 도움이 되지 않는다.

[그림 5-26] 조경수 식재는 건물, 주차공간, 통로 및 실외 사용 영역에 그늘 제공; 건물 및 광장의 미관 강화; 다양한 색상과 형태로 계절 표현

조경설계는 시간 경과에 따라 식재의 키와 부피, 기후와 계절 변화에 반응하는 생명체의 색조를 사용한다(그림 5-26). 보안을 목적으로 하는 적절한 조경 식재를 선택하는 것이 중요하다. 또한 식재는 때로 제한된 관수, 좁은 공간과 화단, 굳어진 흙, 도로나 인도에서의 화학물질 오염 같은 척박한 환경을 극복해야 한다. 이러한 조건들은 조경수가 건강하게 자라는 것을 방해한다.

다음은 보안을 위한 조경수 식재에 관한 몇 가지 고려사항이다.

- 보안 기능과 함께 생동감 있는 조경이 설치되었다면, 지속적인 효과를 유지하기 위해서는 잘 관리되어야 한다.
- 조경수는 때로 장벽, 화단 및 기타 보안요소의 삭막한 모습을

[그림 5-27] 시애틀 법원에서 사용된 벽 및 기타 보안요소의 모양을 자연스럽게 하는 식목
출처: Peter Walker and Partners

[그림 5-28] 시애틀 법원, 외곽 장벽의 식목
출처: Peter Walker and Partners

자연스럽게 표현하는 효과를 준다(그림 5-27, 5-28).

- 식목은 가시가 있는 나무, 밀집하게 한 줄로 심은 나무 등을 울타리 장벽으로 사용할 수 있다. 그러나 이러한 접근 방식은 식물이 죽을 가능성과 유지·보수, 솔루션의 지속성 문제 때문에 보안 전문가가 항상 받아들일 수 있는 것은 아니다.

  식재는 가시나무나 빽빽한 산울타리 형태의 장벽으로 활용될 수 있다. 그러나 이러한 접근 방식은 조경수의 생존 가능성과 유지·보수, 장벽으로서의 기능이 지속되어야 하는 이유로 보안전문가들이 좋아할 만한 대안은 아니다.

- 크기와 유지·보수 요구사항을 염두에 둔 식물 재료의 선택은 식물이 궁극적으로 중요한 시선을 차단하거나 숨어 있을 장소를 만들지 않도록 해야 한다. 조경수의 높이와 유지·보수를 염

[그림 5-29]
1층 정도 높이의 큰 나무로 설계하여 시야가 가려지지 않도록 하며, 시선이 빌딩 안으로 향하는 것을 차단
출처: NCPC

두에 둔 식재 선택은 궁극적으로 중요한 시선을 차단하거나 특정지역을 감추어진 공간으로 만들어서는 안 된다는 의미다.

일반적으로 건물 근처에 있는 조경수는 시야를 유지하기 위해 높아야 한다. 건물에 인접한 낮은 높이의 식재도 허용될 수 있지만, 수목의 높이와 밀도가 사람들이나 어떤 집합체를 숨겨주거나 쉽게 관찰되지 않는 독립된 공간을 제공하지 말아야 한다(그림 5-29).

키가 큰 나무를 식재하여 지표면상의 시계는 트이게 하면서 건물 내부를 투시하는 관측과 사계(四界)는 차단한다.

- 식물 식재 지역과 지하 배관들 사이에 충돌이 발생할 수 있다. 조경 설계가 시작되기 전에 해당 지역의 지하 상황을 정확하게 확인해야 한다. 잠재적인 문제를 피하기 위해 지하 상황을 확인한다(그림 5-30).

  식재된 조경수와 지하 배관들 사이에 문제가 발생할 수 있다. 조경을 설계하기 전에 해당 지역의 지하 상황을 정확하게 확인함으로써 내재된 문제를 피할 수 있다(그림 5-30).

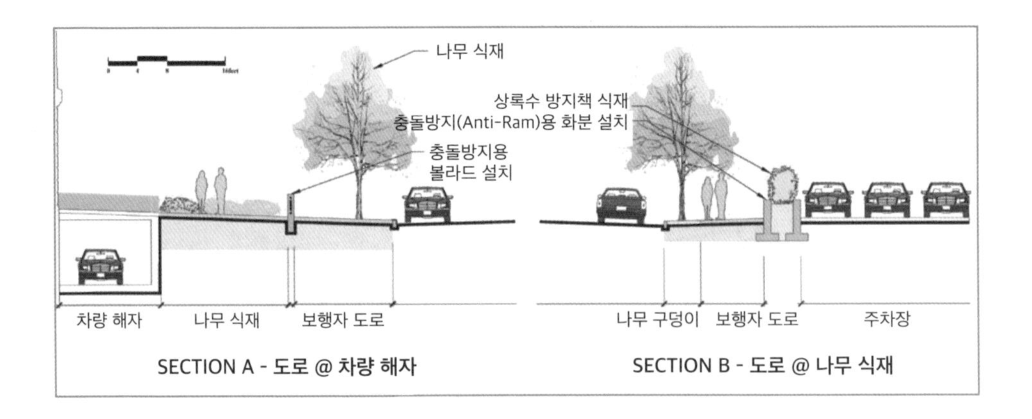

[그림 5-30] 보안요소와 지하 상황과의 관계
출처: EDAW, Inc.

5.14 결론

보안시설 설계 시 한 축으로 다루는 것은 시설의 특성을 유지하면서 주변 환경과 조화를 이루는 방법이다. 건물 배치와 외부에서의 관측과 사계를 차단하는 것이 중요하다는 인식은 성공적인 시설을 설계하는 관건이다.

또한, 보안 설계를 시설보다 더 큰 도시 계획의 일부로 고려하는 것이 중요하다. 2개 시설 이상의 목적에 부합하는 보안 기능을 통합함으로써 테러 활동 가능성으로부터 시설을 보호함은 물론, 일상적인 보안수준을 향상시킬 수 있다.

3지대 종심 방호는 보안 설계 절차의 논리를 제공하여 보행자와 차량의 순환 및 조경 식재의 선택에 영향을 주고, 시설의 기능이나 미관, 안전 면에서 창의적인 조명에 관한 소요를 제기한다.

6. 도심구역 방호

6.1 개요

이 책에서 중앙 비즈니스 구역과 다운타운은 도시의 상업적 중심지를 말한다. 2001년 9월 11일 뉴욕 세계무역센터에 대한 테러는 미국 역사상 최악의 건물 재난으로 기록되고 있으며, 건물의 붕괴로 최대의 인명 손실을 가져왔고, 도심 방호의 전환점이 되었다.

9·11 테러 이후 뉴욕에서는 많은 보안조치들이 진행되었고, 어떤 경우에는 이러한 조치가 보안, 건축, 도시 계획 및 문화 보존의 관점에서 성공한 것으로 간주되었으나, 다른 경우에는 보안 장애물들의 설치가 오히려 해로운 영향을 주었다.

예를 들어, 물리적 장애물의 배치는 거리와 통행로에 불필요한 방해물이 되었다. 많은 경우 이들 장애물은 보행자 및 차량 운행 시스템의 효율을 감소시키고, 잠재적으로 비상시 응급 구조자들의 접근에 지장을 주기까지 한다. 만약 국가 안보와 관련된 문제가 지속해서 발생한다면 주요 도시가 지속적으로 성장하는 만큼 다양한 종류의 물리적 보안 시스템에 대한 필요성이 더욱 커질 수 있다. 그러나 효율적인 보행자 및 차량운행 시스템은 일상생활에서 중요하며 비상 대응, 대피 및 탈출에 필요한 요소다.

이 장에서는 일반적인 도심구역을 위한 보안 시스템 설치에 중점을 두지만, 도심의 특성상 공간적 제약과 개방된 사이트에 일반적으로 적용할 수 있는 조치들을 모두 충족할 수는 없다.

비록 밀집된 도심구역에서의 방호 지대들이 매우 압축되어 좁고, 어떤 경우에는 서로의 공간을 공유하고 있지만, 일반적인 보안 원칙은 동일하게 적용되어야 한다. 아래 그림들에서 볼 수 있는 바와 같이 세트백(setback)이 없는 사이트에서는 2지대 방호가 없고, 뜰(yard)이나 광장이 있는 건물은 이러한 것들이 2지대 방호가 된다. 만약 보행자 도로가 유일한 지대 방호상의 이격거리(stand-off)를 제공한다면 세트백 공간은 장애물로서 상당한 가치를 갖게 된다.

세 가지 일반적인 사이트 유형은 모든 대도시의 중앙 비즈니스 구역에서 찾을 수 있다. 이들의 구성은 다음과 같다.

- 세트백이 없고 골목길이 있는 건물. 세트백이 없는 건물의 전면 벽은 건물과 도로의 경계선이다. 골목은 도시를 블록으로 나누어 건물로 접근하는 사람들에게 서비스를 제공한다. 아래 그림은 좁은 거리 형태로, 세트백이 없는 특수한 경우다(그림 6-1).

[그림 6-1] 세트백이 없고(왼쪽) 골목길(오른쪽)이 있는 건물

- 뜰이 있는 건물. 대지 경계선으로부터 조금 떨어져서 세트백이 존재하며, 일반적으로 조경 공사가 되어 있다. 뜰은 건물의 정면, 측면 및 후면에 위치한다(그림 6-2).

[그림 6-2] 뜰이 있는 건물

- 광장이 있는 건물. 건물에 공개적으로 접근할 수 있는 사적 또는 공공의 장소가 있다(그림 6-3).

[그림 6-3] 광장이 있는 건물

또한 추가로 모든 사이트에는 공통된 도시 요소들을 가지고 있다(예: 인도, 거리들과 벤치, 화분, 간판 등과 같은 거리의 풍경).

중앙 비즈니스 구역에 대한 보안요소의 계획, 설계 및 배치는 활기차고 살기 좋은 도시를 건설하는 도시 디자인 요소에 해를 끼치지 않아야 한다.

- 잘 연결된 도로 시스템은 차량 사용자와 보행자가 차량흐름과 보행자의 움직임을 유지하며 혼잡한 도시를 통과할 수 있도록 다양한 선택을 하도록 한다.
- 잘 정리된 보행자 구역은 일반 시민이 걷고, 대중교통을 기다리고, 식사/구매/쇼핑 등과 같은 야외 상업 활동을 즐길 수 있는 충분한 이동 공간과 조화로운 거리 구간을 제공한다.
- 지상에 위치하고 있으며 공개적으로 접근할 수 있는 상업적, 문화적 또는 교육적 시설물들을 건물 내에 수용할 수 없는 경우 건물의 1층을 따라 야외 상점, 키오스크 또는 시각적으로 매력적이고 흥미로운 조형물 같은 대안을 고려해야 한다.
- 매력적이고 내구성 있는 거리 가구 및 유용한 인프라(간판, 나무, 벤치, 가로등 기둥, 쓰레기통, 보안요소 등)

6.2.1 세트백이 없는 건물

도심지역은 고가의 부동산 가격, 개발 가능한 지역의 제한 및 공간 활용을 극대화해야 하므로 대부분 중앙 비즈니스 구역의 건물은 일반적으로 건물 외벽이 경계선 역할을 할 수 있도록 개발된다. 이러한 유형의 공간에서 경계선과 건물 측면 사이의 영역은 2지대 방호를 제공하는 공개된 영역이지만, 실질적으로는 존재하지 않는 방호지대다.

인도는 1, 2지대 방호의 일부를 제공한다. 3지대 방호는 건물 측면에서 시작하며, 건물 경계선 역할도 한다. 인도는 약간 모호한 영역이며, 장벽은 인도 또는 건물의 뜰에 설치될 수 있다. 인도에 장벽을 설치할 경우, 도시계획 담당자는 이를 검토하고 승인해주어야 한다. 만일 소유주의 재산이라면 허가는 필요하지 않다(그림 6-4).

[그림 6-4]
세트백이 없는 건물의 방호 지대(1지대, 2지대가 동일)

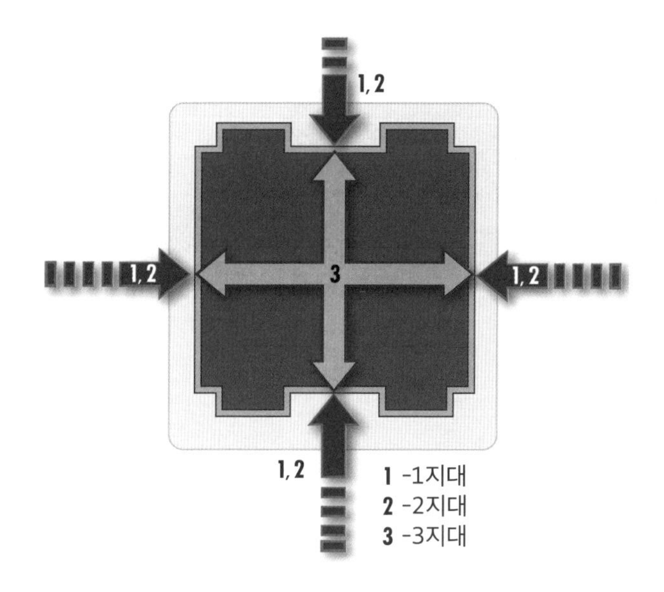

경계선이 건물의 측면과 접할 때, 경계 장애물을 위한 공간은 인도의 좁은 지역만 활용이 가능하고 거리는 이동을 위한 단순한 골목 기능만 할 수도 있다. 이러한 상황에서 공간적인 제약, 건물과 해당 현장의 일상적인 사용으로 인해 전략적인 설계는 제한적이며 종종 어려움을 겪는다.

장애물 시스템 계획, 도로변 주차 금지, 또는 거리 폐쇄를 계획할 때 다음 사항을 고려해야 한다.

- 인도에 장애물을 설치하면 인도를 이용한 이동에 영향을 끼쳐서 차선이 줄어들거나 도로상의 주차로 인해 교통 혼잡이 증가할 수 있는데, 이는 바람직하지 않은 결과를 야기할 수 있다. 도심지역의 보행자 이동을 제한하고 상점, 레스토랑, 사무실 및 아파트에 대한 접근을 제한하면 도시 생활의 기능 및 생존에 부정적인 영향을 미칠 수 있다.
- 많은 지역에서 거리의 주차공간은 종종 건물과 도로 사이의 이격지역에 위치한다. 이러한 주차공간은 건물과 도로 사이의 거리를 늘이는 것을 방해하며, 가능하면 이러한 계획을 피해야 한

[그림 6-5]
건물 외부 연석라인의
주차공간을 영구적으로 제거하여
일상적인 불편을 겪는 사례
출처: NCPC

다(그림 6-5).

- 위험성이 큰 건물의 경우 추가적인 이격거리가 절대적으로 필요하지 않더라도 도로변 주차장을 제거해서는 안 된다. 보안 대응 조치들로 차량이 도로를 이탈하는 것을 막기 위해 도로보다 높은 연석들과 다른 장비들을 설치할 수 있다. 필요한 경우 인도는 가장자리 도로 연석으로 구분되는 차선 전용 구역을 포함하여 넓힐 수도 있다.

경우에 따라 도로변 주차나 차선 폐쇄 금지는 보안 경고가 증가하는 동안 임시 조치로 사용할 수 있다. 증가된 위협에 대해 차선의 임시 폐쇄는 임시방편의 조치로, 가능하다면 좀 더 신중한 대응을 계획해야 한다(그림 6-6).

적절한 이격공간을 확보하고, 위험성이 높은 도심에서 차량 접근을 제한하기 위해서는 도로 폐쇄, 차량 통제 및 검문검색이 고려될 수 있다. 이러한 조치는 교통 인프라에 미치는 영향 및 지역 교통 패턴의 혼란 우려 등 전반적인 상황을 고려하여 신중하게 계획되어야 한다. 도로 폐쇄, 차량 통제 및 검문검색이 지역 교통 패턴 및 주

[그림 6-6]
일시적인 도로 폐쇄와 통제

변 지역에 미치는 영향에 대한 세부 정보를 확인하려면 교통에 대한 연구가 필요하다.

적절한 공간을 확보하기 위해 도로 폐쇄가 불가능한 경우의 해결책은 건물 구조, 유리창 및 출입구 등을 견고히 하고 감시 및 보안을 강화하는 것이다. 새 건물에서 건물의 구조 및 외장을 완벽하게 강화하는 것은 쉽게 적용할 수 있지만, 기존 건물에서는 상당한 비용이 필요할 것이다. 세밀한 진단으로 건물 저층부의 약점과 노출되어 있는 기둥들에 대한 보강 같은 부분적인 강화만으로도 허용 수준까지 위험을 감소시킬 수 있음을 알 수 있다.

또한, 출입구 및 서비스 지역에서의 효과적인 검문검색과 함께 인접도로에서의 수상한 차량을 식별하기 위한 감시가 강화되어야 한다.

- 차량의 크기를 제한하기 위해 도심지역에서 통행 가능한 차량을 규제하는 것이 바람직할 수 있다. 예를 들어 어느 지역에서 폭발적으로 늘어난 교통량을 줄이기 위해 해당 지역에 대한 트럭의 통행을 금지하는 것이다.

중앙 비즈니스 구역은 개별 건물에 대한 위협이 상대적으로 낮고, 건물이 잘 건축되어 있으며, 고속으로 돌진하는 차량 공격의 가능성이 낮은데, 이러한 위험에 대한 수용은 가장 합리적인 행동 지침이 될 수 있다.

많은 고건물(19세기 후반과 20세기 초반의 건축물)은 작은 창문과 석조 벽이 있는 석조 구조물이나 콘크리트로 덮인 강철 프레임으로 이루어진 견고한 구조물이다. 이전 건물들은 거대한 바닥 벽이 있고, 내하중 벽을 갖고 있다. 그런 건물들은 상당한 충격을 견뎌낼 수 있지만, 한번 파열되면 철근이나 강화 콘크리트 구조물보다 연속적인 붕괴 가능성이 더 높다.

요약하면, 중앙 비즈니스 구역은 다음 조치 중 일부 또는 전부를 포함하는 절충안이 필요하다.

- 인도 가장자리에 장벽을 설치하여 약간의 공간을 확보하고, 인도를 침범하는 차량을 막을 수 있다.
- 건물 하부층의 위해적(危害的) 기능을 제거한다.
- 창문과 기둥을 강화한다.
- 하역장 및 주차지역을 강화한다.
- 카메라 및 보안요원을 집중적으로 감시한다.

인도는 흔히 폭이 약 10피트(3m)에 불과하고 골목길은 약 6피트(1.8m) 정도여서 건물과 적절한 이격거리를 확보하기가 불가능하다. 위험성이 높은 사이트의 경우 인도의 가장자리에 경계 장애물(차문이 열리는 공간 확보)이 있어 교통량이 많은 곳에서 보행자를 보호하고, 잠재적인 공격자(차량 등)가 인도를 침범하는 것을 방지할 수 있다.

[그림 6-7]은 좁은 거리에 면한 약 7피트(2.1m) 너비의 인도가 있는 건물인데, 차량 통행 유지가 중요하다는 것을 보여준다. 건물

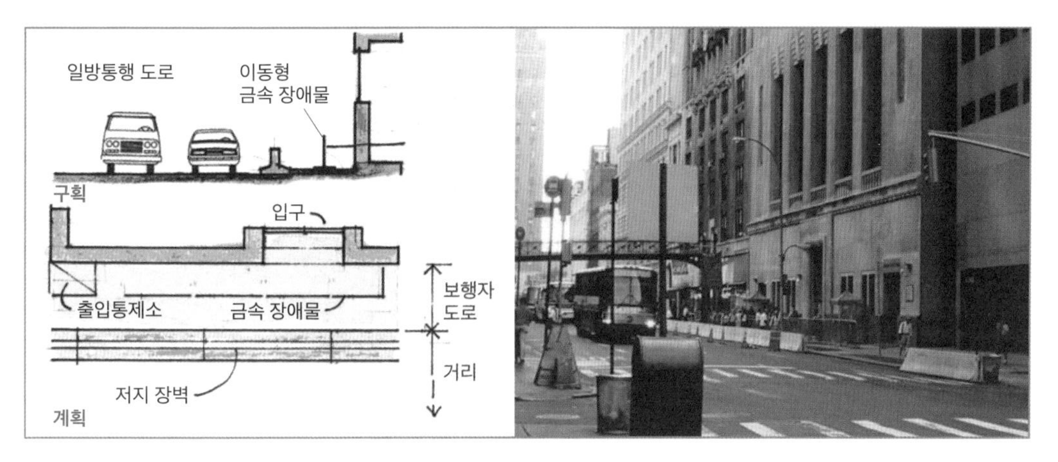

[그림 6-7] 위험성이 높고 세트백이 없는 건물에 대한 임시 보호의 불만족스러운 예(저지 장애물이 고정되어 있지 않으면 차량에 의해 옆으로 밀릴 수도 있다)

방호는 임시 금속 장벽 뒤쪽 인도에서의 사전 차단과 건물 입구에서의 완전한 검문검색에 의존한다. 보행자를 차량으로부터 보호하고 인도를 침범하는 차량을 차단하기 위해 도로변에 저지(Jersey) 장애물을 설치한다.

위의 [그림 6-7]에서와 같이 저지 장애물을 사용하는 것은 효과적이지 않으며, 외관상 세련되지 않고, 자동차 문이 열리는 것을 방해할 수 있어 바람직하지 않다. 저지 장애물은 [그림 6-8]에서 보여주는 공학적 설계의 결과물인 볼라드의 임시 버전이라고 생각하면 된다. 이 경우 인도는 2지대 방호 역할을 한다. 잘 설계된 볼라드는 인도 가장자리에 설치하고, 적당한 간격으로 가로수를 식재하여 자동차 문 열림을 방해하지 않고, 차량이 인도로 침범하는 것을 방지하며, 복잡한 거리의 교통흐름에서 보행자를 보호하는 장점이 있다.

차폐된 출입구를 사용할 때는 연석과 건물 사이의 임시 금속 장애물을 이용하며, 인도에 설계된 장애물은 1지대 방호로 전환된다.

[그림 6-8]
세트백이 없는 건물의 좋은 설계 예. 공학적으로 잘 설계된 볼라드는 1지대 방호와 2지대 방호를 명확하게 알 수 있게 해주며, 가로수는 돌진하는 차량들에 의한 볼라드의 충격을 완화시키는 역할을 한다.

6.2.2 골목길(alleys)

세트백이 없는 건물의 가장 극단적인 형태는 골목길에서 볼 수 있다. 일반적인 골목길은 폭이 약 20피트(6.1m)이고, 인도 폭은 6피트(1.8m) 이하다. 경우에 따라서는 골목길의 한쪽에만 인도가 있다(그림 6-9).

위에서 언급한 세트백이 없는 건물에 대한 보호 대책은 골목길이 있는 경우에 적용된다.

[그림 6-9]
골목길들(오른쪽은 한쪽에만 인도가 있는 경우)

골목길과 전형적인 도심 거리에서 건물과 도로 사이의 적당한 거리를 유지하고자 할 때 거리의 폐쇄 없이는 불가능한 경우가 많지만, 출입구로 활용해야 하므로 대부분 영구 폐쇄는 불가능하다. 이 경우, 출입구로 활용해야 할 도로의 폐쇄는 개폐식 볼라드 또는 기타 장치 같은 능동적인 장애물과 보안요원 그리고 완벽한 검문검색 시스템을 사용하여 수행할 수 있다.

잘 계획되고 설계된 거리 폐쇄는 고위험 지역에서도 거리의 질을 향상시킬 수 있다. 영구적인 도로 폐쇄는 기존의 교통 패턴을 존중하는 교통 연구뿐만 아니라 주변을 발전시키면서 개선할 수 있는 방안을 찾기 위해 계획하는 것이 중요하다. 차량에 대한 속도 제어 또한 보안을 위해 중요하다. 이러한 내용은 5.4절에서 이미 논의했지만, 5.4절에 제시한 몇 가지 방법(예: 로터리)은 공간 부족 때문에 도시 환경에서 적용되지 않을 수도 있다.

보안조치들은 설계에 주의를 기울여 필요한 성능에 초점을 맞추고 창의적인 재료 및 형상을 사용하는 경우 효과적이고 매력적일 수 있다. 좋은 디자인을 위해서는 사이트별·상황별 솔루션이 필요하다. 견고한 거리 조경요소를 설계하고 배치할 때 공공 영역의 기능과 현장의 상황을 신중하게 고려해야 하며, 시각적 및 물리적으로 거리의 경관을 해치는 것을 피하기 위해 이러한 요소의 배치를 주의 깊게 검토해야 한다. 이러한 해결책들이 일반적으로 적용되어서는 안 된다. 경우에 따라 도시의 중요한 역사적인 지역이나 건물과 관련한 공공장소의 보안 대책은 모두 포기해야 한다.

사례연구 6은 도로 폐쇄를 활용하여 적절한 공간을 제공하고 보호가 필요한 지역의 도시 가치, 활력 및 기능을 향상시키는 지역 보호 계획의 좋은 예를 제공한다.

1.1 서론

프로젝트 범위

9·11 테러 이후 뉴욕시 금융가는 추가적인 테러의 표적이 될 가능성이 있다고 알려졌다. 뉴욕시와 뉴욕증권거래소(NYSE)는 금융가의 보안 강화를 위한 즉각적인 조치를 취했다.

도시의 공공장소는 해당 지역의 경관을 훼손할 뿐만 아니라 무거운 구조물을 신속하게 설치해야 하는 불편한 보안 시스템 때문에 어려움을 겪는다.

금융가는 일반 자동차, 서비스 차량 및 보행자가 빈번히 이동하는 매우 불규칙한 도로 패턴을 갖고 있다. 따라서 뉴욕증권거래소(NYSE)에 대한 충분한 공간을 확보하기 위해 여러 곳의 도로를 폐쇄하는 조치를 취할 수밖에 없다. 더불어 금융가로 진입하는 교통을 차단하기 위해 도시의 공공장소에 부정적인 영향을 미치는 저지 장애물, 바리케이드 및 견고한 장애물로서 트럭 배치와 보안요원 및 유인(有人) 검문소가 확충되었다.

로저스 마블 건축사무소(Rogers Marvel Architects)는 퀴넬 로스차일드 파트너스(Quennell Rothschild Partners: 경관), 와이들링거 어소시에이츠(Weidlinger Associates: 물리적 보호), 듀시벨라 벤터 앤 샌토어(Ducibella Ventor and Santore: 보안), 필립 하비브 어소시에이츠(Philip Habib Associates: 교통량) 등 여러 분야의 팀을 이끌었다. 또한 NYC 도시계획부, 남부맨해튼개발공사(LMDC: Lower Manhattan Development Corporation), NYC 경제개발공사, 뉴욕증권거래소(NYSE), 뉴욕경찰청(NYPD) 및 NYC 교통부 등 많은 공공기관이 참여했다. 이 계획은 보안의 실질적인 문제는 보안 자체가 아니라 어떻게 하면 도시 구조를 파괴하는 공격의 위협을 방지하고, 개방에 대한 심리적 불안을 해소하며, 보안을 공공장소 내의 편의시설로 간주하는 것으로 인식할 수 있을까 하는 것이다.

2.0 설계 방법

2.1 주요 이슈사항들

로저스 마블팀의 접근 방식의 기본은 편의시설만 건축하는 것이었다. 보안은 공공 공간을 새롭게 만들거나 늘리기 위해 보안 설비에 비용을 지급하는 도시 설계 문제로 간주되었다. 그렇게 하면 보안시설물들의 테스트 적용 여부에 관계없이 프로젝트의 완성은 지역사회에 도움이 된다.

보안 인프라는 도시 기능과 시민 보호 기능을 위해 프로그래밍 되었다. 이것은 다음의 네 가지 전략을 포함한다.

- 금융가 지역이 보행자 및 교통흐름, 보안 측면에서 어떠한 영향을 미치는지 재차 고려
- 교통흐름 패턴의 변경 및 보안시설물의 영향 최소화
- 거리의 조형물들 중에서 보호가 필요한 시설물의 분산 배치
- 도시의 밀집 특성을 고려한 작은 공간 활용

2.2 보안 전략

1지대 방호

- 경계선에는 볼라드가 배치되며, 도로 폐쇄를 위해 특수하게 설계된 조각물로 구성된다. 조각물 또는 'NO GO 장애물(출입이 불가능하도록 하는 시설물)'은 얕은 기초만 있으면 되고, 거리 조형물에 상호보완적인 설비를 추가한다.

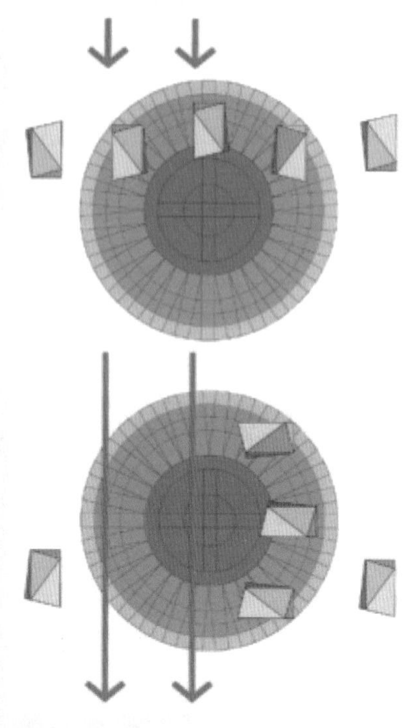

- 출입구 통제는 도로 장애물, 턴테이블 및 기타 운용 가능한 장애물을 순환 배치한다.

2지대 방호

- 목표 자산 보호를 위한 이격공간을 확보하기 위해 출입통제 등 도로 폐쇄에 신중해야 한다.
- 보행자를 편리하게 하고, 멋진 보행자 전용 광장을 만들기 위해 도로 폐쇄를 주의 깊게 계획한다.

3지대 방호

- 그 지역의 주요 건물 중 상당수는 기념비적인 스타일로 견고하게 지

어진 오래된 건물이다. 개인 소유주는 자산의 특성과 위치에 따라 적절한 방호 조치를 취한다.

2.3 주변 환경과의 조화

이 프로젝트는 뉴욕의 금융가 및 뉴욕증권거래소(NYSE) 지역의 독립성을 강화하기 위해 특별히 고안된 거리 조형물 제품군을 사용한다. 자갈 표면을 사용하여 도로를 다시 만들고 '보행자 공간'으로 정의한다. 조명과 개방된 공간은 뉴욕 금융가 내의 공동체 의식을 형성하기 위해 추가했다.

3.0 혁신과 모범 사례

이 프로젝트는 많은 거리 조형물 개발에 책임이 있다. 보안 설비를 거추장스러운 시설이 아닌 편의시설로 생각하는 성공적인 사례라고 할 수 있다. 보안 시스템 설계는 브로드 스트리트(Broad Street)에 차량 없는 보행자 광장을 설치하고, 그 지역 전체에 보행자를 위한 가로등을 추가로 설치했다. 뉴욕 금융가는 거래소가 영업을 종료한 이후 시간에도 주변 시설들이 문을 닫지 않는다. 구역정비 및 재개발을 통해 해당 지역이 레스토랑, 학교, 소매점 및 거주공간이 위치한 24시간 활동지역으로 변경된다.

NO GO 장애물 조각물과 '턴테이블'은 4.6절에서 설명했다. 또한, 강화유리로 만들어진 거리 조형물 및 특수한 가로등이 개발되었다.

월스트리트와 브로드웨이 프로젝트의 전후 비교. 전(왼쪽)과 후(오른쪽)

6.3 건축물의 여유공간

일부 건물은 벽면과 인도 사이에 '여유공간(yard)'이 있다. 일반적으로 경계지역 내에 있고, 건물 옆에 잔디나 식물이 식재된 지역으로 이루어져 있다. 여유공간은 정부 또는 기관 건물에 제공된다. 전체 건물의 적용 범위는 사적인 개발과 비교해도 경제적으로 민감하지 않다. 일반적으로 10~30피트(3~6.1m) 정도의 길이로 좁은 편이며, 인도를 넘어선 지역에 이격거리를 제공한다.

약간 복잡하지만, [그림 6-10](평면도)과 [그림 6-11](단면도)에 표시된 좁은 여유공간과 함께 건물의 3지대 방호를 볼 수 있다. 도로의 가장자리 연석 차선과 인도가 함께 1지대 방호를 형성한다. 인도는 보행자에게 이동과 통행을 위한 공통 공간을 제공한다.

건물 여유공간은 2지대 방호다. 보안시설 및 장비가 노출될 수 있기에 건축물의 구조 및 조경을 보완해야 한다. 설계된 화분 또는 주춧돌은 2지대 방호에서 훌륭한 보안 장애물 역할을 할 수 있다. 3지대 방호는 건물의 벽면과 내부다.

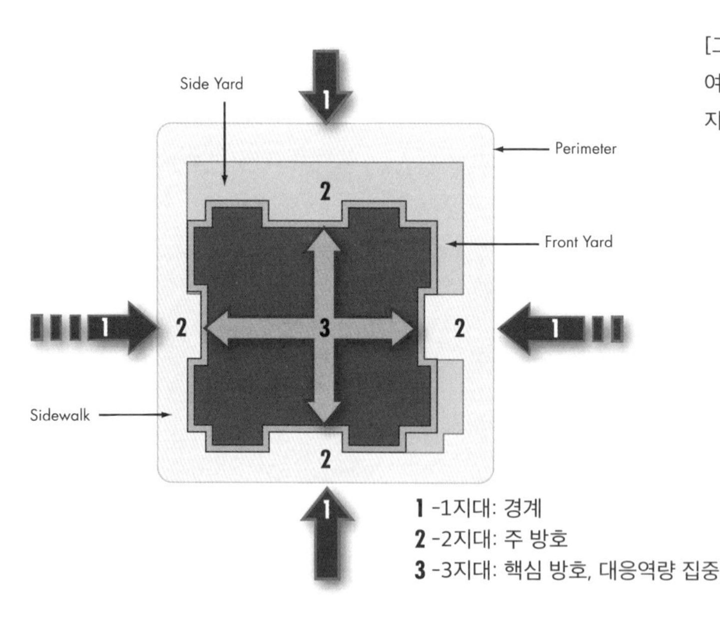

[그림 6-10]
여유공간이 있는 건물의 방호 지대(평면도)

[그림 6-11]
여유공간이 있는 방호 지대(단면도)
출처: FEMA E155

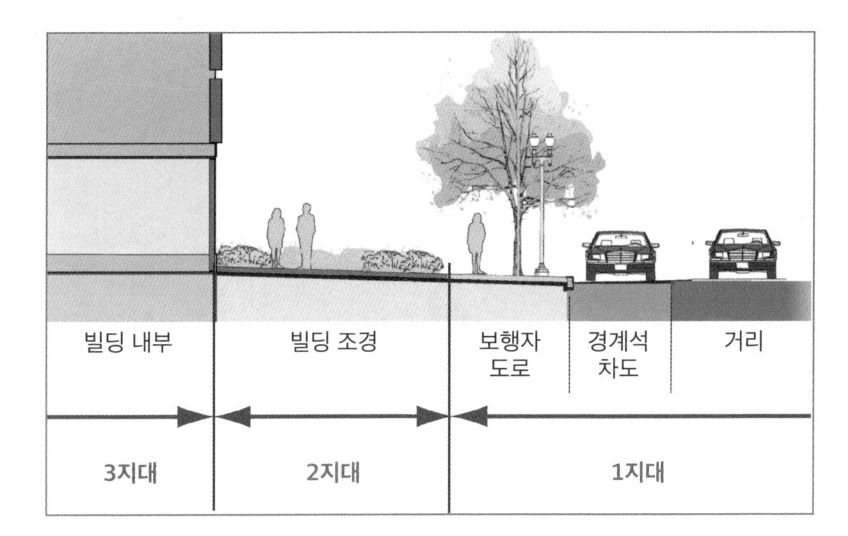

[그림 6-12] 높은 화단이 있는 좁은 뜰(왼쪽)과 넓은 인도를 가진 좁은 여유공간, 낮은 화단(오른쪽)

일부 주요 공공건물은 넓은 여유공간을 갖기도 한다. 합리적인 이격거리를 제공할 수 있는 조경이 설치된 앞마당 형태로 제공된다. 때로는 건물의 좁은 여유공간(건물 경계선 안쪽)이 시에서 설치한 넓은 인도와 겹치기도 한다. [그림 6-12]는 유용한 이격거리를 제공하는 약 40피트(12.2m)의 공간을 갖고 있는 건물의 예를 보여준다.

평평한 바닥 또는 낮은 화단은 차량의 침입으로부터 거의 또는 전혀 방호를 제공하지 않지만, 공학적으로 설계된 화분 또는 높은 옹벽 및 화단은 효과적인 장애물이 될 수 있다(그림 6-13).

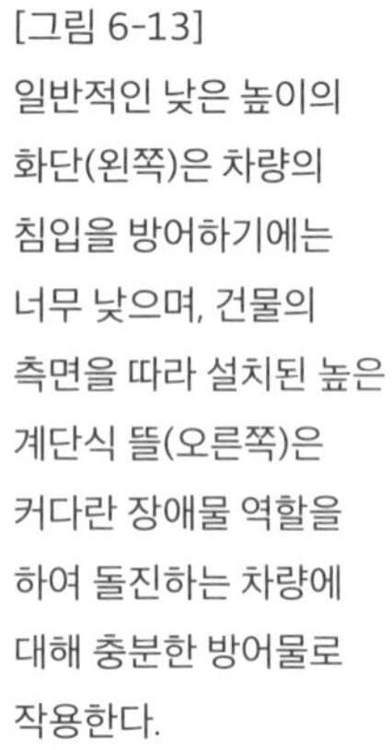

[그림 6-13]
일반적인 낮은 높이의 화단(왼쪽)은 차량의 침입을 방어하기에는 너무 낮으며, 건물의 측면을 따라 설치된 높은 계단식 뜰(오른쪽)은 커다란 장애물 역할을 하여 돌진하는 차량에 대해 충분한 방어물로 작용한다.

[그림 6-14] 건축과 조화를 이루는 장애물. 공학적으로 설계한 벤치(왼쪽)와 S자 곡선의 벽(오른쪽)
출처: NCPC

건물 뜰 내의 보안요소는 건축적인 특성과 조경을 보완해주는 역할을 해야 하며, 보안과 관련된 시설보다는 잘 설계된 조형물처럼 인식하도록 설계되어야 한다(그림 6-14).

6.4 광장들

제2차 세계대전 이후 대형 건물들과 함께 대규모 비즈니스 지역 개발이 시작되었다. 세트백이 없는 곧게 뻗은 타워가 유행했을 때, 새로운 법령들은 공공광장을 조성하는 건물 개발자들에게 더 높은 건물을 지을 수 있도록 허용했다(그림 6-15).

본질적으로 광장은 확장된 건물 뜰이며, 건물 개발자가 건물의 바깥쪽에서 안쪽으로 접근을 제어하는 공공의 공간이다. 광장의 방호 지대는 뜰의 방호 지대와 비슷하다. 광장에 의해 제공되는 추가

[그림 6-15]
공공의 광장을 가진 사무실 건물

[그림 6-16]
광장에서의 방호 지대

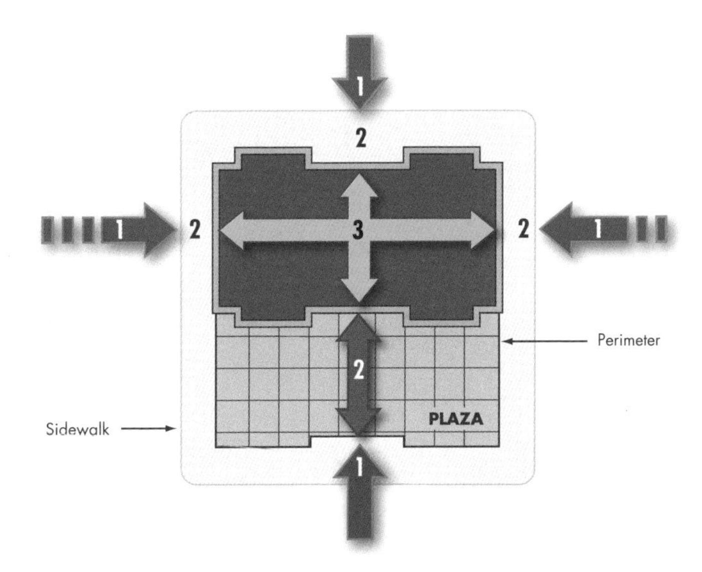

공간은 도시 환경에서 더욱 효과적인 2지대 방호를 이루며, 건물에 설치된 광장에 따라 하나 또는 그 이상의 공간을 확보할 수 있다. [그림 6-16]은 광장에서의 방호 지대를 보여준다.

공공건물은 종종 광장에 위치한다. 사람들이 휴식을 취하고, 대화를 나누며, 더 넓은 도시 환경에서 야외 활동을 즐길 쾌적한 공간을 제공할 수 있도록 신중하게 설계되어야 한다.

광장은 또한 2차 방호 지대인 광장 자체에 장애물을 설치할 공간을 제공한다. 건축 설계자들은 이제 보안을 향상시키면서 광장의 효과를 끌어올리기 위한 흥미로운 형태를 적용하기 위해 실험하고 있다(그림 6-17).

[그림 6-17]
샌프란시스코 연방 건물의 장애물로 사용되는 조각품들, 거리 조형물들 및 맞춤형 볼라드들
출처: Della Valle+Bernheimer Architects/Aerial 사진: Richard Barnes

[그림 6-17]에서 볼 수 있듯이 기존 광장의 장애물들은 차량을 이용하여 광장을 통과할 수 없는 예술적인 조형물들이며 식물, 작은 연못 및 벤치 같은 조경물들의 조화로운 배치는 광장을 보안시설로 업데이트하기 전보다 훨씬 흥미로운 장소로 만든다.

[그림 6-18]은 나무가 식재된 다양한 조경물이 있는 광장을 보여주며, 2차 방호 지대를 제공할 뿐만 아니라 건물을 위한 매력적인 환경을 조성한다.

sweet gum trees,[1] 콘크리트 벤치 및 스테인리스 스틸 볼라드가 1차 방호 지대를 형성한다. 운전자가 차량을 돌진시켜 장애물들을 통과하려면 보안 해자(security moat)를 겸하는 수련 연못을 지나거나 정문으로의 접근을 저지하기 위해 지그재그로 식재한 80여 그루의 나무숲을 지나가야 한다. 그 장애물들을 지난 다음에는 지면보다 낮게 설치한 조각물 정원, 미관상으로도 보기 좋고 차량이 지나가는 것을 방해하기 위한 부드러운 잔디가 건물 계단의 바깥쪽에 깔려 있다. 건물의 표지조차 보안 시스템의 일부다. 건물의 표지는 20피트(6.1m) 길이의 석조물로, 서쪽 경계의 일부를 담당한다. 차량이 이 모든 것을 성공적으로 통과했다 하더라도 약 18피트(5.5m) 높이의 계단을 올라가야 한다.

[1] sweet gum tree: 쌍떡잎식물 장미목 조록나무과의 낙엽교목. 미국산이며 원산지에서는 높이가 45m에 달함

[그림 6-18] 시애틀 법원청사 광장의 조감도
출처: Peter Walker and Partners

[그림 6-19] 장애물 역할을 하는 가파른 계단과 물이 있는 공간
출처: Peter Walker and Partners

[그림 6-18]과 [그림 6-19]의 광장은 가파른 경사면에 위치하고 있다. 높은 계단이 장애물 역할을 하며, 광장 내에 물이 고여 있는 공간은 이격거리를 증가시킴으로써 2지대 방호에 기여한다(그림 6-19).

아래 그림의 미니애폴리스(Minneapolis) 광장은 시청과 새로운 연방 법원청사 사이에 위치하고 있다. 광장 전체는 지하주차장 위에 지어졌다. 광장 디자인은 미네소타의 문화 및 역사를 표현하고 있다.

미네소타 역사의 산물인 둔덕 및 통나무 조각품은 광장의 상징이다. 둔덕은 차량으로 통과하기가 거의 불가능하지만, 만약 누군가가 그것을 돌파한다면 둔덕이 아래쪽 공간으로 무너져 내리면서 보

[그림 6-20] 지하주차장 위에 지어졌으며, 미네소타의 역사를 상징하는 식물이 식재된 둔덕과 통나무 벤치가 있는 미니애폴리스 법원청사 광장
출처: Courtesy of Martha Schwartz, Inc.

호할 것이다. 커다란 통나무들은 건물에 접근하는 차량을 저지한다 (그림 6-20~그림 6-23).

[그림 6-21] 미니애폴리스 법원청사 광장에 있는 미네소타의 역사적 산물인 '드럼린(drumlins)'.[2] 2차 방호 지대로, 건물과의 이격거리를 만들어 차량 공격에 대한 장애물로 작용할 수 있다. 출처: Courtesy of Martha Schwartz, Inc.

[2] drumlin: 빙하의 움직임에 의해 형성된 작은 언덕

[그림 6-22] 미니애폴리스 법원청사 광장. 드럼린 및 통나무들을 자세히 보여주며, 통나무들은 벤치로 사용된다. 출처: Courtesy of Martha Schwartz, Inc.

[그림 6-23] 드럼린의 방향 및 광장의 보도블록 패턴은 보행자들을 건물 입구 쪽으로 유도하도록 설계되어 있다. 출처: Courtesy of Martha Schwartz, Inc.

6.5 출입구

보안조치를 통해 정상적인 사이트 간 출입을 차단할 수 있다. 차량을 사용하여 폭발물 및 CBR 물질을 건물 근처 또는 내부로 운반할 수 있다. 테러범의 차량폭탄이 건물 근처 또는 내부로 들어가거나, 테러범이 건물 근처로 운반한 폭탄이 사람들에게 심한 부상을 입히고 건물을 파괴할 수 있다. 방호 장애물 또는 통제소가 필요하지만, 시야를 가리는 것을 최소화하기 위해 신중하게 설계해야 한다. 지나치게 많은 출입구는 보안을 취약하게 하거나 출입통제를 위한 보안요원의 인건비와 장비 비용을 증가시킬 수 있다.

고위험 시설 및 위협 수준이 높아질 경우 방문객 그리고/혹은 직원에 대한 무기 및 폭발물 검문검색이 중요하다. 검문검색에는 육안 검사, 수하물 검색, 금속 탐지기 통과, 휴대용 금속 탐지기, X선 검사 기계, 폭발물 탐지기 및 생화학 물질 탐지기가 포함될 수 있다. 검색 장비가 필요한 경우 설계 또는 개선 계획 단계 초기에 적절한 공간을 확보해야 한다. 이 공간은 필요한 보안 시스템의 종류, 예상 방문자 수 및 보안요원 수에 따라 신중하게 설계해야 한다. 혼잡한 상황이 휴대용 폭탄을 설치하는 것과 같은 은밀한 활동을 은폐할 수 있는 환경을 만들므로 건물 입구에 많은 사람이 모이는 것은 피해야 한다.

특히 출근시간, 점심시간, 퇴근시간에 방문자와 직원들이 신속하게 출입할 수 있도록 적절한 수의 보안요원과 충분한 검색 장비를 설치해야 한다.

긴 대기열은 검문검색 절차를 서두르게 하는 경향이 있으므로 사람과 무기 등의 무단출입 기회를 제공할 수 있다. 건물 입구 안쪽에 충분한 공간이 있으면 건물 내에서 대기하는 인원이 발생한다. 만약 입구 안쪽에 공간이 충분치 않다면, 건물 외부에서 대기하는 인원들이 있을 수 있으므로 우천 시를 대비한 시설이 준비되어야 한다.

[그림 6-24] 보행로 입구에는 기존의 울타리에 어울리게 설계된 신축 출입구가 있으며, 우아한 아치 캐노피와 경비실은 차량 출입통제 기능을 제공한다.
출처: NCPC

6.6 복합통행 시스템

일반적으로 인근의 대중교통, 버스 노선, 철도 및 기타 교통수단으로 접근할 수 있는 도시 지역은 보안 및 차량흐름의 영향에 대해 신중하게 평가해야 한다. 직원 및 방문객은 역이나 정류장에 대한 접근이 편리해야 하지만, 도로와 건물 사이의 이격거리와 접근의 편의성 사이에서 상충될 수 있다. 인도, 버스정류장, 하차장 및 주차공간 설계는 도로와 건물 사이의 이격거리, 접근 통제, 검색 및 차폐를 위해 프로젝트의 보안 요구사항과 기능적으로 균형을 이루어야 한다. 경우에 따라 지하철역은 건물에서 직접 출입할 수도 있고, 도로변의 출입구를 통해 건물과 지하철역으로 연결할 수도 있다. [그림 6-25] 및 [그림 6-26]은 복합통행 허브(inter-modal hubs)[3]를 보여준다.

[3] inter-modal: 서로 다른 통행수단 중 두 가지 이상의 조합에 의해 이루어지는 통행 방식

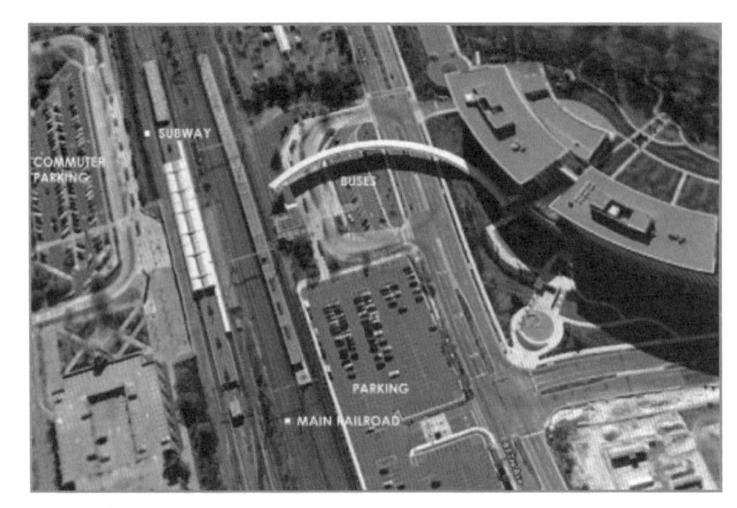

[그림 6-25] 주차장, 철도역, 지하철 및 버스정류장이 연계된 복합통행 허브
출처: Google Earth, Modified

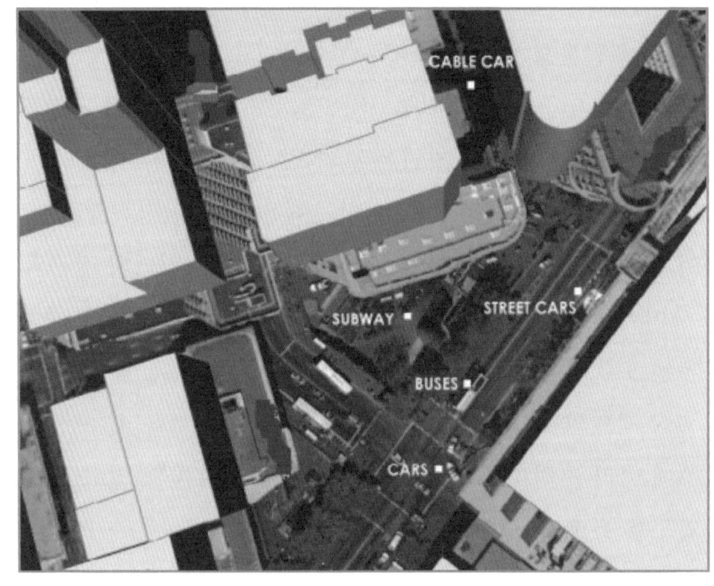

[그림 6-26] 복합통행 허브 조감도. 지하철 및 건물 출입이 모두 가능한 출입구를 보여준다.
출처: Google Earth, Modified

복합통행 허브 부근에서 보안조치의 영향을 최소화하기 위한 몇 가지 고려사항은 다음과 같다.

- 일반 사용자의 지하철역 및 기차역에 대한 출입 또는 통행을 제한하는 것이 보안 개선에 의한 불편함을 줄일 수 있는 방법인지 검토
- 지하철역, 버스정류장 등의 기존 노선에 미치는 영향을 줄이며

보안 개선과 노선 대체를 위한 위치 연구

- 설계 시 기준이 되었던 위협을 기반으로 적절한 보안 수준을 설계하고, 위협 수준이 높아지면 계획된 임시수단으로 통제 강화
- 주변 보안을 개선하고, 지역 이동성과 상호연결성을 유지하기 위한 잠재적인 완화전략을 고안하는 것이 지역사회에 주는 영향임을 이해
- 버스정류장, 기타 하차 및 승차 구역에서의 특별 보호 조치의 필요성(그림 6-27)

[그림 6-27] 버스정류장, 기타 하차 및 승차 구역에는 특별한 보호 조치가 필요

6.7 주차장 설계

6.7.1 개요

중앙 비즈니스 구역의 일반적인 주차 지역은 일반 도로변 차선 주차, 광장이나 기타 공공 공간 아래의 지하주차장, 건물의 지하주차장, 독립 또는 건물에 속한 주차장 등이 있다.

지상 주차장은 종종 혼잡하고 일시적이며 개발이 계획되어 있다. 주차 관련 위험을 줄이려면 주차 제한, 주변 완충 영역, 장애물,

[그림 6-28] 도시의 전형적인 모습인 주차 관련 통제 및 제한 팻말

구조적인 강화, 기타 건축 및 공학적인 솔루션을 적용하는 등의 일관성 있는 설계가 필요하다(그림 6-28).

주차장은 위험을 줄이기 위해 신중하게 설계해야 한다. 도로의 배치는 차량이 주차장에서 건물 쪽으로 직접 접근하는 것을 방지해야 한다. 주차장 베이[4]의 배치는 둔덕, 장애물 및 차단막의 사용과 마찬가지로 차량이 주차장에서 건물로 직접 접근하는 것을 방지하는 효과적인 방법이다. 이러한 것들은 주차장에 대한 시각적 영향을 최소화하여 미적인 목적을 달성할 수도 있다.

만약 이전에 주차장으로 사용된 공간을 보안 문제 때문에 폐쇄했다면 다른 활용방안을 연구하여 잠재적인 공격자가 접근할 수 없도록 해야 한다.

6.7.2 도로 차선 이용 공영주차장

도로 차선 이용 공영주차장은 종종 이격거리 구간에 설치한다. 이러한 이격거리를 넓히려면 주차 차선을 폐쇄해야 한다. 주차 차선 폐쇄의 실현 가능성을 평가하려면 지역 인프라에서 도로의 역할과 추가적인 차선 도입으로 이격거리가 확실하게 개선되는지 여부도 고려해야 한다.

만약 도로 차선 주차가 고위험 때문에 받아들일 수 없다면 취약한 거리로의 접근이나 주차는 적합한 이격거리 구간이 만들어지기

4 베이(bay): 기둥과 기둥 사이의 한 구획

전까지는 금지해야 한다. 이러한 시도는 뉴욕 금융가에 적용된 바 있다.

도로 차선을 이용한 공영주차장에 대한 고려사항은 다음과 같다.

- 조밀한 인구밀집 지역의 도로 연석 차선 주차는 회사 소유 차량 또는 임원 차량의 주차를 적절하게 제한해야 한다.
- 노상 주차로 인해 지역 사업에 미치는 영향을 평가해야 한다.
- 가능하면 건물과 인접한 주차의 경우 적절한 세트백을 제공해야 하며, 세트백 제공이 불충분할 경우 구조적인 강화 및/또는 보강된 감시 방법을 적용해야 한다. 새롭게 디자인할 경우, 인접한 건물에 적절한 세트백을 제공하기 위해 건물의 위치를 조정할 수 있다.
- 승차 및 하차 지역은 검색을 받지 않은 차량에 대한 이격거리를 유지하고, 보행자의 이동성과 편의성을 위해 도로변에 적절한 장애물들이 있어야 한다. 여기에는 차량 문을 여는 데 필요한 여유 공간을 확보하기 위한 장애물 배치, 적절한 조명 및 쉼터

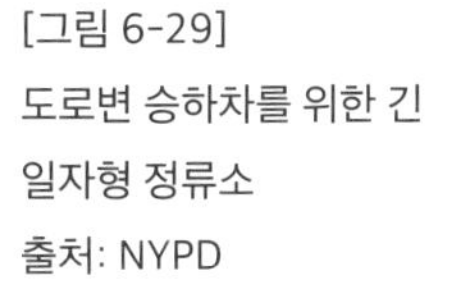
[그림 6-29]
도로변 승하차를 위한 긴 일자형 정류소
출처: NYPD

제공으로 보행자가 안전하게 승차를 기다릴 수 있으며 장애인 출입을 위한 적절한 설계가 포함된다. 교통 동선 계획은 무엇보다 응급 구조요원들과 비상 차량에 대한 효과적인 접근이 가능하도록 해야 한다(그림 6-29).

다음 절에서는 공공 거리 주차 차선, 지하주차장 또는 건물 내 주차공간의 배치 및 디자인에 대한 보안 설계 지침을 제공한다.

6.7.3 지하주차장 및 건물 하부 주차장 배치

지하주차장에 인접한 건물은 주차장 내에서 폭발이 발생하면 부수적인 충격을 받을 수 있다. 이러한 위험요소는 입구에서 검사 및 통제 수준을 결정하기 위해 평가되어야 한다.

일반적으로 이러한 요소들은 주차료를 징수하거나 형식적인 검사로 국한되지만, 특별관리 건물이나 보안요건 강화를 목적으로 신중한 보안 검색을 위해 임시 보안 검사소 설치가 필요할 수도 있다. 폭발을 견뎌낼 수 있도록 건축이나 구조물 설계 반영 정도에 따라 수직하중 지지부재를 보호하는 것은 상당한 차이를 보일 수 있다. 휴대용 장비의 경우 몇 인치 또는 몇 피트 거리가 중요할 수 있다. 기둥으로 접근 가능한 부분 주변에 대해 경사진 형상이나 다른 단순한 디자인을 적용하는 것은 기둥의 붕괴를 방지할 수 있는 간단한 조치이며, 주차장 설계 시 차량을 기둥에서 몇 피트 떨어진 곳에 주차하도록 할 수도 있다. 이는 붕괴 위험을 최소화할 수 있는 간단하고도 비용적으로 효과적인 조치이고, 동시에 눈에 거슬리지 않으며 심지어 매력적이기도 하다.

고위험 건물 아래의 지하주차장을 보호하기 위한 일반적인 출입 통제는 [그림 6-30]과 [그림 6-31]에 나와 있다.

[그림 6-30]
지하주차장 출입통제(길게 늘어선 검색 대기 차량, 빌딩과 조화를 이루는 경비실에 주목. 혼잡을 피하기 위해 필요한 모든 구성요소를 신중하게 설계해야 하며, 가능하다면 출입통제는 공공도로보다 건물로 접근하는 도로나 골목길이 적합)

[그림 6-31]
일반도로에서 본 법원 청사의 지하주차장 출입통제 모습(보이는 출입구는 수감자 이송 및 제한된 주차통제에 사용되며, 임시 표지판 및 게시물을 제거하여 혼란을 줄일 수 있음)

고위험 건물 아래에 주차공간을 만들어야 하는 경우 주차공간에 대한 접근을 통제하고 제한해야 한다. 주차공간은 조명 시설이 잘되어 있어야 하며, 잘 보이지 않거나 막다른 곳에 설치하지 말아야 한다. 또한 다음 제한사항을 적용해야 한다.

- 신분증 확인으로 출입이 가능한 공영주차장
- 회사 차량 및 건물 직원만 사용
- 승인된 회사 직원 또는 보안 직원만 출입 가능

설계자는 다음 사항을 고려해야 한다.

- 모든 단독·지상 주차시설의 경우 주차장 안팎 통과 시 감시를 위해 가시성 극대화
- 경고등 또는 주차 금지 램프를 이용하여 사용자가 평평한 표면에 주차하도록 유도
- 계단 및 엘리베이터 로비 디자인은 규정에서 언급한 것처럼 개방되도록 해야 한다. 이상적인 솔루션은 외부 또는 주차공간에서 계단 및/또는 엘리베이터 대기공간을 볼 수 있어야 한다. 이 영역을 사용하는 사람들이 쉽게 볼 수 있도록(그리고 바깥쪽도 볼 수 있도록) 설계가 권장되어야 한다. 규정 또는 우천 등 기상 변화 시 보호 목적으로 계단에 지붕을 설치해야 할 경우, 유리벽을 사용하여 잠재적인 공격을 방어할 수 있다. 계단 아래 및 내부와 주변의 잠재적 은폐 장소를 폐쇄해야 한다.
- 가능하다면 엘리베이터의 벽면들은 유리로 되어 있어야 한다. 엘리베이터 로비는 주차공간과 건물 외부 사람들의 눈에 잘 띄어야 한다.
- 보행자 경로는 가능한 한 통행이 집중되도록 설계해야 한다. 예를 들어, 보행자를 여러 접근 통로로 분산시키는 대신 한 곳에 집중하면 다른 사람들이 볼 가능성이 증가한다. 차량 입구와 출구를 최소한으로 제한하는 것이 좋다.
- 일반인에게 공개된 주차장은 무기 또는 폭발물 공격거점이나 대기장소로 사용될 수 있으므로 주차장의 관찰이 용이해야 하고, 중요시설의 접근을 차단하거나 충분한 이격거리를 고려하여 설치 및 평가되어야 한다.
- 도시의 주차장은 수용해야 할 보행자 및 차량 수가 많으며, 인근 건물에 다리로 연결될 수 있고, 인접한 건물의 감시 또는 위협에 대한 훌륭한 전망대 역할을 할 수 있다.
- 차단막 또는 검색 시스템이 포함된 주차장 설계 시 폭발로 인한 영향에서 벗어나기 위해 이격거리에 이러한 차단막 또는 검색

[그림 6-32]
건물 아래에 있는 주차장 출입 시 대기 및 검색

시스템을 설치하는 것이 좋다. 주차장 대기 및 검색을 위해 적절한 공간이 제공되어야 한다(그림 6-32).

- 주차장을 건축할 때는 비상 통신 시스템(예: 인터콤, 전화 등)을 설치하여 보안요원과 직접 연락할 수 있게 해야 한다.
- 주차지역은 해당 지역을 화면에 표시하고 녹화할 수 있는 적절한 조명과 보안 시스템에 연결된 CCTV 카메라를 설치해야 한다.
- 주차장에서 주변 건물로의 차량 및 보행자를 연결하기 위한 설계는 지상주차장과 유사하다.

6.8 하역장 및 서비스 지역 배치

하역장 및 서비스 지역은 트럭(필요한 경우 대형 세미 트럭 포함)을 이용하여 쓰레기 수거, 픽업, 서비스 및 배달 등을 위해 쉽게 접근할 수 있는 위치에 설치해야 하며, 적재 구역은 도로 및 인도로부터 차단될 수 있도록 설치되어야 한다. 가능하면 우편물실 및 화물 엘리베이터 가까이에 위치해야 한다.

[그림 6-33]
검색지역은 충분한 공간이 필요하다. 이들 적재지역은 곧바로 공공도로와 인접한다. 2대 또는 많은 차량이 서 있을 때 보행자의 통행이 방해받을 수 있고, 통행자의 위험이 증가한다.
출처: FEMA E155

이러한 장소에 폭탄, 화학, 생물학 및 기타 유형의 위협이 발생할 우려가 있어 많은 기관에서는 적재 및 배달 시설을 외부 또는 외곽 지역으로 이전하기로 결정했다. 그렇지 않은 기관들은 폭발을 억제하고 건물에 인접한 지역을 보호할 수 있도록 이러한 지역을 보강하기로 결정했다. 이러한 이유 때문에 적재 구역의 부지 선정 및 배치는 차량 및 수화물을 검색하기 위해 충분한 공간이 필요하다. 가능하다면, 검색은 현장 밖에서 이루어져야 하며 정기적인 배송 시스템으로 운영하는 것이 좋다. 하지만 이는 좁은 도시 지역에서 실현하기는 어려울 수 있다(그림 6-33). 더 자세한 정보는 FEMA 426, 2.8절을 참조하라.

하역장 및 서비스 지역 설계 고려사항은 다음과 같다.

- 하역장, 선적 및 수령 지역을 다용도실, 전원 공급실 및 서비스 출입구의 모든 방향에서 최소 50피트(15m) 이상 분리하라. 여기에는 전기실, 전화/데이터, 화재 탐지/경보 시스템, 화재 진압용 소화전, 냉난방 시스템 등도 포함된다.
- 가능하면 건물 내 또는 아래에 차량 진입로를 설치하는 것을 피해야 한다. 필요한 경우 대형 차량을 감시하고, 차량 높이를 제

한해야 한다.

- 하역장에 인접한 지역이 심한 구조적 손상이나 붕괴가 발생하지 않는 한, 하역장의 벽과 천장에 대한 구조적 손상은 견딜 수 있다. 이는 하역장이 있는 지역의 손상을 억제하고 폭발력을 건물 외부로 분산하는 등의 적절한 구조적 설계에 의해 달성할 수 있다. 하역장 바닥은 아래에 중요한 시설이 설치되어 있지 않다면 폭발에 견딜 수 있게 설계할 필요가 없다.
- 운송을 위한 별도의 출입구를 명확하게 표시할 간판을 제공해야 한다.
- 적재 구역은 카메라 또는 경비원의 효과적인 감시가 가능하도록 설계되어야 한다. 화단, 벽 및 계단의 적절한 설계와 식물 및 거리 조형물 선정으로 공간을 쉽게 볼 수 있고 화물들이 은폐되는 지역을 줄일 수 있다.

6.9 보안을 위한 옥외조명 배치

야간의 3지대 방호에 대한 위협 탐지를 돕기 위해 적절한 조명을 제공해야 한다. 이는 보행자를 위한 방호 공간을 제공하는 데 도움이 된다. 사이트 조명은 여러 기능을 가진 사이트 디자인의 필수 구성요소다(그림 6-34).

- 조명을 사용하여 출입구, 통로, 간판 및 도로를 비추며, 이른 아침과 저녁에는 사용 시간을 연장해야 한다.
- 조명은 보안을 강화하고 향상된 가시성을 제공한다.
- 건축의 세세한 부분, 경관이 좋은 지역, 조경 식물, 야외 미술품 및 기타 물품 등에 조명을 비추면 아름다움을 더할 수 있다.

성공적인 사이트 디자인을 위해서는 적절한 형태의 조명시스

[그림 6-34] 다양한 상황에서의 적절한 조명
출처: Department of State

템 및 조명의 수준을 고려한다.

- 비상용 백업 시스템 중의 하나인 비상 조명(네 가지 유형의 조명에 대한 자세한 내용은 FEMA 426, 2.9절 참조)
- 출입 지점(예: 사이트 출입 지점 및 건물 입구 및 출구)
- 교통 순환(예: 도로, 주차공간, 인도 및 통로)
- 거리 및 주변 조명
- 간판 조명
- 거리 조경 시설물에 대한 조명
- 보안을 위한 조명

사이트 조명은 필요한 곳에 조명을 집중하기 위해 영역을 나눌 수 있다. 합리적인 예산 범위 내에서 우선순위를 정해 조명을 가장 효율적으로 사용할 수 있다. [그림 6-35]는 몇 가지 일반적인 영역을 보여준다. 그림의 숫자는 아래 설명을 참조하라.

① 벽, 문, 창문, 옥상 테라스 및 발코니를 포함한 건물 외부 표면
② 통로, 계단, 경사로, 테라스 및 하역장을 포함하여 건물 입구와 직접 연결된 야외 구역

③ 진입로 및 주차장을 포함하는 중간 옥외 지역; 산책로 및 포장된 테라스; 작은 정원과 크고 멀리 떨어져 있는 경관 지역; 복지시설; 편의시설, 서비스 및 창고 지역

④ 경계 벽의 안쪽 면 및 필요한 여유공간을 포함하는 경계 바로 안쪽 지역. 보행자 진입로, 차량 진입로 및 보안 검색대

⑤ 공공보도 및 도로, 수로 및 인접한 비공개 시설을 포함하여 방호 가능한 공간으로 고려하는 경계 외부 구역

적절한 조명 상황을 설계할 때 운영비용을 고려하는 것도 중요하다.

- 에너지 및 유지·보수비용을 예측하고 평가
- 프로젝트 지속 가능성에 대한 영향 평가

또한 사이트 조명은 높은 수준의 보안 경고가 발생할 때마다 밝기가 증가하도록 설계하여 다양한 수준의 경고에 대한 응답으로 유용하게 사용할 수 있다. 추가적인 조명을 제공하는 것은 사이트 및 건물 내에서 범죄를 예방하고 바람직한 행동을 향상시키는 일반적인 CPTED 기준이다(그림 6-36).

[그림 6-35]
구역별 사이트 조명
출처: Department of State

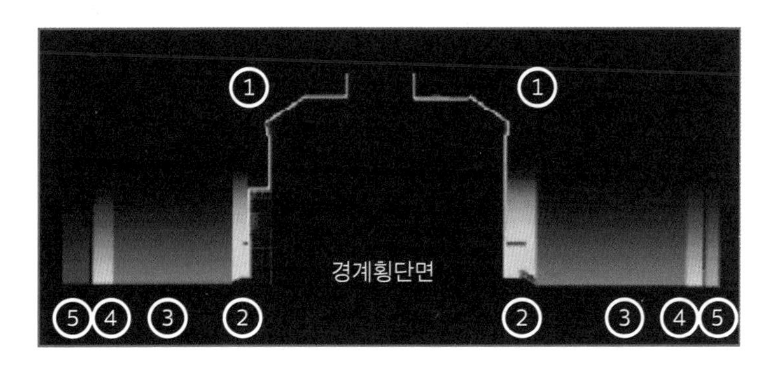

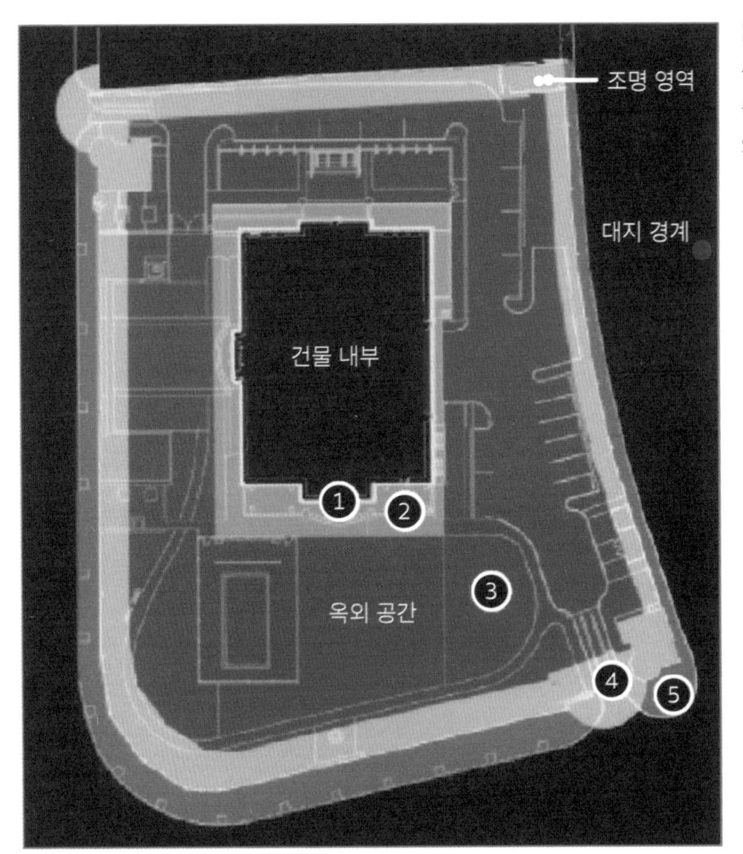

[그림 6-35]
구역별 사이트 조명
출처: Department of State

[그림 6-36]
정부청사의 야경, 접근 및 차단 구조물

지상 인프라는 다음 중 하나일 수 있다.

- 물, 가스, 증기, 하수도, 빗물, 전기통신 등과 같은 표준 설비 라인
- 지하철, 터널, 역, 대형 하수도, 수도 터널, 파이프와 같이 사람이 사용할 수 있는 모든 구조물
- 건물 또는 지상 기반시설에 공급하는 환기용 배관 구조물

도시의 여건을 고려할 때, 제한된 공간으로 인해 뜰, 인도 혹은 광장에 차량 장애물을 배치할 수도 있다. 장애물은 모든 종류의 공급 시설이 밀집해 있는 기반시설 위에 위치하는데, 시설물 중 일부는 수십 년 동안 존재해왔다.

제한된 공간에 현재 및 과거의 유틸리티 수량이 증가함에 따라 점차적으로 혼란이 생길 수 있다. 이러한 유틸리티의 재질, 크기 및 수평·수직 위치를 결정하는 것이 중요하다. 이는 편의 시스템들이 장애물 기초들에 영향을 끼쳐 비용이 발생하거나 비실용적인 상태가 될 수 있기 때문이다.

장애물의 위치는 유틸리티의 형태에 따라 크게 영향을 받을 수 있다. 부가적으로 지하철역, 공영 주차시설 및 각종 터널은 건물의 유틸리티 시스템 근접 지역으로 직접 접근할 수도 있으므로 보안상 고려가 필요하다.

개방된 공간과 달리 지중(地中)의 유틸리티들은 지자체 서비스 시설에서 직접 건물에 연결된다. 따라서 건물 소유주의 가장 큰 관심사는 지자체에서 건물로 공급되는 유틸리티 시설들의 개통 시 보안 사항이다.

지중 인프라의 일부가 고장 나면 건물의 구조적 시스템에 영향을 미칠 수 있다. 인프라 설비와 건물이 근접하거나 견고히 연결되어 있으면 한쪽 시스템의 고장으로 다른 시스템의 고장 원인 또는

시작점이 될 수 있다. 지중 인프라에서 가까운 구조물 부분이 가장 취약하다. 그러한 곳에 부분적인 고장이 발생하면 건물의 나머지 부분에 점진적인 붕괴의 원인이 되지 않도록 보강 및 강화되어야 한다. 강화 이외에 가능한 다른 조치로는 유연성 및 세트백을 증가시키며, 출입통제를 더 강화하는 것이다.

세트백이 없는 상태에서 지중 유틸리티들 및 배관 시설들은 건물 소유주의 통제하에 있지 않은 공공 자산이다. 그래서 건물주는 공공기관들과의 협조 조정이 필요할 것이다. 이는 건물의 기능들이 지자체의 유틸리티 및 인프라의 피해에 영향을 받지 않도록 시스템들에 대한 보호를 보장하기 위함이다.

대형 플라자에 위치한 건물의 경우 중요한 유틸리티들은 소유자의 자산에 포함될 수 있으며, 그들의 보호와 관련된 설계는 프로젝트 범위의 일부일 수 있다. 도시 지역 유틸리티 및 인프라와 관련된 몇 가지 이슈는 다음과 같다.

- 대형 하수도 시스템 같은 배관 시설의 크기에 따라 해당 지역 또는 건물에 접근할 수 있으며, 건물 유틸리티 입구의 크기에 따라 침입 인원 또는 CBR 물질이 건물에 들어갈 수 있다.
- 지중 인프라와 건물은 배관 관로들을 이용하여 지중 인프라와 유틸리티 시설로 직접 연결할 수 있을 뿐만 아니라 통로, 지하철, 터널, 연결 계단, 출입문 및 공조 배관 등으로도 연결될 수 있다.
- 건물에 연결된 배관 시설을 이용한 침입 인원의 통행을 방지하기 위해 큰 출입구는 차단되어야 하며, CBR이 침투하는 것을 막기 위해 봉인되어야 한다.
- 비상시 사용하기 위한 공급소 및 현장에 필요한 저장소들, 예를 들면 물 저장(국내 및 산업용 또는 화재 진압용), 연료 저장 및 현장 발전기 같은 것들을 식별해야 하며, 부지 선정, 예비 및 안

전성을 위한 각각의 유틸리티의 요구사항들을 해결해야 한다.

- 보안 목적으로의 유틸리티 설치 및 수정 계획은 지방자치단체 또는 서비스 공급 업체와 협의 및 조정해야 한다.

유틸리티들은 폭발의 충격을 받을 때 심각한 손상을 입을 수 있다. 이러한 유틸리티 중 일부는 건물에서 사람들을 안전하게 대피시키는 데 중요할 수도 있다. 폭발로 인한 유틸리티들의 파손은 다른 건물에 손상을 입혀 피해의 원인이 될 수 있다. 이러한 위험 가능성을 최소화하기 위해 다음과 같은 조치를 취해야 한다.

- 침입자가 건물 아래에 폭발물을 설치하지 못하도록 기어서 접근할 수 있는 공간, 배관을 위한 터널 및 기타 건물에 접근할 수 있는 다른 수단과 방법을 통제해야 한다. 사이트 장애물의 모든 유틸리티를 통해 침투가 가능한 곳은 모두 막아야 하고, 사람이 통과하기에 충분한 크기의 구멍은 제거하여 안전조치를 해야 한다. 일반적인 침투는 빗물 하수도, 수도, 전기 또는 기타 현장의 편의를 위한 서비스 시설을 통해서다.
- 유틸리티들에 대한 유지·보수를 위해 접근이 필요한 경우, 유지·보수를 위해 시설을 개방했을 때 침입자의 접근이 허용되지 않도록 차단막, 쇠창살, 격자형 시설 또는 기타 유사한 장치들로 어떠한 침투도 방호해야 한다. 침입 탐지 센서를 제공해야 하고, 보호가 필요한 민감한 시설의 경우, 공개 또는 은밀한 영상 감시 시스템을 고려해야 한다.
- 경계를 지나는 통풍구, 덕트 및 기타 구멍은 용접된 방범용 창살로 단단히 고정해야 한다. 대상은 단면적이 96평방인치($619m^2$) 이상이고, 크기는 최소 직경이 6인치(15cm) 이상이다.
- 만약 비상용 자재가 가용하지 않는다면 휴대용 유틸리티 백업 자재를 이용하여 빠르게 보수하는 방안을 고려해야 한다.

- 사이트로 서비스되는 모든 유틸리티들을 위해 취약성 평가를 준비해야 한다. 여기에는 모든 배관, 빗물 하수도, 가스 송전선, 전기 송전선 및 현장 경계를 가로지르는 기타 편의시설들을 포함한다.
- 특히 전기 시스템의 경우 이중화 또는 환상 급전[5]으로 현장의 보안, 생활 안전 및 구조 기능을 지원하는 편의 시스템을 제공해야 한다. 전원공급을 위해 현재 하나 이상의 소스 또는 서비스가 제공되지 않는 경우, 향후 연결을 위한 준비를 해야 한다.
- 인도 및 기타 보행자 지역의 포장 자재들은 수리 및 유지·보수를 위해 편의시설에 쉽게 접근할 수 있도록 선택해야 하며, 테러리스트 또는 기물을 파손하려는 자들의 접근을 제한해야 한다. 쉽게 제거하고 대체할 수 있는 매력적인 포장재는 표준 콘크리트 인도를 대신할 수 있다(그림 6-37).

[5] 환상 급전(loop service): 같은 용량과 서비스로 시계방향과 반대방향으로 전력을 공급하는 서비스

[그림 6-37]
착탈식 패널(보도블록)을 이용한 보도의 포장은 지하 유틸리티의 유지·관리를 용이하게 함

6.11 결론

복잡한 도심 환경에서 사이트를 보호하는 것은 여러 가지 특별한 어려운 점들이 있다. 적절한 이격거리를 확보할 수 없고, 밀집공간으로 도로의 형태가 고정되어 있으며, 또한 도로 폐쇄는 차량흐름에 극심한 방해가 된다. 따라서 보호는 높은 수준의 위험을 수반할 수도 있다. 이는 도시의 혼잡성 때문에 역으로 테러 분자가 건물에 고속으로 접근하여 공격을 가하는 것을 막을 수 있으므로 부분적으로 상쇄될 수 있다.

그러나 공격하려는 자가 대상 건물 근처에 잠깐 주차할 가능성은 항상 존재하는 위협이다. 이를 건물 외부에 적용하여 공격자에 대한 보호 조치의 필요성을 강조하고, 중요한 자산을 거리에 인접한 건물 하부층에서 거리로 이동시키기 위해 가능한 재설계 역시 강조한다. 그러나 일반적으로 제2차 세계대전 이전에 건설된 많은 상업용 건물은 콘크리트로 감싼 강철 프레임, 짧은 구조의 경간[6] 및 작은 창문으로 매우 단단하게 지어졌다. 이러한 유형의 건물은 붕괴에 매우 강한 것으로 나타났다.

[6] 경간(徑間): 다리 · 건물 따위의 기둥과 기둥 사이

사례연구 6에서 설명한 뉴욕 금융가에 적용된 보호조치는 문제에 대해 명석하고 창의적인 접근 방식으로, 도시 보안을 개선할 수 있음을 보여준다. 거리 폐쇄가 고위험 목표들에 대비하여 적당한 이격거리를 확보하기 위해 필요할 때도 보호조치를 가능하게 한다. 훌륭한 도시환경이 유지되고, 새로운 공공 공간이 만들어지며, 해당 위치에 대한 풍부한 역사는 최신 보호 시설의 성격과 배치에 반영된다(뉴암스테르담의 경계선과 원래 운하의 경관 반영 사례).

A.1 서론 및 배경

환경을 고려한 설계(부지와 건물의 경우)가 범죄 감소에 기여할 수 있다는 생각은 제인 제이콥스(Jane Jacobs)의 저서 《위대한 미국 도시의 삶과 죽음》(1961)에서 시작되었다. 그녀는 개인적인 관찰과 일화들을 분석하여 건물의 공공 영역과 개인 영역을 명확하게 구분하고, 건물을 거리 쪽으로 향하게 함으로써 주거 범죄를 줄일 수 있다고 제안했다.

1971년 건축가 오스카 뉴먼(Oscar Newman)은 《범죄 예방을 위한 건축 설계》라는 책을 출판했으며, 1973년에는 《도시 디자인을 통한 범죄 예방 및 방어 공간》이라는 책을 출간했다. 도시 주거 지역에 대한 그의 연구는 물리적 디자인이 범죄에 어떻게 영향을 끼쳤는지 보여준다. 뉴먼은 범죄를 효과적으로 줄이기 위해 인간의 영역성(territoriality),[1] 자연적 감시(natural surveillance)[2] 및 기존 구조물의 개조 등의 개념을 탐구했으며 오늘날에도 건물 보안 설계의 기초가 되고 있다. 뉴먼의 작업은 나중에 '환경 디자인을 통한 범죄 예방(CPTED)'으로 알려지게 되었다.

'환경 디자인을 통한 범죄 예방'이라는 용어는 범죄학자이자 사회학자인 레이 제프리(C. Ray Jeffery)가 제이콥스의 연구에서 영감을 얻은 1971년 저서에 처음 등장했다. 제프리는 형법, 사회학, 심리학, 사법(司法), 범죄학, 교정학(矯正學, penology) 및 기타 분야에서 비롯된 학제 간(여러 학문 분야가 관련된) 접근으로부터 범죄의 원인을 분석했다. 또한, 그는 시스템 분석, 의사 결정 이론, 환경 결정론, 행동주의 및 여러 가지 범죄 통제 모델을 포함하여 비교적 새로운 분야를 연구했다.

[1] 사람들은 자신의 소유라고 느끼는 영역을 보호하며, 다른 사람들의 영역에 대해서는 어떤 존중감을 갖고 있는 것을 말한다. 범죄 예방을 위한 울타리, 도로의 포장된 처리, 미술품 설치, 표지판, 훌륭한 외관 유지 그리고 조경은 자신의 소유물이라는 것을 외적으로 알리는 일종의 물리적 방법들로, 영역성은 CPTED의 주요 요소다.

[2] CPTED의 주요 요소로서 순찰 강화, 전자감시 장치의 설치, 담장 및 시야 장애물 제거, 가로등 개선, 지역주민의 조직화 등을 통해 침입자에 대한 감시를 강화하는 것이다. 오스카 뉴먼(1972)에 따르면, 건축공학적 설계 아이디어들은 주로 감시 개념에 많이 의존하고 있다고 한다. 주택의 모든 방향 쪽으로 창문을 설치하여 주민들로 하여금 외부의 모든 행동을 관찰할 수 있도록 하는 것을 제안한다. 문들은 가로 쪽을 향하도록 설치하고, 출입문 안쪽에서 밖에서 일어나는 모든 일을 관찰할 수 있게 설계하도록 권고하고 있다.

방어 공간 이론과 CPTED는 법 집행과 건축 공동체, 특히 도시 주거 공간 개발 및 공공주택 설계 및 재개발에 큰 영향을 미쳤다. 1980년대에 걸쳐 CPTED의 분야를 발전시킨 소수의 건축가, 설계자 및 학자가 있었으며 현대의 CPTED는 이러한 개척자들이 있었기에 가능하다.

CPTED는 이제 보안 설계를 위한 세 가지 기본 전략, 즉 자연적인 접근 통제, 자연적 감시 및 영역성 강화로 정의한다.

A.2 CPTED의 기본 전략

○ 자연적인 접근 통제는 범죄자가 범죄를 저지르는 것을 막는 상징적 장애물과 실제 장애물로 구성된다.

자연적인 접근 통제 전략은 범죄의 대상에 대한 접근을 거부함으로써 범죄의 기회를 감소시키고 범법자들에게 위험에 대한 인식을 심어주는 것을 포함한다. 공공 도로(노선)를 표시하기 위한 도로, 인도, 건물 출입구, 근린시설 출입구 등의 설계와 개인 공간에 대한 접근을 제한하기 위해 건축 및 조경 요소를 활용하여 달성한다.

○ 자연적 감시는 거주자 또는 건물에 출입하는 사람들의 건물에 대한 인지도를 높인다.

자연적 감시 전략은 침입자를 쉽게 관찰할 수 있도록 하기 위한 것이다. 사람의 움직임, 주차 공간 및 건물 출입구의 가시성을 최대화하는 구조물은 자연적인 감시를 촉진한다. 예를 들어 거리와 주차 공간을 볼 수 있는 문과 창문, 보행자 친화적인 인도와 거리, 앞마당, 적절한 야간 조명 등이 그 예다.

○ 영역성 강화는 범죄자가 영역의 영향을 인식할 수 있도록 사용자의 소유권을 대외적으로 알리는 것을 포함한다.

영역성 강화 전략은 물리적 설계를 사용하여 영향력을 생성하거나 확장한다. 건물 사용자는 잠재적인 침입자가 이러한 통제를 인식하고 범죄 의도를 포기할 수 있도록 영역 통제 감각을 개발하도록 훈련받는다. 조경, 출입구 표면 설계 및 펜스 같은 구조물은 경계선을 정의하고 공공 영역과 사적 영역의 구분을 통해 영역성 강화를 촉진하는 데 사용된다.

CPTED의 전략은 다음의 세 가지로 대응된다.

○ 자연적 개념은 사용자 간의 충돌을 피하고 명확한 노선 경로를 제공하기 위해 설계 도구를 사용한다.

이러한 개념은 물리적 및 공간적 건축물을 사용하여 공간 활용을 지원하면서 범죄를 억제할 수 있도록 한다. 자연적 건축물의 예는 조경, 야외 벤치 및 화단, 울타리, 대문 및 벽 등이 있다.

○ 기계적 개념은 범죄를 실행하기 어렵게 만드는 장치와 기술을 사용하는 것이다.

'표적에 대한 보안 강화'라고도 하는 기계적 장치들은 잠금장치, 방범 셔터/창살, 울타리 및 출입문, 키 제어 시스템, 폐쇄회로 TV(CCTV) 및 기타 보안 기술 같은 하드웨어 및 첨단 시스템을 의미한다. 창문에는 파손되지 않고 타격을 견딜 수 있는 보호 유리가 있다. 문과 창문은 뜯어내거나 변형하기 어렵게 특수 재질과 부착물을 이용하기도 한다. 벽, 바닥 또는 문은 침투하기 어려운 재료로 특별 보안지역에 대해 보강될 수 있다.

○ 조직 개념은 경영 및 인사 기법을 의미한다.

이러한 개념은 집이나 직장에서 감시 및 접근 통제 기능을 제공하기 위해 개인(개인 및 권한이 있는 그룹)에게 의존한다. 조직 개념은 바람직하지 않거나 불법적인 행동을 관찰, 보고 및 개입할 수 있는 능력을 가진 건물관리인, 경비원, 경찰관 순찰 및 기타 개인들을 사용할 수 있다.

A.3 현장 보호를 위한 CPTED 전략

CPTED 원칙과 개념의 적용 사례로 다음과 같은 현장 보호를 위한 CPTED 전략이 있다.

자연적인 솔루션의 예

○ 벽, 울타리, 물막이 또는 조경 같은 장벽을 만들어 침입을 자연적으로 지연시키도록 고안된 자연적인 솔루션
○ 창문의 배치, 출입구 위치 및 통로와 같이 건물 사용자의 움직임이 관측 가능하도록 하며, 사각지대를 줄이도록 건물을 배치하는 자연적인 솔루션
○ 공공·사적 공간을 명확하게 구분하기 위해 건축의 형태 또는 조경으로 경계를 만드는 자연적 해결책

기계적인 솔루션의 예

○ 전자 또는 적외선 감지를 사용하여 침입을 탐지하는 기계적인 솔루션
○ CCTV 및 외부 조명 같은 기술을 사용하여 시각적인 감시를 보강하는 기계적인 솔루션
○ 울타리 보호 시스템으로 경계 및 영역을 나타내는 기계적 솔루션
○ 출입구에서 출입통제를 지원하는 장치들

조직 솔루션의 예

○ 순찰 경로, 경비실 및 감시탑 등 순찰과 대응 능력을 제공하는 솔루션
○ 침입자를 감시할 수 있는 전략
○ 배치되어 있는 또는 원격 감시자를 활용하여 침입자를 탐지, 지연 및 대응하는 솔루션. 감시자는 경찰, 경비원 또는 훈련된 건물 사용자일 수 있다. 예를 들어 건물 설계는 주차장이나 놀이터를 관찰할 수 있도록 바깥쪽에 집중할 수 있게 설계할 수 있다.
○ 건물 직원 또는 사용자에게 외부인 또는 위반자를 합법적인 사이트 사용자와 구별할 수 있는 수단을 제공하는 솔루션. 사이트에는 스티커, 전사(轉寫)인쇄, ID 카드 또는 출입통제 배지가 필요한 차량 출입 시스템을 설치할 수 있다.

영역 강화 솔루션의 예

○ 영역성 강화 전략은 침입자들이 침입을 시도할 때 그들이 합법적인 목적을 갖고 있는지를 판단하기 위해 건물 설계에 적용한다.

A.4 오늘날의 CPTED

기본적인 CPTED의 개념은 9·11 이후의 임시 조치보다 더 효과적인 방법으로 취약성과 위험을 해결할 수 있지만, 이는 종종 두려움을 높이고 해당 공간과 지역사회의 고유한 특성을 과도하게 손상시킨다.

일상적인 범죄 예방 계획과 테러 행위를 억제하려는 계획 사이에 적절한 균형이 유지되도록 할 필요가 있다. 테러 행위는 드물게 발생하며, 지역 사회의 완벽성을 해치는 보안 대책이 제정될 경우, 일상 범죄 수준은 더욱 높아질 수 있다. 그러한 조치는 영구적인 도로 폐쇄와 임의적으로 건물과 도로 사이의 공간에 대한 엄격한 표준거리 준수 등이다. 잘 계획된 임시 조치는 상황에 따라 위협이 증가하거나 감소하지 않도록 도시를 보호하며 거의 발생하지 않을 수 있다.

FEMA 430에 적용된 세 가지 방어 개념은 현장 보안 설계, 건물의 외곽 보호, 건물 외부 및 내부에 대한 보호다. 현재 CPTED에 대한 광범위한 문헌들이 있으며, 일부 개인 컨설턴트와 국제셉티드학회(International CPTED Association, ICA)에서 교육과정을 제공한다. 대표적인 CPTED 과정은 이미 입증된 범죄 예방 기술을 새롭게 건설되는 환경에 적용하려는 실무자들을 위해 고안되었다. 그러한 과정은 건축가, 설계자, 지역사회 지도자 및 경찰 실무자에게 적합하며, 그들은 범죄에 대한 총체적이고도 완벽한 대응을 목표로 지역사회의 상황에 맞는 범죄 예방 조치에 초점을 맞추고 있다.

대표적인 CPTED 과정의 주요 영역은 다음과 같다.

○ 건축 용어 및 건축 개발 과정

○ 시 / 군 / 지역 계획

○ 설계 영역 내의 범죄 가능성 분석

○ 환경적으로 유발되는 범죄를 예방하기 위한 계획을 개발하는 방법

○ CPTED 법령의 정책적인 분석 및 개발

○ 자연적인 감시 및 통제를 지원하는 보안 기술

미국의 많은 경찰들이 CPTED에 대해 교육을 받고 건설 프로젝트를 검토하는 데 이 원칙을 적용한다.

A.5 CPTED 정보 출처

Publications:

Publications relating to CPTED will be found in Appendix B, Bibliography

Web sites:

Defensible Space, nonprofit organization founded by Oscar Newman : www.defensiblespace.com

International CPTED Association (ICA) : www.cpted.net

National Crime Prevention Institute : www.louisville.edu/a-s/ja/ncpi

부록 B 참고문헌

B.1 FEMA 위험관리 시리즈 출판물

Federal Emergency Management Agency, 2003. *Reference Manual to Mitigate Potential Terrorist Attacks against Buildings*, FEMA 426, Washington, D.C.

Federal Emergency Management Agency. 2004. *Primer for Design of Commercial Buildings to Mitigate Terrorist Attacks*, FEMA 427, Washington, D.C.

Federal Emergency Management Agency. 2004. *Primer to Design Safe School Projects in Case of Terrorist Attacks*, FEMA 428, Washington, D.C.

Federal Emergency Management Agency. 2003. *Insurance, Finance, and Regulation Primer for Risk Management in Buildings*, FEMA 429, Washington, D.C.

Federal Emergency Management Agency, 2005. *Risk Assessment: A How-to Guide to Mitigate Potential Terrorist Attacks Against Buildings*, FEMA 452, Washington, D.C.

Federal Emergency Management Agency, 2006. *Safe Rooms and Shelters: Protecting People Against Terrorist Attacks*, FEMA 453, Washington, D.C.

B.2 미래 위험관리 시리즈 출판물

Federal Emergency Management Agency, revised *Reference Manual to Mitigate Potential Terrorist Attacks against Buildings*, FEMA 426, Washington, D.C.

Federal Emergency Management Agency, *Rapid Visual Screening for Building Security*, FEMA 455, Washington, D.C.

Federal Emergency Management Agency,. *Incremental Rehabilitation to Improve Security in Buildings*, FEMA 459, Washington, D.C.

Federal Emergency Management Agency, *Risk Assessment: A How-to Guide to Mitigate Multihazard Events (CBR, Explosives, Earthquakes, Floods and High Winds) Against Buildings*, FEMA 452 enhanced, Washington, D.C.

B.3 FEMA 교육과정

Federal Emergency Management Agency, 2004, *Building Design for Homeland Security, (Suburban and Urban)*, FEMA E 155, Washington, D.C.

B.4 기타 FEMA 출판물

Federal Emergency Management Agency, 2004. *Using HAZUS-MH for Risk Assessment*, FEMA 433,Washington, D.C.

Federal Emergency Management Agency, 2002. *World Trade Center, Building Performance Study*, FEMA 403, Washington, D.C.

B.5 CPTED 참고문헌

Atlas, Randall, 2006. *Site Security, in Architectural Graphic Standards*, 11th edition, pp. 635-639, New York: John Wiley & Sons.

Crowe, Timothy, 2000. *Crime Prevention Through Environmental Design: Applications of Architectural Design and Space Management Concepts*, Stoneham, MA: Butterworth-Heinemann.

Newman, Oscar, 1971. *Architectural Design for Crime Prevention*, Washington, D.C.: Law Enforcement Assistance Administration.

Newman, Oscar, 1973. *Defensible Space: Crime Prevention through Urban Design*. New York: Macmillan.

Newman, Oscar, 1996. *Creating Defensible Space*. Washington, D.C.: Department of Housing and Urban Development.

역자 프로필

정길현

북한학 박사

국방대학교 교수 역임

산업통상자원부 비상안전기획관 역임

(사)보안설계평가협회 대표

김수훈

연세대학교 화학공학과 졸업

한화 에너지/에스엔에스 융합보안팀장 역임

(주)에스웨이 대표

(사)보안설계평가협회 대외협력이사

구자춘

전자전기공학 박사

(주)삼성테크윈 해외도시 감시

국경선 · 중요시설 보안시스템 컨설턴트 역임

한화테크윈 전략담당